智能优化状态转移算法

周晓君 阳春华 桂卫华 著

科学出版社

北京

内 容 简 介

智能优化算法是基于计算智能的机制、不依赖于问题结构、能求解复杂优化问题最优解或满意解的数值优化方法. 目前已经有许多经典的智能优化算法, 包括遗传算法、模拟退火算法、粒子群优化算法等, 并成功应用于求解各种复杂工程优化问题. 状态转移算法是一种基于结构主义学习的新型智能优化算法, 它抓住最优化算法的本质、目的和要求, 以全局性、最优性、快速性、收敛性、可控性五大核心结构要素为指导思想进行算法设计与理论证明. 它的基本思想是将最优化问题的一个解看成一个状态, 将解的迭代更新过程看成状态转移过程, 利用现代控制理论中的状态空间表达式作为产生候选解的统一框架, 基于此框架来设计状态变换算子. 本书以智能优化状态转移算法为主要内容, 首先介绍了最优化的理论与算法基础, 包括经典的局部优化算法和全局优化算法; 然后阐述了状态转移算法的基本原理, 详细介绍了状态转移算法的演变与提升, 包括连续与离散, 无约束、约束与多目标状态转移算法的主要思想及 MATLAB 编程实现; 最后从非线性系统辨识、工业过程控制、机器学习与数据挖掘等方面重点介绍了状态转移算法的工程应用.

本书层次分明、逻辑清晰、重点突出, 内容深入浅出, 可作为自动化、计算机、系统工程、管理科学、应用数学等研究生和高年级本科生的教材, 也可供广大研究智能优化算法的科研工作者及相关领域的技术开发人员参考.

图书在版编目 (CIP) 数据

智能优化状态转移算法/周晓君, 阳春华, 桂卫华著. —北京: 科学出版社, 2022.1

ISBN 978-7-03-070691-1

I. ①智… Ⅱ. ①周… Ⅲ. ①最优化算法 Ⅳ. ①O242.23

中国版本图书馆 CIP 数据核字 (2021) 第 238258 号

责任编辑: 李 欣 范培培 / 责任校对: 彭珍珍
责任印制: 吴兆东 / 封面设计: 陈 敬

科 学 出 版 社 出版

北京东黄城根北街 16 号
邮政编码: 100717
http://www.sciencep.com

北京建宏印刷有限公司 印刷
科学出版社发行 各地新华书店经销
*

2022 年 1 月第 一 版 开本: 720 × 1000 1/16
2024 年 3 月第四次印刷 印张: 19 1/2
字数: 388 000

定价: 138.00 元
(如有印装质量问题, 我社负责调换)

前　言

　　与传统的基于梯度 (次梯度) 法、牛顿法、共轭梯度法、共轭方向法等数学规划方法不同, 智能优化算法通常是指受自然规律启发而设计的元启发式优化方法. 自 20 世纪 70 年代美国密歇根大学 Holland 教授最早提出遗传算法以来, 以遗传算法为代表的智能优化算法得到了长足的发展, 涌现出诸如模拟退火、蚁群、粒子群优化等众多新型智能优化算法. 由于具有较强的全局搜索能力和推广适应性, 智能优化算法正在成为智能科学、信息科学、人工智能中最为活跃的研究方向之一, 并在诸多工程领域得到迅速推广和应用.

　　目前大多数智能优化算法都是以行为主义模仿学习为主, 通过模拟自然界鸟群、蜂群、鱼群等生物行为来求解复杂优化问题. 然而, 基于行为主义的智能优化算法主要是模仿, 碰到什么就模仿学习什么, 带有一定的机械性和盲从性. 没有深刻反映出最优化算法的本质、目的和要求. 一方面, 这种基于模仿表象学习的方法造成算法的可扩展性差, 大多数智能优化算法在某些问题上低维时表现良好, 维度变高时效果显著变差; 另一方面, 它使得算法容易出现诸如停滞或早熟收敛等现象, 即算法可能停滞在任意随机点, 而不是数学意义上的最优解. 为了消除智能优化算法容易陷入停滞现象、提高算法的可扩展性和拓宽智能优化算法的应用范围, 作者于 2012 年原创性地提出了一种基于结构化学习的新型智能优化算法——状态转移算法.

　　状态转移算法是一种基于结构化学习的智能型随机性全局优化算法, 它抓住最优化算法的本质、目的和要求, 以全局性、最优性、快速性、收敛性、可控性五大核心结构要素为指导思想进行算法设计与理论证明. 它的基本思想是将最优化问题的一个解看成一个状态, 解的迭代更新过程看成状态转移过程, 利用现代控制理论中的离散时间状态空间表达式作为产生候选解的统一框架, 基于此框架来设计状态变换算子. 与大多数基于种群的进化算法不同, 标准的状态转移算法是一种基于个体的进化算法, 它基于给定当前解, 通过采样方式, 多次独立运行某种状态变换算子产生候选解集, 并与当前解进行比较, 迭代更新当前解, 直到满足某种终止条件. 值得一提的是, 状态转移算法中的每种状态变换算子都能够产生具有规则形状、可控大小的几何邻域, 它设计了包括旋转变换、平移变换、伸缩变换、坐标轴搜索等不同的状态变换算子以满足全局搜索、局部搜索以及启发式搜索等功能需要, 并且以交替轮换的方式适时地使用各种不同算子, 使得状态转移算法能够在概率意义上很快找到全局最优解.

为了更好地阐述状态转移算法的思想和原理, 方便读者理解和使用状态转移算法, 本书以状态转移算法为主要内容, 首先介绍了最优化的理论与算法基础, 包括经典的局部优化算法和全局优化算法, 然后阐述了状态转移算法的基本原理, 并给出了基本状态转移算法 (包括连续与离散, 无约束、约束与多目标) 的 MATLAB 编程实现方法, 最后具体介绍了状态转移算法的工程应用. 本书共分 6 章. 第 1 章是 MATLAB 编程基础. 第 2 章介绍了最优化的基础理论, 包括最优化的基本概念和最优化算法的性能评估准则. 第 3 章介绍了经典的局部和全局优化算法, 局部优化算法包括: 梯度下降法与共轭梯度法、牛顿法与拟牛顿法、共轭方向法与交替方向法; 全局优化算法包括: 遗传算法、模拟退火算法、粒子群优化算法、差分进化算法、人工蜂群算法. 第 4 章介绍了连续状态转移算法的原理, 包括连续无约束、约束与多目标状态转移算法. 第 5 章介绍了离散状态转移算法的原理, 包括离散无约束、约束与多目标状态转移算法. 第 6 章具体介绍了连续与离散状态转移算法的工程应用, 包括非线性系统辨识、工业过程优化控制、图像处理与机器学习等领域.

借此机会, 深深感谢中南大学 "控制工程研究所" 团队老师的大力支持. 同时, 感谢 "智能控制与优化决策" 课题组为本书的撰写做出巨大贡献的博士和硕士研究生, 他们是黄兆可、韩洁、张凤雪、黄淼、周佳佳、王启安、杨珂、龙建朋、张润东、王湘月、张云祥、徐冲冲、高媛、耿传玉、贺婧怡、李明、孙燕、田寄托等. 他们兢兢业业、任劳任怨、刻苦专研、勇于创新, 为本书的完成提供了基本素材并奠定了基础, 衷心感谢他们为本书所作的贡献.

本书的撰写得到国家自然科学基金委员会、湖南省科技厅和中南大学的资助, 在此表示诚挚的谢意.

由于水平有限、时间仓促, 书中所述存在不妥和错误之处, 恳请读者和同仁们多多批评指正.

目　　录

第 1 章　MATLAB 概述和程序设计基础

MATLAB 是 Matrix 和 Laboratory 两个词的组合, 意为矩阵实验室, 是美国 MathWorks 公司出品的商业数学软件, 它和 Mathematica、Maple 并称为三大数学软件, 是一种用于算法开发、数据可视化、数据分析以及数值计算的高级技术计算语言和交互式环境[1].

1.1　变量与赋值

MATLAB 语言中的变量不需要事先声明便可直接当作双精度浮点数使用, 变量名必须以字母开头, 后面可以接任意字母、数字或下划线. 一般情况下, MATLAB 中的变量可以当作维数可变的矩阵来使用, 通过赋值运算符 "=", 将常量、其他变量的值或函数的输出赋值给该变量.

例 1.1.1　在命令窗口输入下面赋值语句, 将会求得函数 $\sin(x)$ 在 $\pi/2$ 处的取值.

```
>>x = pi;        % 加分号表示不在屏幕上显示结果
>>y = sin(x/2)
y =
1
```

例 1.1.2　对矩阵元素进行存取.

```
>>A = [1 2 3;4 5 6;7 8 9]
A =
1    2    3
4    5    6
7    8    9
>>a1 = A(2,3)        %提取A矩阵第2行第3列元素
a1 =
6
>>a2 = A(2,:)        %提取A矩阵第2行所有元素
a2 =
4    5    6
>> a3 = A(:,3)       %提取A矩阵第3列所有元素
a3 =
```

```
3
6
9
>>B = A(1:2,2:3)        %提取A矩阵第1、2行，第2、3列元素构成子矩阵
B =
2    3
5    6
>>B = B(:)   %将上面产生的子矩阵B按列拉直
B =
2
5
3
6
```

1.2   矩阵的运算

MATLAB 中的变量一般可以当作矩阵来使用, 因而 MATLAB 中提供了很多关于矩阵运算的函数, 包括代数运算、逻辑运算、比较运算等[2].

1.2.1   代数运算

1. 矩阵的加减法

矩阵的加法运算符为 "+", 减法运算符为 "−", 且遵循以下两个规则:

(1) 矩阵只有具有相同阶数方可进行加减运算;

(2) 标量可以和矩阵相加减.

例 1.2.1   在命令窗口输入下面矩阵加减代数运算语句, 将会求得矩阵加减代数运算结果.

```
>>A = [1 2 3;4 5 6;7 8 9];
>>B = [9 8 7;6 5 4;3 2 1];
>>C = A + B       %相应元素对应相加
C =
   10    10    10
   10    10    10
   10    10    10
>>D = A + 1       %相当于每个元素都加上1
D =
    2     3     4
    5     6     7
    8     9     10
```

```
>> E = A - B        %相应元素对应相减
E =
  -8    -6    -4
  -2     0     2
   4     6     8
```

2. 矩阵的乘法

矩阵乘法的运算符为 "∗". 矩阵乘法分为:

(1) 矩阵与矩阵相乘;

(2) 矩阵与标量相乘.

其中, 前者要求前一矩阵的列数等于后一矩阵的行数.

例 1.2.2 在命令窗口输入下面矩阵乘法代数运算语句, 将会求得矩阵乘法代数运算结果.

```
>>A = [1 2 3;4 5 6];
>>B = 2 * A       %相应元素都乘以2
B =
   2     4     6
   8    10    12
>>C = [9 8 7;6 5 4;3 2 1];
>>D = A * C
D =
  30    24    18
  84    69    54
```

3. 矩阵的除法

矩阵的除法分为左除 ("\") 和右除 ("/") 两种形式.

矩阵 A 和矩阵 B 的左除: A \ B, 其结果相当于 A×X = B 的解, 即 A \ B = inv(A) ∗ B.

矩阵 A 和矩阵 B 的右除: A / B, 其结果相当于 X×B = A 的解, 即 A / B = A ∗ inv(B).

例 1.2.3 在命令窗口输入下面矩阵除法代数运算语句, 将会求得矩阵除法代数运算结果.

```
>>A = [1 2;3 4];
>>B = [5 6;7 8];
>>L = A \ B        %左除表示求inv(A) * B, inv(A)与B需要满足矩阵乘法的条件
L =
  -3    -4
   4     5
```

```
>>R = A / B      %右除表示求A * inv(B)，A与inv(B)需要满足矩阵乘法的条件
R =
   3.0000   -2.0000
   2.0000   -1.0000
```

1.2.2 逻辑运算

在 MATLAB 中, 如果一个数的值为 0, 则可以认为它为逻辑 0, 否则为逻辑 1. 假设矩阵 A 和矩阵 B 均为 $n \times m$ 矩阵, 在 MATLAB 中定义了如下的逻辑运算:

(1) 矩阵的与运算;

(2) 矩阵的或运算;

(3) 矩阵的非运算;

(4) 矩阵的异或运算.

在 MATLAB 中使用 "&" 表示矩阵的与运算, 矩阵的与运算符是一个双目运算符; 使用 "|" 表示矩阵的或运算, 矩阵的或运算符是一个双目运算符; 使用 "~" 表示矩阵的非运算, 矩阵的非运算符是一个单目运算符; 使用 "xor" 函数表示矩阵的异或运算, 矩阵的异或运算符是一个双目运算符.

例 1.2.4   在命令窗口输入下面矩阵逻辑运算语句, 将会求得矩阵逻辑运算结果.

```
>>A = [1 2 3;3 5 7;2 6 4];
>>B = [3 2 5;5 4 1;1 5 9];
>>C = A & B     %若两个矩阵A与B的相应元素均非0，则结果的元素的值为1
C =
  3×3 logical 数组
   1   1   1
   1   1   1
   1   1   1
>>D = A | B     %若两个矩阵A与B的相应元素存在1，则结果的元素的值为1，否则为0
D =
  3×3 logical 数组
   1   1   1
   1   1   1
   1   1   1
>>E = ~A        %若矩阵A的相应元素为0，则结果的元素的值为1，否则为0
E =
  3×3 logical 数组
   0   0   0
   0   0   0
```

```
  0   0   0
>>F = xor(A,B)   %若两个矩阵A与B的相应元素一个为0，一个非0，则结果的元素的
                 %值为1，否则为0
F =
  3×3 logical 数组
  0   0   0
  0   0   0
  0   0   0
```

1.2.3 比较运算

MATLAB 中的比较运算符又称为"关系运算符"，常用的比较运算符有："<"（小于）、">"（大于）、"<="（小于等于）、">="（大于等于）、"=="（等于）、"~="（不等于）.

MATLAB 的比较运算符常用的比较情况有：

(1) 矩阵与矩阵之间的比较，要求两个矩阵的大小相同；

(2) 矩阵与标量之间的比较，实际上就是矩阵的每个元素分别与标量进行比较.

例 1.2.5 在命令窗口输入下面矩阵比较运算语句，将会求得矩阵比较运算结果.

```
>>A = [1 2 3;4 5 6;7 8 9];
>>B = [9 8 7;6 5 4;3 2 1];
>>C = A > B
C =
  3×3 logical 数组
  0   0   0
  0   0   1
  1   1   1
>>D = A == B
D =
  3×3 logical 数组
  0   0   0
  0   1   0
  0   0   0
>>E = A >= B
E =
  3×3 logical 数组
  0   0   0
  0   1   1
  1   1   1
```

1.3　基本绘图函数

MATLAB 提供了丰富的绘图功能, 对几个基本的二维绘图函数必须掌握. 本节的重点在于二维及三维图形命令的使用方法. 常用的二维绘图命令有 plot, 常见的三维绘图命令有 plot3、mesh、surf、contour3[3], 下面将针对这些绘图命令展开详细介绍与用例示范.

1.3.1　二维绘图

例 1.3.1　　在命令窗口输入下面的二维绘图命令, 即可得到相应的二维绘图图示 (图 1.1).

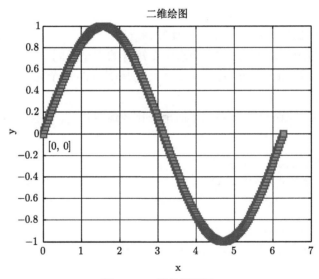

图 1.1　二维绘图图示

```
>>x = 0:pi/100:2*pi;   %设置x为从0开始, 以π/100为步长自0增至2*π
>>y = sin(x);   %y为x的正弦函数
>>figure(1)   %命名当前图像为"figure 1"
>> plot(x,y,'--gs',...   %绘制以变量x为x轴, 以变量y为y轴, 以绿色虚线为线型
   'LineWidth',2,...   %设置线宽为2
   'MarkerSize',10,...   %设置点的大小为10
   'MarkerEdgeColor','b',...   %设置点的边缘颜色为蓝色
   'MarkerFaceColor',[0.5,0.5,0.5])
            %设置点的表面颜色, [0.5,0.5,0.5]为RGB数值
>> xlabel('x')   %显示x轴的标签为"x"
```

```
>> ylabel('y')  %显示y轴的标签为"y"
>> title('二维绘图')  %标记当前图像名称为"二维绘图"
>>axis([0 7 -1 1])
       %设置当前的图像坐标轴范围, 其中x轴的范围为[0, 7]; y轴的范围为[-1,1]
>>grid on       %在图形中显示网格
>>hold on       %始终保持当前图像, 若再次运行程序, 当前图像依旧会被保留
>>text(0.2,0,'[0, 0]')  %在图形中的[0.2,0]处显示标记内容"[0,0]"
```

1.3.2 三维绘图

1. 三维曲线图

例 1.3.2 在命令窗口输入下面的三维绘图命令, 即可得到相应的三维曲线绘图图示 (图 1.2).

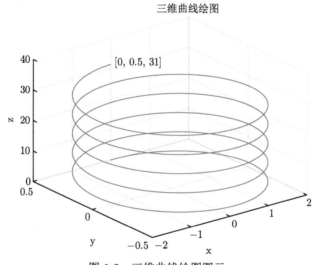

图 1.2 三维曲线绘图图示

```
>>t = 0:pi/50:10*pi;  %设置t为从0开始, 以π/50为步长自增至10*π
>>st = 2*sin(t);  %设置st为t的函数
>>ct = 0.5*cos(t);  %设置ct为t的函数
>>figure(2)  %命名当前图像为"figure 2"
>>plot3(st,ct,t)  %绘制以变量st为x轴, 以变量ct为y轴, 以变量t为z轴
>>xlabel('x')  %显示x轴的标签为"x"
>>ylabel('y')  %显示y轴的标签为"y"
>>zlabel('z')  %显示z轴的标签为"z"
>>title('三维曲线绘图')  %标记当前图像名称为"三维曲线绘图"
>>axis([-2 2 -0.5 0.5 0 40])  %设置当前的图像坐标轴范围, 其中x轴范围为
                    %[-2, 2];y轴的范围为[-0.5,0.5]; z轴的范围为[0,40]
```

```
>>grid on    %在图形中显示网格
>>hold on    %始终保持当前图像,若再次运行程序,当前图像依旧会被保留
>>text(0,0.5,31,'[0, 0.5, 31]')
             %在图形中的[0,0.5,31]处显示标记内容"[0,0.5,31]"
```

2. 三维网格图

例 1.3.3   在命令窗口输入下面的三维网格绘图命令, 即可得到相应的三维
网格绘图图示 (图 1.3).

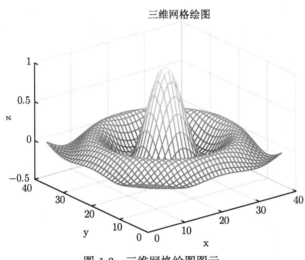

图 1.3   三维网格绘图图示

```
>>[X,Y] = meshgrid(-10:.5:8);  %使用meshgrid函数建立矩阵X和Y
>>R = sqrt(X.^2 + Y.^2) + eps;
>>Z = sin(R)./R;
>>figure(3)      %命名当前图像为"figure 3"
>>mesh(Z)        %绘制网格
>>xlabel('x')    %显示x轴的标签为"x"
>>ylabel('y')    %显示y轴的标签为"y"
>>zlabel('z')    %显示z轴的标签为"z"
>>title('三维网格绘图 ') %标记当前图像名称为"三维网格绘图"
```

3. 三维曲面绘图

例 1.3.4   在命令窗口输入下面的三维曲面绘图命令, 即可得到相应的三维
曲面绘图图示 (图 1.4).

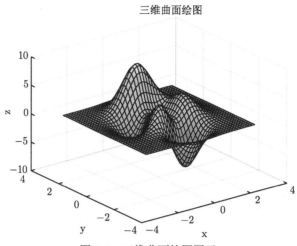

图 1.4 三维曲面绘图图示

```
>>[X,Y,Z] = peaks(40);     %使用peaks函数将X，Y和Z定义为40×40矩阵
>>figure(4)     %命名当前图像为"figure 4"
>>surf(X,Y,Z); %绘制曲面图
>>xlabel('x')     %显示x轴的标签为"x"
>>ylabel('y')     %显示y轴的标签为"y"
>>zlabel('z')     %显示z轴的标签为"z"
>>title('三维曲面绘图')     %标记当前图像名称为"三维曲面绘图"
```

4. 三维等高线绘图

例 1.3.5　在命令窗口输入下面的三维等高线绘图命令, 即可得到相应的三维等高线绘图图示 (图 1.5).

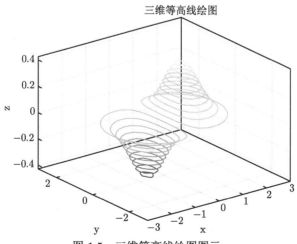

图 1.5 三维等高线绘图图示

```
>> x = -3:0.25:3;  %设置x的范围及步长
>> [X,Y] = meshgrid(x);  %使用meshgrid函数建立矩阵X和Y
>> Z = X.*exp(-X.^2-Y.^2);
>> contour3(X,Y,Z,20)  %三维等高线绘图命令，绘制20个矩阵Z的等值线
>> xlabel('x')  %显示x轴的标签为"x"
>> ylabel('y')  %显示y轴的标签为"y"
>> zlabel('z')  %显示z轴的标签为"z"
>> title('三维等高线绘图 ')  %标记当前图像名称为"三维等高线绘图"
```

5. 三维柱状图、棒状图和饼状图

例 1.3.6　在命令窗口输入下面的绘图命令, 即可得到相应的三维柱状图、棒状图和饼状图图示 (图 1.6).

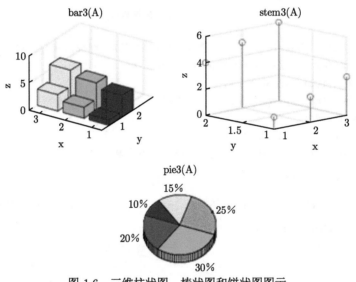

图 1.6　三维柱状图、棒状图和饼状图图示

```
>>A = [1, 2, 3;4, 5, 6];
>>subplot(2, 2, 1);  %将图形窗口划分成2行2列，在第1个子图绘制
>>bar3(A);  %绘制柱状图
>>xlabel('x'); ylabel('y'); zlabel('z');  %设置坐标轴标签
>>title('bar3(A)');
>>subplot(2, 2, 2);
>>stem3(A);  %绘制棒状图
>>xlabel('x'); ylabel('y'); zlabel('z');
>>title('stem3(A)');
>>A = [0.1, 0.2, 0.3, 0.25, 0.15];
```

```
>>subplot(2, 2, 3);          %绘制饼状图
>> pie3(A);
>>title('pie3(A)');
```

6. 三维瀑布图

例 1.3.7   在命令窗口输入下面的绘图命令, 即可得到相应的三维瀑布图图示 (图 1.7).

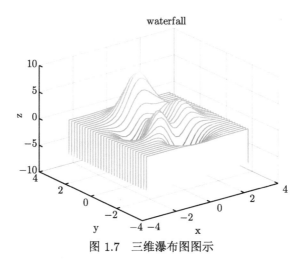

图 1.7   三维瀑布图图示

```
>>[X, Y, Z] = peaks(30);     %生成坐标网格矩阵
>>waterfall(X, Y, Z);    %绘制瀑布图
>>title('waterfall');    %设置图像名称为 "waterfall"
>>xlabel('x'); ylabel('y'); zlabel('z');     %设置坐标轴标签
```

7. 设置图像观看视角

例 1.3.8   以例 1.3.7 中的瀑布图为例, 在命令窗口输入下面的绘图命令, 即可得到不同视角的三维瀑布图图示 (图 1.8).

```
>>[X, Y, Z] = peaks(30);    %生成坐标网格矩阵
>>subplot(2, 2, 1);
>>waterfall(X, Y, Z);
>>view(-37.5, 30);    %设置第一个图形观看视点(方位角, 仰角)
>>title('az = -37.5, el = 30'); xlabel('x'); ylabel('y'); zlabel('z');
                                    %设置图像名称和坐标轴标签
>>subplot(2, 2, 2);
>>waterfall(X, Y, Z);
>>view(0, 30);    %设置第二个图形观看视点(方位角, 仰角)
```

```
>>title('az = 0, el = 30');
>>xlabel('x'); ylabel('y'); zlabel('z');
>>subplot(2, 2, 3);
>> waterfall(X, Y, Z);
>>view(30, 30);          %设置第三个图形观看视点(方位角，仰角)
>>title('az = 30, el = 30'); xlabel('x'); ylabel('y'); zlabel('z');
>>subplot(2, 2, 4);
>>waterfall(X, Y, Z);
>>view(60, 40);          %设置第四个图形观看视点(方位角，仰角)
>>title('az = 60, el = 40'); >>xlabel('x'); ylabel('y'); zlabel('z');
```

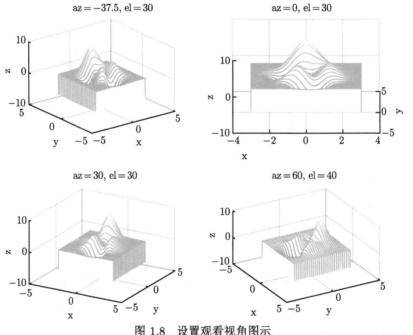

图 1.8　设置观看视角图示

1.4　程序设计基础

1.4.1　M 文件

MATLAB 有两种工作方式, 一种是前面用到的交互式命令操作方式, 也即在命令窗口进行交互式操作; 另一种是 M 文件的编程工作方式. M 文件编程可用文本编辑器编制 MATLAB 文件, 文件由纯 ASCII 码组成, 确定文件名后加 ".m" 扩展名, 称为 M 文件. M 文件有两种形式: 命令 (脚本) 文件和函数文件[4].

1. 命令文件

命令文件是 M 文件中最简单的一种, 是可用于自动重复执行的一组 MAT-LAB 命令和函数组合, 不需要输出输入参数, 用 M 文件可以调用工作空间已有的变量或创建新的变量. 运行过程中产生的变量都是全局变量. 建立一个命令文件等价于从命令窗口中顺序输入文件里的命令, 程序不需要预先定义, 只需要依次将命令编辑在命令文件中, 再将程序保存为扩展名为 ".m" 的 M 文件即可.

例 1.4.1 创建 M 文件输入如下的命令, 将程序保存为名为 "Test_M" 的 M 文件, 并运行.

```
n = 10;
for i = 1:1:n
    x(i) = 2*i;
end
x
```

```
 x =
    2    4    6    8    10    12    14    16    18    20
```

2. 函数文件

该文件的第一个可执行语句以 "function" 开始, 每一个函数文件定义一个函数. 函数文件区别于命令文件之处在于命令文件的变量在文件执行完成后保存在工作空间中, 而函数文件内定义的变量只在函数文件内起作用, 文件执行完后即被清除.

例 1.4.2 创建 M 文件输入如下的命令, 将程序保存为名为 "even" 的 M 文件.

```
function y = even(n)
    for i = 1:1:n
        x(i) = 2*i;
    end
end
```

将该文件存盘, 另创建一个名为 "Test_even" 的 M 文件, 输入如下命令, 并运行.

```
n = 10;
x = even(n)
```

```
x =
    2    4    6    8    10    12    14    16    18    20
```

另外需要说明的是, MATLAB 的 M 文件不支持带有 "-" 符号命名的文件, 但支持带有 "_" 符号命名的文件. 例如, 命名为 "Test-even" 是不符合要求的, 需要改成 "Test_even".

1.4.2　程序结构

1. 循环语句

MATLAB 程序设计中比较有代表性的循环语句为 for 语句与 while 语句, 用于重复一定次数的语句. 其中 for 循环语句的一般使用格式为:

```
for index = values
        statements
end
```

例 1.4.3　创建 M 文件并输入如下的循环语句, 将程序保存为名为 "Test_for" 的 M 文件, 运行该程序能够得到一个 3 阶的希尔伯特矩阵.

```
s = 3;
H = zeros(s);
for c = 1:s
    for r = 1:s
    H(r,c) = 1/(r+c-1)
    end
end
```

```
H =
    1.0000    0.5000    0.3333
    0.5000    0.3333    0.2500
    0.3333    0.2500    0.2000
```

while 循环的一般使用语句为:

```
while expression
    statements
end
```

例 1.4.4 创建 M 文件并输入如下的循环语句, 将程序保存为名为 "Test_while" 的 M 文件, 运行程序能够计算出 n 的阶乘.

```
n = 10;
f = n;
while n > 1
    n = n-1;
    f = f*n;
end
disp(['n! = ' num2str(f)])
```

```
n! = 3628800
```

2. 条件语句

MATLAB 中比较常见的条件有两种, 分别是 if 语句和 switch 语句. 其中 if 语句的一般使用格式为:

```
if expression
    statements
elseif expression
    statements
else
    statements
end
```

例 1.4.5 创建 M 文件并输入如下的条件语句, 将程序保存为名为 "Test_if" 的 M 文件, 运行程序, 输入一个分数, 给出成绩等级.

```
x = input('请输入一个分数: ');
if x >= 90
    disp('优');
elseif x >= 80
    disp('良')
elseif x >= 60
    disp('中')
else
    disp('不及格')
end
```

switch 语句的一般使用格式为:

```
switch switch_expression
    case case_expression
        statements
    case case_expression
        statements
    ...
otherwise
    statements
end
```

例 1.4.6　创建 M 文件并输入如下的条件语句, 将程序保存为名为 "Test_ switch" 的 M 文件, 运行程序之后能够根据读者输入的数字得到相应的结果.

```
n = input('Enter a number: '); %读取命令窗口屏幕上输入的内容
switch n
case -1
    disp('negative one')
case 0
    disp('zero')
case 1
    disp('positive one')
```

```
otherwise
    disp('other value')
end
```

```
Enter a number: 1
    positive one
```

3. 其他流程控制语句

MATLAB 中还有一些比较特殊的控制语句, 一般与某些特定的语句搭配使用. 比较常见的有 continue 语句和 break 语句. 其中 continue 语句用于控制 for 循环和 while 循环跳过某些执行语句, 在 for 循环和 while 循环中, 如果出现 continue 语句, 则跳过循环体中所有剩余的语句, 继续下一次循环.

例 1.4.7　创建 M 文件并输入如下语句, 将程序保存为名为 "Test_continue" 的 M 文件, 运行程序可以得到在 1 至 50 中能够被 7 整除的整数.

```
for n = 1:50
    if mod(n,7) %mod(a,m)为取余函数，输出a除以m得到的余数
        continue
    end
    disp(['Divisible by 7: ' num2str(n)])
end
```

```
Divisible by 7: 7
Divisible by 7: 14
Divisible by 7: 21
Divisible by 7: 28
Divisible by 7: 35
Divisible by 7: 42
Divisible by 7: 49
```

break 语句用于终止 for 循环和 while 循环的执行, 如果遇到 break 语句, 则退出循环体, 执行循环体外的下一行语句.

例 1.4.8　创建 M 文件并输入如下的语句, 将程序保存为名为 "Test_break" 的 M 文件, 运行程序能够得到随机序列和大于设定上限的最小序列和.

```
limit = 0.8;
s = 0;
while 1
    tmp = rand; %rand为随机函数, 表示产生[0,1]范围内的随机数并
                %赋给变量tmp
    if tmp > limit
            break
                end
                s = s + tmp;
end
s
```

```
s =          %此代码涉及随机数, 因此每次运行得到的结果不尽相同
   1.0119    %此处只给出某次运行的结果
```

1.4.3　数据的读取与保存

MATLAB 支持对数据的读取与保存 [5], 常用的读取命令为 xlsread、csvread 与 load, 保存命令为 save. 其中, xlsread 命令可用来读取以 "xls" 后缀命名的 Excel 文件, 而 csvread 命令可以用来读取 csv 文件, load 命令可以用来读取以 "mat" 为后缀命名的内容.

例 1.4.9　创建名为 "Test_xlsread.xls" 的 Excel 文件, 在第 1 行按列依次键入 1,2,3,4,5 并保存. 在 MATLAB 中创建命名为 "Test_xlsread" 的 M 文件, 输入如下命令行, 运行程序.

```
x = xlsread('Test_xlsread.xls');
x
```

```
x =
   1    2    3    4    5
```

在命令窗口输入 "save('x')", 则 x 将会被保存为 "x.mat".

1.5　MATLAB GUI 编程

图形用户界面 (graphical user interface, GUI)[6] 是由窗口、光标、按键、菜单、文字说明等对象 (object) 构成的一个用户界面. 用户通过一定的方法 (如鼠

标或键盘) 选择、激活这些图形对象, 使计算机产生某种动作或变化, 比如实现计算、绘图等.

1.5.1 handles 结构体

运行 GUI 时, M 文件会自动生成一个属于 handles 类型的结构体, 名字也叫作 handles, 可以从结构体里找到 GUI 的所有数据, 比如说控件的信息、菜单信息、axes 信息. 每个控件的 Callback 都可以放入一些想放入的数据, 也可以从里面取出任何想要的数据包括别的控件的信息 (比如滑块的当前值、edit text 的当前值) 和别的控件放进去的数据. 总的来说, 用 handles 可以达到的目的有两个:

(1) 各个控件的 Callback 的信息交换;

(2) 读取 GUI 控件的信息, 设置 GUI 控件的信息 (比如背景色随着按钮单击而变换).

读取控件信息一般用 get(handles. 控件名, "数据类型"), 比如 "a = get(handles.edit1, 'String')" 代表把 edit1 这个控件的数据以字符串的形式读取出来放入变量 a 中; 设置控件信息一般用 set(handles. 控件名,"数据类型", 数据), 比如 "set(handles.text6,'String',c)" 代表把 text6 控件值设置为变量 c 的值, 两者数据类型都是字符串类型. 生成的 M 文件中会自动添加几个函数, 下面分别介绍每个函数的作用与意义.

Opening function: 添加在它名下的代码, 在 GUI 开始运行但是还不可见的时候执行. 这里的代码一般都是做一些初始化工作, 比如添加背景、导入数据等.

Output function: 如果有需要, 可以向命令行输出数据.

Callback 每一次单击按钮、向输入框输入数据或者拖动滑块, 这些控件名下的 Callback 就会执行一次. 这是设计时最重要的地方, 绝大多数代码在 Callback 里面实现. 完成功能后利用 guidata(hObject, handles) 进行保存, 否则修改无效.

1.5.2 回调函数

编程最基本的目的就是: 执行一个操作, 程序做出一个反映. "一个操作" 包括: 单击、拖动滑块、填写数据、选择选项等. "做出一个反映" 包括: 计算一些东西, 然后储存在哪里, 或者显示一个图. GUI 编程的基本思想总结如下.

目的: 当单击按钮 A 时, 执行任务 C.

操作: 进入按钮 A 的回调函数 Callback 里, 写下任务 C 的代码.

(1) Callback.

最常用的就是它, 如果控件是按钮, 则单击按钮时, 按钮下的 Callback 就会执行; 如果是滑块, 则拖动滑块时, 滑块名下的 Callback 就会执行. 总之, 就是对控件进行默认操作时, MATLAB 后台就会自动调用它名下的 Callback, 正常情况下代码全放在 Callback 下.

(2) ButtonDownFcn.

鼠标指针在它 (代指各种控件) 上面单击一下, 放在这个函数名下的代码就会执行 (按钮下的 Callback 也是单击, 所以会覆盖掉这个 ButtonDownFcn).

(3) CreateFcn.

顾名思义, 在生成的控件显示之前, 执行放在这个函数名下的代码.

(4) DeleteFcn.

当控件要销毁时, 在被毁灭之前执行这个函数名下的代码. 比如 "真的要退出吗" 这一类就写在这里. 读者有兴趣可自行查阅更多的回调函数.

例 1.5.1   设计一个简易计算器, 实现加减乘除功能. 如图 1.9 所示.

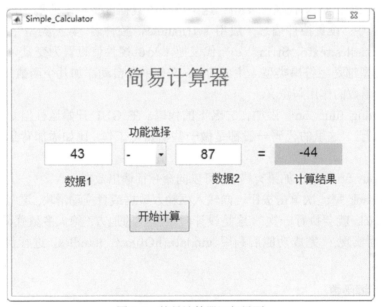

图 1.9   简易计算器运行界面

(1) 打开 MATLAB 选择主页、新建 (加号)、应用程序、GUIDE. 选择新建一个空白 GUI (blank GUI), 并选择存储位置.

(2) 在面板上添加 5 个静态文本、2 个可编辑文本、1 个弹出式菜单、1 个按钮. 然后打开每一个按钮的属性检查器, 修改 String 项的内容和字号大小, 修改后如图 1.10 所示.

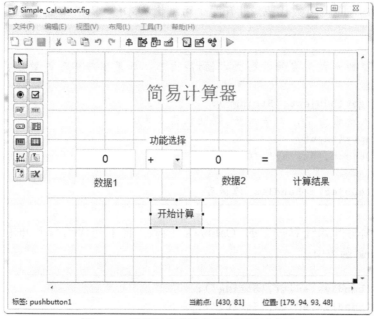

图 1.10　简易计算器控件摆放面板示意图

　　过程中利用对齐工具进行布局, 以免面板太乱, 弹出式菜单 String 内容设置如图 1.11 所示.

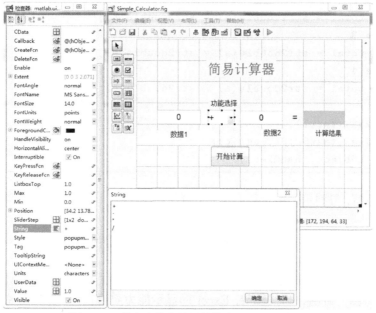

图 1.11　弹出式菜单的属性检查器设置示意图

(3) 编写回调函数代码, 打开两个可编辑文本的 Callback 函数, 写入以下代码.

```
%以字符串的形式来存储数据文本框1的内容. 如果字符串不是数字，则显示
%空白内容
input = get(hObject,'String');
%检查输入是否为空. 如果为空,则默认显示为0
if (isempty(input))
  set(hObject,'String','0')
end
guidata(hObject, handles);%保存
```

(4) 编写开始计算按钮的 Callback 函数, 将下列代码写入开始计算按钮的 Callback 函数中.

```
a = get(handles.edit1,'String');
b = get(handles.edit2,'String');
index = get(handles.popupmenu1,'value'); %得到这是第几个选择
switch index
    case 1
        total = str2double(a) + str2double(b);
    case 2
        total = str2double(a) - str2double(b);
    case 3
        total = str2double(a) * str2double(b);
    case 4
        total = str2double(a) / str2double(b);
end
c = num2str(total);
set(handles.text6,'String',c);
guidata(hObject, handles);
```

(5) 运行, 得到示例所示界面 (图 1.9).

1.6　MATLAB 与 Excel 混合编程

MATLAB 具有强大的数据计算能力, 但是对于对一些常见的统计图形的显示, 例如棒图、饼图、折线图等, Excel 的显示能力质量很高, 且易于控制. Excel Link 是一个软件插件, 它可以将 Excel 和 MATLAB 进行集成. 使用 Excel Link

时, 不必脱离 Excel 环境, 而直接在 Excel 的工作区域, 或者宏操作中调用 MATLAB 的函数, Excel 成为 MATLAB 的一个易于使用的数据存储和应用开发前端, 它是一个功能强大的计算和图形处理器[7].

1. Excel Link 的安装

启动 Excel, 找到文件、选项、自定义功能区, 然后在右侧选中 "开发工具", 并确定, 回到初始界面.

此时菜单栏出现了开发工具选项, 然后单击开发工具、加载项, 打开加载宏对话框; 单击浏览按钮, 选择 MATLAB 安装目录下的 toolbox\exlink\excellink.xla 文件; 最后单击确定按钮, 返回到加载宏对话框, 再单击确定按钮, 安装完成.

2. 设置 Excel Link 的自启动

通过 "MATLAB""选项 (Preferences)" 可以打开选项配置窗口. 如果不想 MATLAB 每次在 Excel 启动时都自动启动, 请取消第一个选项 "Start MATLAB at Excel start up". 也可以通过在数据单元格中输入命令的方式来实现关闭 MATLAB 的自动启动, 方法是在 Excel 的任意一个单元格中输入下面命令 "=MLAutoStart("no")", 然后回车即可.

3. Excel Link 的链接管理函数 (表 1.1)

表 1.1　Excel Link 的链接管理函数

函数	功能
MLAutoStart()	设置是否自动启动 MATLAB, 参数可以是"no" 或者"yes"
Matlabinit()	初始化 Excel Link, 并且启动 MATLAB
MLClose()	终止 MATLAB 进程
MLOpen()	启动 MATLAB 进程

在上面的命令中, Matlabinit 只能以宏命令的方式运行, 而其他 3 个命令可以作为数据单元函数或者宏命令来执行. 宏命令的运行方式是 "开发工具""宏""输入宏名""执行".

Matlabinit() 只有在 MLAutoStart 函数中使用 "no" 参数时, 才需要手动使用, 如果使用参数 "yes", 则 Matlabinit() 是自动执行的. 使用语法: "Matlabinit".

MLClose() 终止 MATLAB 进程并删除 MATLAB 工作空间的所有变量. 在工作表中的使用语法: "=MLClose()"; 在宏中的使用语法: "MLClose".

MLOpen() 启动 MATLAB 进程. 如果 MATLAB 进程已经启动, 则 MLOpen 函数不进行任何操作. 在工作表中的使用语法: "=MLOpen()"; 在宏中的使用语法: "MLOpen".

4. Excel Link 的数据管理函数 (表 1.2)

表 1.2　Excel Link 数据管理函数

函数	函数作用及用法
Matlabfcn()	对于给定的 Excel 数据, 运行 MATLAB 命令
Matlabsub()	对于给定的 Excel 数据, 运行 MATLAB 命令并指定输出位置
MLAppendMatrix()	向 MATLAB 空间添加 Excel 数据表的数据
MLDeleteMatrix()	删除 MATLAB 矩阵
MLEvalString()	将命令传到 (写成字符串的形式) MATLAB 中执行
MLGetMatrix()	向 Excel 数据表中写入 MATLAB 矩阵的数据内容
MLPutMatrix()	向 Excel 数据表创建或覆盖 MATLAB 矩阵

1) Matlabfcn

在工作表中使用时的语法: "=matlabfcn(command, inputs)".

参数 command 是 MATLAB 将执行的命令, 命令需要写成"command"(使用双引号引起来) 的形式. 参数 inputs 传给 MATLAB 命令的变长输入参数列表. 列表是包含数据的工作表单元格范围. 函数返回单一数值或者是字符串, 结果返回到调用函数的单元格中. 例如, "matlabfcn("max",B1:B10)" 找出 B1 到 B10 的单元格中最大的数, 如图 1.12 所示.

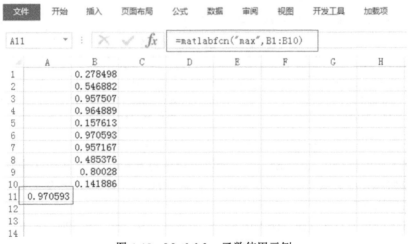

图 1.12　Matlabfcn 函数使用示例

2) Matlabsub

在工作表中的使用语法: "=matlabsub(command,edat,inputs)".

command 和 inputs 的参数与 matlabfcn 相同. 参数 edat 指定返回值写入在工作表中的位置. 例如, "matlabsub("sum", "A1", B1:B10)" 把工作表中从单元格 B1 到 B10 的数据相加, 并将结果返回到单元格 A1 中, 如图 1.13 所示.

图 1.13 Matlabsub 函数使用示例

注意: edat 指定的位置不能包含 matlabsub 所在的位置.

3) MLAppendMatrix

在工作表中使用的语法: "=MLAppendMatrix(var_name, mdat)".

注意要追加的数据维数需要和原矩阵中的维数相匹配, 否则就会出错. 例如, "MLAppendMatrix("x",D1:F2)" 把单元格 D1 到 F2 的数据添加到矩阵 x 的后面, 如图 1.14 所示.

图 1.14　MLAppendMatrix 函数使用示例

4) MLDeleteMatrix

在工作表中使用的语法: "=MLDeleteMatrix(var_name)". var_name 是要删除的矩阵名. 例如, "=MLDeleteMatrix("x")" 表示删除 MATLAB 工作空间的矩阵 x, 如图 1.15 所示.

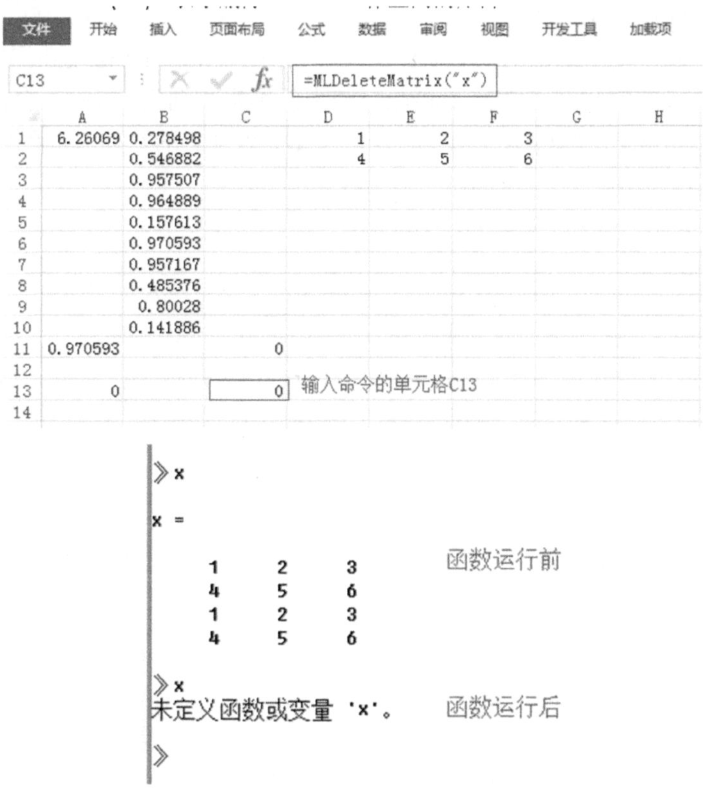

图 1.15　MLDeleteMatrix 函数使用示例

5) MLEvalString

在工作表中使用的语法: "=MLEvalString(command)".

参数 command 如果是用双引号引起来"command"的形式, 则是直接指定命令; 如果不用双引号引起来 command 的形式, 则 command 必须是含有命令字符串的工作表的单元格地址或者是范围.

例如, "=MLEvalString(" b=ones(4) ")" 表示在 MATLAB 中执行命令 b=ones(4), 表示 b 被赋值成一个单位阵, 如图 1.16 所示.

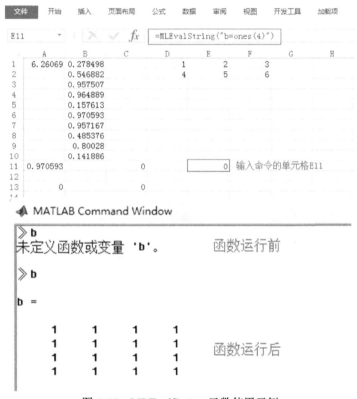

图 1.16 MLEvalString 函数使用示例

6) MLGetMatrix

在工作表中使用的语法: "=MLGetMatrix(var_name, edat)".

参数 var_name, 是要写入工作表的矩阵名, 参数 edat 指定了矩阵写入工作表的位置. 例如, MLGetMatrix("b","D5") 表示将矩阵 b 写入以单元格 D5 起始的位置, b 是一个 4 行 4 列的矩阵, 则矩阵占据 D5 到 G8 的空间. 如图 1.17 所示.

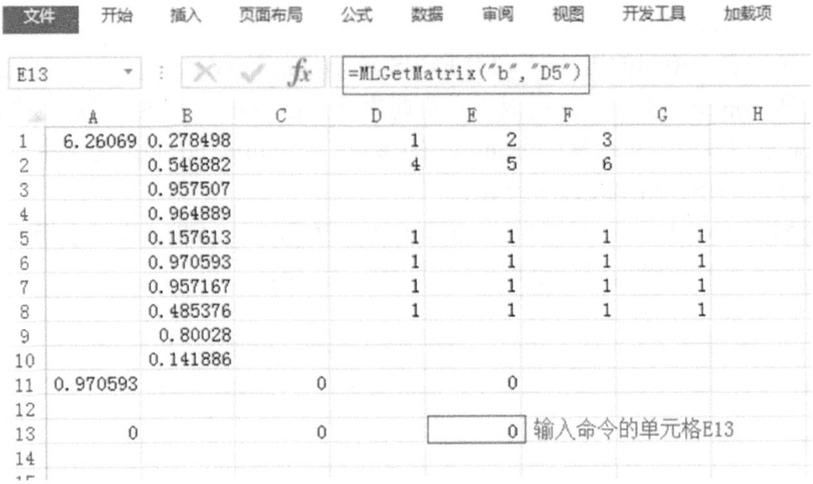

	A	B	C	D	E	F	G	H
1	6.26069	0.278498		1	2	3		
2		0.546882		4	5	6		
3		0.957507						
4		0.964889						
5		0.157613		1	1	1	1	
6		0.970593		1	1	1	1	
7		0.957167		1	1	1	1	
8		0.485376		1	1	1	1	
9		0.80028						
10		0.141886						
11	0.970593		0		0			
12								
13	0		0		0			
14								

图 1.17　MLGetMatrix 函数使用示例

7) MLPutMatrix

在工作表中使用的语法: "=MLPutMatrix(var_name, mdat)".

参数 var_name 是将被创建或者覆盖的矩阵名. 如果指定的矩阵不存在, 则创建该矩阵, 如果矩阵已经存在, 则覆盖该矩阵; 参数 mdat 指定工作表中的位置范围. 例如, MLPutMatrix("c", D5:G7) 代表把工作表中由 D5 到 G7 的数据 (3 行 4 列) 写入 MATLAB 矩阵 c 中. 如图 1.18 所示.

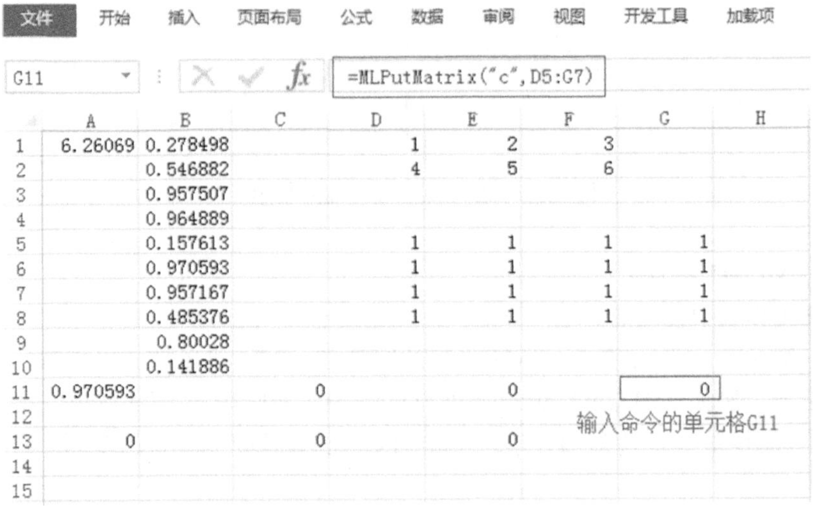

	A	B	C	D	E	F	G	H
1	6.26069	0.278498		1	2	3		
2		0.546882		4	5	6		
3		0.957507						
4		0.964889						
5		0.157613		1	1	1	1	
6		0.970593		1	1	1	1	
7		0.957167		1	1	1	1	
8		0.485376		1	1	1	1	
9		0.80028						
10		0.141886						
11	0.970593		0		0		0	
12								
13	0		0		0			
14								
15								

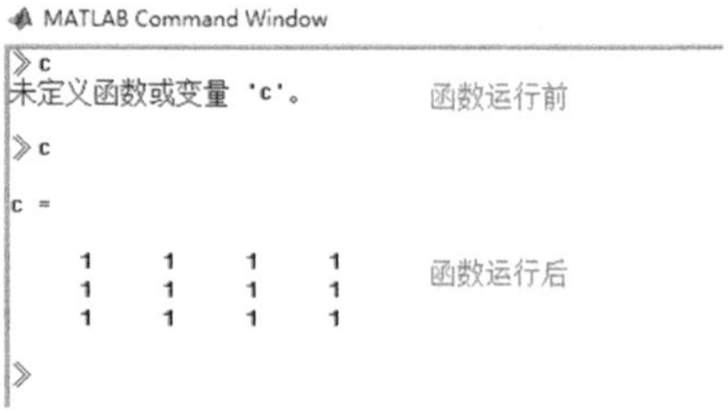

图 1.18 MLPutMatrix 函数使用示例

参 考 文 献

[1] https://zh.wikipedia.org/wiki/MATLAB
[2] https://www.mathworks.com/help/matlab/arithmetic.html
[3] https://www.mathworks.com/help/matlab/graphics.html
[4] https://www.mathworks.com/help/matlab/functions.html
[5] https://www.mathworks.com/help/matlab/matlab_env/save-load-and-delete-workspace-variables.html
[6] https://www.mathworks.com/discovery/matlab-gui.html
[7] https://www.mathworks.com/discovery/matlab-excel.html

第 2 章　最优化理论基础

在设计最优化方法之前, 需要对最优化问题有一个深刻的认识, 比如确定待求的最优化问题是确定性优化还是不确定性优化, 是无约束、约束还是多目标优化, 这涉及最优化问题的分类. 当最优化问题类别确定好后, 接下来需要对最优化问题的解进行定义, 即具备什么条件的解才是待求最优化问题的解呢? 另外, 不同的最优化方法可能得到不同的结果, 付出的代价也不一样, 如何对不同最优化算法进行性能评估呢? 这些都是本章需要回答的问题. 本章主要介绍最优化问题的分类、最优化相关的数学基础、最优性条件以及最优化方法性能评估.

2.1　最优化问题的分类

一般地, 最优化问题的数学模型描述如下

$$
\begin{aligned}
\min \quad & [f_1(x,\theta), f_2(x,\theta), \cdots, f_m(x,\theta)]^{\mathrm{T}} \\
\text{s.t.} \quad & \begin{cases} g_j(x,\theta) \leqslant 0, & j = 1, 2, \cdots, p, \\ h_j(x,\theta) = 0, & j = p+1, p+2, \cdots, q \end{cases}
\end{aligned} \tag{2.1}
$$

它包括以下三个要素:

(1) 决策变量: $x = [x_1, x_2, \cdots, x_n]^{\mathrm{T}} \in \mathbb{R}^n$ 为 n 个决策变量;

(2) 目标函数: $f_1(x,\theta), \cdots, f_m(x,\theta)$ 为 m 个目标函数;

(3) 约束条件: $g_j(x,\theta), h_j(x,\theta)$ 分别为第 j 个不等式约束和等式约束函数.

其中 θ 为最优化问题的参数集合. 此外, 还要求决策变量的取值有一定的上下界, 以保证在闭区间上最优解的存在.

定义 2.1.1 可行域　满足约束条件的点的集合称为可行域, 记为 D,

$$
D = \left\{ x \in \mathbb{R}^n \;\middle|\; \begin{array}{l} g_j(x,\theta) \leqslant 0, \quad j = 1, 2, \cdots, p, \\ h_j(x,\theta) = 0, \quad j = p+1, p+2, \cdots, q \end{array} \right\} \tag{2.2}
$$

考虑最优化问题的三个要素及参数情况, 从工程优化的角度, 最优化问题可

以作以下分类:

$$\begin{cases} \text{确定性优化} \begin{cases} \text{静态优化} \begin{cases} \text{单目标优化} \begin{cases} \text{约束优化} \\ \text{无约束优化} \end{cases} \\ \text{多目标优化} \end{cases} \\ \text{动态优化} \end{cases} \\ \text{不确定性优化} \end{cases}$$

根据最优化问题中的参数是确定的还是不确定的, 可以把最优化问题分为确定性优化和不确定性优化[1]; 根据决策变量的个数是有限个还是无穷个, 可以把最优化问题分为静态优化和动态优化 (也叫最优控制[2,3]); 根据目标函数的个数是一个还是两个以上, 可以把最优化问题分为单目标优化和多目标优化; 根据最优化问题中是否含有约束条件, 可以把最优化问题分为约束优化和无约束优化. 此外, 从数学规划的角度, 根据决策变量的性质 (连续型或离散型) 还可以细分为连续优化和离散优化, 根据目标函数或约束函数的性质可以继续细分为线性规划和非线性规划, 凸优化和非凸优化, 光滑优化和非光滑优化等.

例 2.1.1 考虑下面的线性规划问题

$$\max \quad Z = 2x + 3y$$
$$\text{s.t.} \begin{cases} x + y \leqslant a, \\ x + 4y \leqslant b, \\ x, y \geqslant 0 \end{cases}$$

若参数 a, b 为确定的数值, 比如 $a = 3$, $b = 9$, 则该问题为确定性优化问题, 见图 2.1(a), 容易看出其最优解在点 $A = (1, 2)$ 处取得. 若参数 a, b 为随机数, 比如

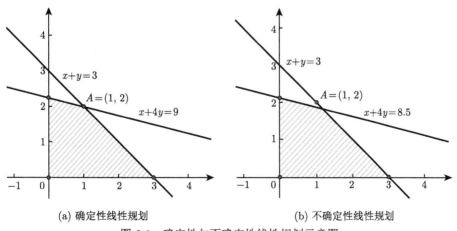

(a) 确定性线性规划   (b) 不确定性线性规划

图 2.1 确定性与不确定性线性规划示意图

a 在区间 $(2, 4)$ 上, b 在区间 $(8, 10)$ 上服从均匀分布, 则该问题为不确定性优化问题, 见图 2.1(b). 若用期望值表示随机变量 a, b, 则求得的最优解仍在 A 点. 若随机变量 a, b 的取值分别为 3, 8.5 时, 显然该方法求得的最优值已变得不可行, 这个解显然无法用. 由此可以看出, 与确定性优化不同, 不确定性优化问题的解将变得十分复杂.

2.2　最优化基本概念

在定量描述最优化问题或设计最优化算法时, 需要用到一些特定的专业术语. 本节介绍一些与最优化相关的基本概念, 包括范数、梯度、凸集、凸函数、极值、最优性条件等[4,5].

1. 最优化数学基础

定义 2.2.1 向量范数　实数 $\|x\|$ 称为 $\mathbb{R}^n$ 上向量 x 的范数, 当且仅当它满足下列性质:

(1) 非负性: $\|x\| \geqslant 0$, $\|x\| = 0 \Leftrightarrow x = 0$;

(2) 齐次性: $\|\lambda x\| = |\lambda| \|x\|$, $\forall \lambda \in \mathbb{R}$;

(3) 三角不等式: $\|x + y\| \leqslant \|x\| + \|y\|$, $\forall x, y \in \mathbb{R}^n$.

例 2.2.1　设 $x = [x_1, x_2, \cdots, x_n]^{\mathrm{T}} \in \mathbb{R}^n$, 常用的向量范数有

$$l_1 范数: \quad \|x\|_1 = \sum_{i=1}^{n} |x_i|$$

$$l_2 范数: \quad \|x\|_2 = \left(\sum_{i=1}^{n} x_i^2\right)^{1/2}$$

$$l_p 范数: \quad \|x\|_p = \left(\sum_{i=1}^{n} |x_i|^p\right)^{1/p}$$

$$l_\infty 范数: \quad \|x\|_\infty = \max_i |x_i|$$

例 2.2.2　设 $x, y \in \mathbb{R}$, $\|\cdot\|$ 是任意向量范数, 下面是关于向量范数的几个重要不等式:

Cauchy-Schwarz 不等式:

$$|x^{\mathrm{T}} y| \leqslant \|x\| \|y\|, 当且仅当 x, y 线性相关时, 等式成立$$

Minkowski 不等式:

$$|x + y|_p \leqslant \|x\|_p + \|y\|_p$$

Hölder 不等式: 设 $p, q > 1$, 且 $\dfrac{1}{p} + \dfrac{1}{q} = 1$, 则

$$|x^{\mathrm{T}}y| \leqslant \|x\|_p \|y\|_q$$

定义 2.2.2 矩阵范数　实数 $\|A\|$ 称为 $\mathbb{R}^{n \times n}$ 上矩阵 A 的范数, 当且仅当它满足下列性质:

(1) 非负性: $\|A\| \geqslant 0$, $\|A\| = 0 \Leftrightarrow A = 0$;

(2) 齐次性: $\|\lambda A\| = |\lambda| \|A\|$, $\forall \lambda \in \mathbb{R}$;

(3) 三角不等式: $\|A + B\| \leqslant \|A\| + \|B\|$, $\forall A, B \in \mathbb{R}^{n \times n}$;

(4) 相容性: $\|AB\| \leqslant \|A\| \|B\|$, $\forall A, B \in \mathbb{R}^{n \times n}$.

例 2.2.3　设 $A = (a_{ij})_{n \times n} \in \mathbb{R}^{n \times n}$, 常用的矩阵范数有

m_1范数: $\quad \|A\|_{m_1} = \displaystyle\sum_{i=1}^{n} \sum_{j=1}^{n} |a_{ij}|$

F范数: $\quad \|A\|_F = \sqrt{\displaystyle\sum_{i=1}^{n} \sum_{j=1}^{n} |a_{ij}|^2}$

m_∞范数: $\quad \|A\|_{m_\infty} = n \max_{i,j} |a_{ij}|$

l_1范数的诱导范数 (列和范数): $\quad \|A\|_1 = \max_j \displaystyle\sum_{i=1}^{n} |a_{ij}|$

l_2范数的诱导范数: $\quad \|A\|_2 = \sqrt{\lambda_{\max}(A^{\mathrm{T}}A)}$, $\quad \lambda_{\max}(\cdot)$表示取最大特征值

l_∞范数的诱导范数 (行和范数): $\quad \|A\|_\infty = \max_i \displaystyle\sum_{j=1}^{n} |a_{ij}|$

定义 2.2.3 范数相容　设 $\|\cdot\|_m$ 是 $\mathbb{R}^{n \times n}$ 上的矩阵范数, $\|\cdot\|_v$ 为 $\mathbb{R}^n$ 上的向量范数, 若满足

$$\|Ax\|_v \leqslant \|A\|_m \|x\|_v, \quad \forall A \in \mathbb{R}^{n \times n}, \quad x \in \mathbb{R}^n \tag{2.3}$$

则称矩阵范数 $\|\cdot\|_m$ 与向量范数 $\|\cdot\|_v$ 是相容的.

例 2.2.4　设 $A \in \mathbb{R}^{n \times n}, x \in \mathbb{R}^n$, 常用的范数相容有

(1) 矩阵的 m_1 范数与向量 l_1 的范数相容, 即 $\|Ax\|_1 \leqslant \|A\|_{m_1} \|x\|_1$;

(2) 矩阵的 F 范数与向量的 l_2 范数相容, 即 $\|Ax\|_2 \leqslant \|A\|_F \|x\|_2$;

(3) 矩阵的 m_∞ 范数与向量的 l_1, l_2, l_∞ 范数均相容, 即 $\|Ax\|_1 \leqslant \|A\|_{m_\infty} \|x\|_1$, $\|Ax\|_2 \leqslant \|A\|_{m_\infty} \|x\|_2$, $\|Ax\|_\infty \leqslant \|A\|_{m_\infty} \|x\|_\infty$.

定义 2.2.4 梯度　设函数 $f(x)$ 存在一阶偏导数, 则称向量

$$\nabla f(x) = \left[\frac{\partial f(x)}{\partial x_1}, \frac{\partial f(x)}{\partial x_2}, \cdots, \frac{\partial f(x)}{\partial x_n} \right]^{\mathrm{T}} \tag{2.4}$$

为 $f(x)$ 在点 x 处的梯度或一阶导数, 简记 $g(x) = \nabla f(x)$.

定义 2.2.5 黑塞矩阵 (Hessian 矩阵)　设函数 $f(x)$ 存在二阶偏导数, 则称矩阵

$$\nabla^2 f(x) = \begin{bmatrix} \dfrac{\partial^2 f(x)}{\partial x_1^2} & \dfrac{\partial^2 f(x)}{\partial x_1 \partial x_2} & \cdots & \dfrac{\partial^2 f(x)}{\partial x_1 \partial x_n} \\ \dfrac{\partial^2 f(x)}{\partial x_2 \partial x_1} & \dfrac{\partial^2 f(x)}{\partial x_2^2} & \cdots & \dfrac{\partial^2 f(x)}{\partial x_2 \partial x_n} \\ \vdots & \vdots & & \vdots \\ \dfrac{\partial^2 f(x)}{\partial x_n \partial x_1} & \dfrac{\partial^2 f(x)}{\partial x_n \partial x_2} & \cdots & \dfrac{\partial^2 f(x)}{\partial x_n^2} \end{bmatrix} \tag{2.5}$$

为 $f(x)$ 在点 x 处的黑塞矩阵或二阶导数, 简记 $H(x) = \nabla^2 f(x)$.

例 2.2.5　考虑如下的二次规划问题

$$\min \quad f(x) = \frac{1}{2} x^{\mathrm{T}} Q x - c^{\mathrm{T}} x$$

其中 $Q = Q^{\mathrm{T}} \in \mathbb{R}^{n \times n}, c \in \mathbb{R}^n$. $f(x)$ 在 x 处的梯度为 $\nabla f(x) = Qx - c$, 在 x 处的黑塞矩阵为 $\nabla^2 f(x) = Q$.

定义 2.2.6 凸集　对于集合 C 中的任意两点 x, y, 若满足

$$\theta x + (1 - \theta) y \in C, \quad \forall \theta \in [0, 1], \quad x, y \in C \tag{2.6}$$

则称集合 C 为凸集. 其几何意义是集合中任意两点连线上的点都在该集合内, 图 2.2 直观地展示了凸集和非凸集的区别.

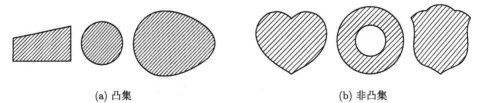

(a) 凸集　　　　　　　　　　　　　　　(b) 非凸集

图 2.2　凸集与非凸集示意图

定义 2.2.7 凸组合　对于集合 C 的 n 个点 $x_1, x_2, \cdots, x_n$,

$$y = \theta_1 x_1 + \theta_2 x_2 + \cdots + \theta_n x_n, \quad \theta_1 + \theta_2 + \cdots + \theta_n = 1, \quad \theta_i \geqslant 0, i = 1, 2, \cdots, n \tag{2.7}$$

为 $x_1, x_2, \cdots, x_n$ 的凸组合.

定义 2.2.8 凸包 集合 C 中的所有点的凸组合构成 C 的凸包, 记作

$$\mathrm{conv}C = \{\theta_1 x_1 + \cdots + \theta_1 x_n | x_i \in C, \ \theta_1 + \cdots + \theta_n = 1, \ \theta_i \geqslant 0, i = 1, 2, \cdots, n\} \quad (2.8)$$

图 2.3 直观地展示了集合 C 中所有点形成的凸包.

图 2.3 凸包示意图

定义 2.2.9 凸函数 设 $f(x)$ 是定义在非空凸集 C 上的函数, 若满足

$$f(\theta x + (1 - \theta)y) \leqslant \theta f(x) + (1 - \theta)f(y), \quad \forall \theta \in [0, 1], \quad x, y \in C \quad (2.9)$$

则称 $f(x)$ 为 C 上的凸函数. 若取严格不等式 "<", 则称 $f(x)$ 为 C 上的严格凸函数. 凸函数的几何意义是指函数图像在任意两点间的部分总在这两点构成线段的下方, 如图 2.4 所示.

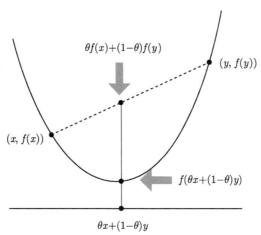

图 2.4 凸函数的几何意义示意图

例 2.2.6 常见的凸函数有

(1) 指数函数: e^{ax};

(2) 幂函数: $x^a (x > 0, a \geqslant 1$ 或 $a \leqslant 0)$, 或 $|x|^a (a \geqslant 1)$;

(3) 负对数函数: $-\log x \ (x > 0)$;

(4) 负熵: $x \log x$ $(x > 0)$;

(5) 范数: l_1 范数、l_2 范数、l_p 范数等;

(6) 最大值函数: $f(x) = \max\{x_1, x_2, \cdots, x_n\}$.

定理 2.2.1 泰勒定理   若函数 $f(x)$ 一阶连续可微, 则有

$$f(x + p) = f(x) + \nabla f(x + tp)^{\mathrm{T}} p, \quad \exists t \in (0, 1) \tag{2.10}$$

若函数 $f(x)$ 二阶连续可微, 则有

$$f(x + p) = f(x) + \nabla f(x)^{\mathrm{T}} p + \frac{1}{2} p^{\mathrm{T}} \nabla^2 f(x + tp) p, \quad \exists t \in (0, 1) \tag{2.11}$$

例 2.2.7   若函数 $f(x)$ 各阶导数或偏导数存在, 则有如下泰勒公式.

一元泰勒公式

$$f(x) = f(p) + f'(p)(x - p) + \frac{f''(p)}{2!}(x - p)^2 + \cdots + \frac{f^{(n)}(p)}{n!}(x - p)^n$$
$$+ o[(x - p)^n]$$

多元泰勒公式

$$f(x + p) = f(x) + \nabla f(x)^{\mathrm{T}} p + \frac{1}{2} p^{\mathrm{T}} \nabla^2 f(x) p + \cdots$$

2. 最优性条件

考虑如下的约束优化问题:

$$\min_{x \in \mathbb{R}^n} \quad f(x)$$
$$\text{s.t.} \quad \begin{cases} g_j(x) \leqslant 0, & j = 1, 2, \cdots, p, \\ h_j(x) \leqslant 0, & j = p+1, p+2, \cdots, q \end{cases}$$

定义 2.2.10 局部极小值   设 D 是约束优化问题的可行域, $x^* \in D$, U 是 x^* 的去心邻域, 若

$$f(x^*) \leqslant f(x), \quad \forall x \in D \cap U \tag{2.12}$$

则称 x^* 是局部极小点. 若严格取 "<", 则称 x^* 为严格局部极小点.

定义 2.2.11 全局极小值   设 $x^* \in D$, 若

$$f(x^*) \leqslant f(x), \quad \forall x \in D \tag{2.13}$$

则称 x^* 是全局极小点. 若严格取 "<", 则称 x^* 为严格全局极小点.

定理 2.2.2 一阶必要条件 若函数 $f(x)$ 一阶连续可微, x^* 是无约束优化问题的局部极小点, 则有

$$\nabla f(x^*) = 0 \tag{2.14}$$

定理 2.2.3 二阶必要条件 若函数 $f(x)$ 二阶连续可微, x^* 是无约束优化问题的局部极小点, 则有

$$\nabla f(x^*) = 0, \quad \nabla^2 f(x^*) \geqslant 0 \tag{2.15}$$

定理 2.2.4 二阶充分条件 若函数 $f(x)$ 二阶连续可微,

$$\nabla f(x^*) = 0, \quad \nabla^2 f(x^*) > 0 \tag{2.16}$$

则 x^* 是无约束优化问题的严格局部极小点.

定理 2.2.5 一阶充要条件 若函数 $f(x)$ 是凸函数且一阶连续可微, 则 x^* 是全局极小点的充要条件是

$$\nabla f(x^*) = 0 \tag{2.17}$$

定理 2.2.6 KKT(Karush-Kuhn-Tucker) 条件 设 x^* 为约束最优化问题的最优解, $f(x)$, $g_j(x)$, $h_j(x)$ $(j = 1, 2, \cdots, q)$ 为连续可微函数, 若最优化问题满足约束规范条件, 则存在向量 $\lambda^* = [\lambda_1^*, \cdots, \lambda_p^*]^T$ 和 $\mu^* = [\mu_1^*, \cdots, \mu_{q-p}^*]^T$, 满足如下条件:

$$
\begin{cases}
\text{平衡性} \quad \nabla f(x^*) + \sum_{j=1}^{p} \lambda_j^* \nabla g_j(x^*) + \sum_{j=p+1}^{q} \mu_j^* \nabla h_j(x^*) = 0; \\[2mm]
\text{原始可行性} \quad \begin{cases} g_j(x) \leqslant 0, \quad j = 1, 2, \cdots, p, \\ h_j(x) = 0, \quad j = p+1, p+2, \cdots, q; \end{cases} \\[3mm]
\text{对偶可行性} \quad \lambda_j^* \geqslant 0, \ j = 1, \cdots, p; \\[2mm]
\text{互补松弛性} \quad \lambda_j^* g_j(x^*) = 0, \ j = 1, \cdots, p
\end{cases} \tag{2.18}
$$

例 2.2.8 考虑如下的无约束优化问题

$$\min \quad f(x) = \frac{1}{2} x^T Q x - x^T c$$

其中 $Q = Q^T \succ 0$ 为对称正定矩阵, 其中 $\succ$ 是特殊的大于号, 表示矩阵正定. 根据定理 2.2.5, 该无约束优化问题的全局最优解满足

$$\nabla f(x^*) = Q x^* - c = 0$$

即 $x^* = Q^{-1} c$.

例 2.2.9　　考虑如下的约束优化问题

$$\min \quad f(x) = \frac{1}{2}x^{\mathrm{T}}Qx - x^{\mathrm{T}}c$$
$$\text{s.t.} \quad Ax = b$$

其中 $Q = Q^{\mathrm{T}} \succ 0$ 为对称正定矩阵, $A \in \mathbb{R}^{m \times n}$, $\mathrm{rank}(A) = m$, $b \in \mathbb{R}^m$. 根据定理 2.2.6, 该约束优化问题的全局最优解满足

$$\begin{cases} Qx^* - c + A^{\mathrm{T}}\mu^* = 0, \\ Ax^* = b, \end{cases} \quad 即 \quad \begin{bmatrix} Q & A^{\mathrm{T}} \\ A & O \end{bmatrix} \begin{bmatrix} x^* \\ \mu^* \end{bmatrix} = \begin{bmatrix} c \\ b \end{bmatrix}$$

上述方程的数值解法可以参考文献 [6].

2.3　最优化方法性能评估

能够解析求解的最优化问题是非常有限的, 大多数问题需要数值迭代求解. 其基本思想是: 给定初始点 x_0, 按照某一迭代规则产生一个点列 $\{x_k\}$, 使得当 $\{x_k\}$ 是有限点列时, 其最后一个点是最优化问题的最优解. 对于一个最优化问题, 使用不同的最优化方法可能求解得到不同的结果, 付出的代价也不一样. 最优化方法的目的是在尽可能短的时间内找到最优化问题的全局最优解或近似全局最优解, 所以设计最优化方法的性能评估准则非常重要. 一般有以下准则对不同最优化算法进行性能评估[7, 8].

1. 收敛性

判断一个数值优化算法是否可行和优劣的重要原则之一便是其收敛性, 即判断在一定的精度要求下, 数值求解过程中所得到的迭代点是否收敛于局部最优解. 若迭代点是收敛的, 则有

$$\lim_{k \to \infty} \|x_k - x^*\| \leqslant \varepsilon \tag{2.19}$$

或

$$\lim_{k \to \infty} |f(x_k) - f(x^*)| \leqslant \varepsilon \tag{2.20}$$

其中 x^* 为局部极小点, 容许误差 $0 \leqslant \varepsilon \ll 1$. 一般地, 我们要证明一个最优化方法产生的迭代点是否收敛, 就是要证明迭代点列 $\{x_k\}$ 的聚点 (即子序列的极限点) 为一局部极小点.

2. 收敛率

大部分算法计算效率是有很大差别的, 高效或者快速的算法仅需要少量的迭代就能收敛到最优解, 并且计算量也很小. 从经济的角度来说, 我们会选择最有效的算法, 因此我们就需要度量算法收敛率的定量指标或准则.

设最优化方法产生的迭代点列 $\{x_k\}$ 收敛于极小点 x^*, 如果存在实数 $\alpha > 0$ 和一个常数 $q > 0$, 且 q 是与迭代次数无关的, 使得

$$\lim_{k\to\infty} \frac{\|x_{k+1} - x^*\|}{\|x_k - x^*\|^{\alpha}} = q \tag{2.21}$$

那么就称此数值优化算法产生的迭代点列 $\{x_k\}$ 具有 α 阶收敛速度 (或 α 阶收敛)[2]. 特别地,

(1) 如果 $\alpha = 1, q > 0$, 则称迭代点列 $\{x_k\}$ 具有线性收敛速度 (或线性收敛);

(2) 如果 $1 < \alpha < 2, q > 0$ 或 $\alpha = 1, q = 0$, 则迭代点列 $\{x_k\}$ 具有超线性收敛速度 (或超线性收敛);

(3) 如果 $\alpha = 2$, 则迭代点列 $\{x_k\}$ 具有二阶收敛速度 (或二阶收敛).

一般认为, 具有超线性收敛速度和二阶收敛速度的方法是比较快速的.

3. 稳定性

稳定性是衡量优化算法求得的最优解的波动性与离散性的指标, 最优解的波动越小, 离散程度越小, 则稳定性越高.

若对于一个确定性优化算法, 在初始点和算法参数确定的情况下, 它多次运行所求得的最优解是不会变化的. 但对于随机性优化算法则不一样, 随机性优化算法在寻优搜索过程中对搜索方向引入了随机变量以降低搜索陷入局部最优的风险. 然而, 随机性的引入也使得算法寻优路径和最终结果具有不可重复性和不确定性, 单次寻优结果无法真实反映算法的有效性.

最常用的衡量随机优化算法稳定性的度量指标是对同一算例多次求解所得的目标函数值的平均值、中位数、标准差等统计性能指标[9]. 平均值、中位数离最优解相差越小, 标准差越小, 算法越稳定.

参 考 文 献

[1] Sahinidis N V. Optimization under uncertainty: State-of-the-art and opportunities[J]. Computers & Chemical Engineering, 2004, 28(6/7): 971-983.

[2] Kamien M I, Schwartz N L. Dynamic Optimization: The Calculus of Variations and Optimal Control in Economics and Management[M]. Amsterdam: Elsevier Science, 1991.

[3] Biegler L T. An overview of simultaneous strategies for dynamic optimization[J]. Chemical Engineering and Processing: Process Intensification, 2007, 46(11): 1043-1053.

[4] 袁亚湘, 孙文瑜. 最优化理论与方法 [M]. 北京: 科学出版社, 1997.

[5] 马昌凤. 最优化方法及其 Matlab 程序设计 [M]. 北京: 科学出版社, 2010.

[6] Gould N I M, Hribar M E, Nocedal J. On the solution of equality constrained quadratic programming problems arising in optimization[J]. SIAM Journal on Scientific Computing, 2001, 23(4): 1376-1395.

[7] Beiranvand V, Hare W, Lucet Y. Best practices for comparing optimization algo-
     rithms[J]. Optimization and Engineering, 2017, 18(4): 815-848.

[8] Moré J J, Wild S M. Benchmarking derivative-free optimization algorithms[J]. SIAM
     Journal on Optimization, 2009, 20(1): 172-191.

[9] Civicioglu P, Besdok E. A conceptual comparison of the Cuckoo-search, particle swarm
     optimization, differential evolution and artificial bee colony algorithms[J]. Artificial
     Intelligence Review, 2013, 39(4): 315-346.

第 3 章　局部和全局优化算法

最优化算法分为解析法和数值法两大类, 能精确找到公式解的解析法通常只能适应于某些特殊的最优化问题, 而对于绝大多数最优化问题, 只能采用数值迭代的方法求得最优解或近似最优解. 另外, 数值优化算法又分为局部优化算法和全局优化算法, 局部优化算法依赖于初始值, 一般能保证收敛到初始值附近的局部极值, 全局优化算法不依赖于初始值, 旨在找到一个全局最优解. 本章介绍局部和全局优化算法的相关概念, 并具体介绍梯度下降法、共轭梯度法、牛顿法等几种经典的局部优化算法和遗传算法、模拟退火算法、粒子群优化算法等几种经典的全局优化算法.

3.1　数　值　优　化

3.1.1　解析法与数值法

最优化算法分成两大类型: 解析法和数值法. 前者给出一个最优化问题精确的公式解, 也称为解析解, 一般是理论结果. 后者是在给出极值点的精确计算公式非常困难的情况下, 用数值计算方法迭代求得最优解或近似最优解[1].

1. 解析法

解析法是对于系统模型具有简单明确的数学解析表达式的最优化问题, 采用数学分析的方法, 根据函数 (泛函) 极值的必要条件和充分条件求出其最优解析解的求解方法.

对于一个无约束优化问题, 若函数 $f(x)$ 连续可微, 其极值的求解方法是寻找 $f(x)$ 的一阶导数或梯度为零的点 x^* (即 $\nabla f(x^*) = 0$). 梯度为零只是函数取得极值的必要条件而不是充分条件, 它只是疑似极值点, 是不是极值, 是极大值还是极小值, 还需要看更高阶导数, 比如看二阶导数的情况:

(1) $f(x)$ 在点 x^* 处的黑塞矩阵正定, 函数在该点有极小值;

(2) $f(x)$ 在点 x^* 处的黑塞矩阵负定, 函数在该点有极大值;

(3) $f(x)$ 在点 x^* 处的黑塞矩阵不定, 则该点不是极值点.

考虑 (2.1) 中的特殊情况, 带等式约束的单目标最优化问题, 经典的解决方案

是拉格朗日乘数法, 构造的拉格朗日函数如下

$$L(x, \mu) = f(x) + \sum_{j=1}^{q} \mu_j h_j(x) \tag{3.1}$$

在最优点 x 处和乘子向量 μ 的导数都必须为 0, 即

$$\begin{cases} \nabla f(x^*) + \sum_{j=1}^{q} \mu_j \nabla h(x^*) = 0, \\ h_j(x^*) = 0, \ j = 1, \cdots, q \end{cases} \tag{3.2}$$

求解上面的方程组就可得到带等式约束的最优化问题的极值点.

对于既带有等式约束, 又带有不等式约束的最优化问题, 可采用 KKT 条件进行求解. KKT 条件是拉格朗日乘数法的推广, 在 2.2 节中已做介绍, 在这里不做赘述.

2. 数值法

对绝大多数函数来说, 梯度等于零的方程组是没办法用解析法解出来的, 如方程里面含有指数函数、对数函数之类的超越函数, 我们只能通过数值优化方法求解最优解或近似最优解. 具体来说, 数值优化方法是对无法用简单明了的数学解析表达式表达其最优解的最优化问题, 通过数值计算, 在经过一系列迭代过程产生的点列中进行搜索寻优, 使其逐步逼近最优解的求解方法[2].

在数值优化中, 一般采用迭代法求解最优化问题的最优解. 迭代法的基本思想是: 给定初始点 x_0, 按照某一迭代规则产生一个点列 $\{x_k\}$, 使得当 $\{x_k\}$ 是有限点列时, 其最后一个点是最优化问题的最优解. 否则, 当 $\{x_k\}$ 是无穷点列时, 其有极限点且这个极限点即最优化问题的最优解[3].

数值优化算法主要包括传统的数学规划算法和新型的智能优化算法.

传统的数学规划算法是以梯度法为基础, 解析与数值计算相结合的最优化迭代求解方法. 传统的数学规划算法的迭代过程实质上是对迭代点进行非线性变换的过程, 非线性变换是通过方向和步长来实现的. 一般求解最优化问题的传统数学规划算法都遵循以下线搜索法 (或信赖域, 3.2 节会介绍) 迭代方式:

$$x_{k+1} = x_k + \alpha_k d_k \tag{3.3}$$

其中, x_k 为第 k 次迭代点, d_k 为第 k 次搜索方向, α_k 为第 k 次搜索方向上的步长因子.

智能优化算法是受人类智能、生物群体社会性或自然现象规律的启发而设计的算法, 通常引入一定的随机性来产生新的迭代点, 以获得满足要求的近似最优

解. 尽管形式上也是反复迭代, 但我们很难像传统数学规划算法那样, 针对智能优化算法写出统一的算法形式, 不同的智能优化算法或根据解决的问题不一样有不同的算法设计形式[4].

3.1.2 局部与全局优化

局部优化算法主要是以梯度法为基础的传统数学规划算法, 比如最速下降法、牛顿法、拟牛顿法、共轭梯度法等算法. 这些方法的共同特点是利用了目标函数的梯度信息, 是解析与数值计算相结合的最优化迭代求解方法. 但是, 这些方法也有较大的局限性, 例如, 大部分都是针对凸优化或非线性规划设计的, 对目标函数和约束条件的要求较高, 通常要求目标函数光滑、可行域是凸集、决策变量维数较低等, 并且它们只能得到最优化问题的局部最优解, 对复杂的多极值问题计算效率很低. 这些缺点在一定程度上限制了这些方法在实际工程问题中的应用.

不同于局部优化算法, 全局优化算法可以得到最优化问题的全局最优解或满意解, 尤其以智能优化算法为典型, 它包括遗传算法、模拟退火算法、粒子群算法等优化算法. 与传统的数学规划算法相比, 智能优化算法通过模拟自然现象的某些规律和生物群体行为去解决最优化问题, 这些算法不依赖目标函数的梯度信息, 不要求目标函数和约束函数的可微性和连续性, 不以达到最优性条件或找到理论上的精确最优解为目标, 更看重计算的速度和效率, 所以在解决工程实践中的各种复杂优化问题时, 该算法具有传统数学规划算法无可比拟的优势[5].

下面举一个例子来阐述局部优化算法与全局优化算法求解性能的差异.

例 3.1.1 考虑如下的无约束最优化问题

$$\min \quad f(x) = \left(4 - 2.1x_1^2 + \frac{x_1^4}{3}\right)x_1^2 + x_1x_2 + (-4 + 4x_2^2)x_2^2$$

该函数的三维曲面图和等值线图如图 3.1 所示, 可以看出, 该最优化问题是

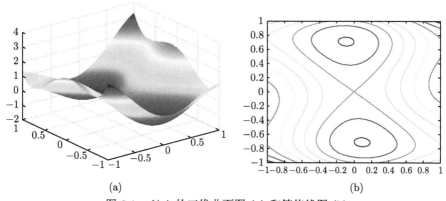

(a)   (b)

图 3.1 $f(x)$ 的三维曲面图 (a) 和等值线图 (b)

一个多极值问题. 分别采用牛顿法和遗传算法求解该问题, 不同初始值条件下牛顿法和遗传算法得到的最优解以及最优解处的目标函数值如表 3.1 所示, 可以看出, 只有在初始值靠近全局最优解的情况下, 牛顿法才能得到多极值问题的全局最优解, 因为牛顿法是局部优化算法, 它只能保证得到一个局部最优解. 而遗传算法是全局优化算法, 当取不同初始点时, 都能够找到全局最优解.

表 3.1   不同初始值条件下局部优化 (牛顿法) 和全局优化 (遗传算法) 求得的最优解及最优值

初始值	牛顿法		遗传算法	
	最优解	目标函数值	最优解	目标函数值
$(0, 0)$	$(0, 0)$	0	$(-0.0898, 0.7127)$	-1.0316
$(1, 1)$	$(1.2961, 0.6051)$	2.2295	$(-0.0898, 0.7127)$	-1.0316
$(-1, 1)$	$(-1.1092, 0.7683)$	0.5437	$(-0.0898, 0.7127)$	-1.0316
$(0, 1)$	$(-0.0898, 0.7127)$	-1.0316	$(-0.0898, 0.7127)$	-1.0316

3.2   局部优化算法

局部优化算法指只能在搜索空间的局部区域内寻找极值点的算法, 一般用于局部搜索, 它通常有一定的数学理论保证, 拥有良好的收敛性和收敛率. 本节主要介绍梯度下降法与共轭梯度法、牛顿法与拟牛顿法、共轭方向法与交替方向法.

3.2.1   梯度下降法与共轭梯度法

本小节首先介绍梯度下降法, 它是求解无约束优化问题最简单和最古老的方法之一[3], 是研究其他无约束优化算法的基础, 许多有效算法都是以它为基础通过改进或修正而得到的. 在梯度法的基础上, 将介绍一种更为有效的算法——共轭梯度法, 它具有超线性收敛速度, 而且算法结构简单, 容易编程实现, 与梯度下降法类似, 共轭梯度法只用到了目标函数及其梯度值, 是求解无约束优化问题的一种比较有效而实用的算法.

1. 梯度下降法

在数值优化中, 通常采用迭代的方法来产生候选解序列, 在数学规划中, 通常有以下两种迭代方式.

(1) 线搜索法

$$x_{k+1} = x_k + \alpha d_k$$

其中 α 表示步长因子, d_k 表示搜索方向; 线搜索法中需要先确定搜索方向, 再确定步长因子, 在搜索空间方向固定的情况下确定步长因子.

(2) 信赖域法

$$x_{k+1} = x_k + d$$

在信赖域法中, 搜索方向是不固定的.

本小节所介绍的梯度法和共轭梯度法是基于线搜索法的优化算法, 其中梯度法是用负梯度方向

$$d_k = -\nabla f(x_k) \tag{3.4}$$

作为搜索方向的.

1) 相关概念和原理

定义 3.2.1 方向导数 设 $f(x)$ 在 x_k 附近连续可微, d_k 为搜索方向向量, 令 $g_k = \nabla f(x_k)$, 由泰勒展开式得 $f(x_k + \alpha d_k) = f(x_k) + \alpha g_k^{\mathrm{T}} d_k + o(\alpha), \alpha > 0$, 那么目标函数 $f(x)$ 在 x_k 处沿方向 d_k 的方向导数定义为

$$\lim_{\alpha \to 0} \frac{f(x_k + \alpha d_k) - f(x_k)}{\alpha} = \lim_{\alpha \to 0} \frac{\alpha g_k^{\mathrm{T}} d_k + o(\alpha)}{\alpha}$$

$$= g_k^{\mathrm{T}} d_k = \|g_k\| \, \|d_k\| \cos \theta_k \tag{3.5}$$

式中: θ_k 为 g_k 与 d_k 的夹角.

显然, 对于不同的方向 d_k, 函数的变化率取决于它与 g_k 夹角的余弦值. 要使变化率最小, 只有当 $\cos \theta_k = -1$, 即 $\theta_k = \pi$ 时才能达到, 亦即 d_k 应该取式 (3.4) 中的负梯度方向, 即负梯度方向是目标函数 $f(x)$ 在当前点的最速下降方向, 因此梯度法也称为最速下降法.

在介绍梯度下降法之前我们要简单介绍一下线搜索技术.

定义 3.2.2 线搜索技术 涉及无约束优化问题迭代算法的一般框架是, 有下面的一个迭代步, 通过某种搜索方式确定步长因子 α_k, 使得

$$f(x_k + \alpha_k d_k) < f(x_k) \tag{3.6}$$

这实际上是 (n 个变量的) 目标函数 $f(x)$ 在一个规定方向上移动所形成的单变量优化问题, 也就是所谓的 "线搜索" 或 "一维搜索" 技术. 令

$$\phi(\alpha) = f(x_k + \alpha d_k) \tag{3.7}$$

这样, 搜索式 (3.6) 等价于求步长 α_k 使得 $\phi(\alpha_k) < \phi(0)$.

线搜索有精确线搜索和非精确线搜索之分. 所谓精确线搜索, 是指在步长因子的取值范围内选取一个最优的步长因子 α_k, 使目标函数 f 沿方向 d_k 达到极小, 即

$$f(x_k + \alpha d_k) = \min_{\alpha > 0} f(x_k + \alpha d_k)$$

或

$$\phi(\alpha_k) = \min_{\alpha > 0} \phi(\alpha)$$

若 $f(x)$ 是连续可微的, 那么由精确线搜索得到的步长因子 α_k 具有如下性质:

$$\nabla f(x_k + \alpha_k d_k)^{\mathrm{T}} d_k = 0 \quad (\text{亦即 } g_{k+1}^{\mathrm{T}} d_k = 0)$$

所谓非精确线搜索, 是指选取合适的步长因子 α_k, 使目标函数 f 得到可接受的下降量, 即

$$\Delta f_k = f(x_k) - f(x_k + \alpha_k d_k) > 0$$

精确线搜索分为两类. 一类是使用导数的搜索, 如插值法、牛顿法及抛物线法等; 另一类是不用导数的搜索, 如 0.618 法、分数法及成功-失败法等. 线搜索技术是求解许多优化问题下降算法的基本组成部分, 但精确线搜索往往需要计算很多的函数值和梯度值, 从而耗费较多的计算资源. 特别是当迭代点远离最优点时, 精确线搜索通常不是十分有效和合理的. 对于许多优化算法, 其收敛速度并不依赖于精确搜索过程. 因此, 既能保证目标函数具有可接受的下降量又能使最终形成的迭代序列收敛的非精确线搜索变得越来越流行. 本节着重介绍非精确线搜索中的 Armijo 准则和 Wolfe 准则.

2) Armijo 准则

Armijo 准则是指: 给定 $\beta \in (0,1), \sigma \in (0,0.5)$. 令步长因子 $\alpha_k = \beta^m$, 其中 m 是满足下列不等式的最小非负整数:

$$f(x_k + \beta^m d_k) \leqslant f(x_k) + \sigma \beta^m g_k^{\mathrm{T}} d_k \tag{3.8}$$

可以证明, 若 $f(x)$ 是连续可微的且满足 $g_k^{\mathrm{T}} d_k < 0$, 则 Armijo 准则是有限终止的, 即存在正数 σ, 对于充分大的正整数 m 使得上式成立.

3) Wolfe 准则

Wolfe 准则是指: 给定 $\rho \in (0,0.5), \sigma \in (\rho, 0.5)$, 求 α_k 使得下面两个不等式同时成立:

$$\begin{aligned} &f(x_k + \alpha_k d_k) \leqslant f(x_k) + \rho \alpha_k g_k^{\mathrm{T}} d_k, \\ &\nabla f(x_k + \alpha_k d_k)^{\mathrm{T}} d_k \geqslant \sigma g_k^{\mathrm{T}} d_k \end{aligned} \tag{3.9}$$

其中 $g_k = g(x_k) = \nabla f(x_k)$.

4) 算法步骤 (梯度下降法)

步骤 1: 选取初始点 $x_0 \in \mathbb{R}^n$, 容许误差 $0 \leqslant \varepsilon \leqslant 1$, 令 $k = 0$;

步骤 2: 计算 $g_k = \nabla f(x_k)$, 若 $\|g_k\| \leqslant \varepsilon$, 停止计算, 输出 x_k 作为近似极小点;

步骤 3: 取方向 $d_k = -g_k$;

步骤 4: 由线搜索方法确定步长因子 α_k;

步骤 5: 令 $x_{k+1} = x_k + \alpha_k d_k$, $k = k + 1$, 转步骤 2.

5) 算法性质

性质 3.2.1 若采用精确线搜索方法, 新点 x_{k+1} 处的梯度与旧点 x_k 处的梯度是正交的, 也就是说迭代点列所走的路线是锯齿形的, 故其收敛速度是很缓慢的 (至多线性收敛速度).

注: 梯度下降法步骤 3 中的步长因子 α_k 的确定既可以使用精确线搜索方法, 也可以采用非精确线搜索方法, 在理论上都能保证其全局收敛性. 若采用精确线搜索方法, 即

$$f(x_k + \alpha_k d_k) = \min_{\alpha > 0} f(x_k + \alpha d_k)$$

那么 α_k 应满足

$$\phi'(\alpha) = \frac{\mathrm{d}}{\mathrm{d}\alpha} f(x_k + \alpha d_k)\bigg|_{\alpha = \alpha_k} = \nabla f(x_k + \alpha d_k)^{\mathrm{T}} d_k = 0$$

由式 (3.6), 有

$$g^{\mathrm{T}}(x_{k+1}) g(x_k) = 0$$

即新点 x_{k+1} 处的梯度与旧点 x_k 处的梯度是正交的.

下面的定理给出了梯度下降法求解严格凸二次函数极小值问题时的收敛速度估计, 其证明可以参阅有关文献, 此处省略不证.

性质 3.2.2 设矩阵 $H \in \mathbb{R}^{n \times n}$ 对称正定, $b \in \mathbb{R}^n$. 记 λ_1 和 λ_n 分别是 H 最小和最大特征值, $\kappa = \lambda_n / \lambda_1$. 考虑如下极小化问题

$$\min f(x) = \frac{1}{2} x^{\mathrm{T}} H x - b^{\mathrm{T}} x$$

设 $\{x_k\}$ 是用精确线搜索的梯度下降法求解上述问题所产生的迭代序列, 则对于所有的 k, 下面的不等式成立:

$$\|x_{k+1} - x^*\|_H \leqslant \left(\frac{\kappa - 1}{\kappa + 1} \right)^2 \|x_k - x^*\|_H \tag{3.10}$$

其中, x^* 是问题的唯一解, $\|x\|_H = \sqrt{x^{\mathrm{T}} H x}$.

由上面的定理可以看出, 若条件数 κ 接近于 1(即 H 的最大特征值和最小特征值接近时), 梯度下降法收敛很快. 但当条件数 κ 较大时 (即 H 近似于病态时), 算法的收敛是很缓慢的.

2. 共轭梯度法

共轭梯度法的基本思想是在每一迭代步, 利用当前点处的最速下降方向和上一步迭代方向来生成函数 f 的 Hessian 矩阵 H 的共轭方向. 这一方法最早是由 Hestenes 和 Stiefel[6] 于 1952 年为求解对称正定线性方程组而提出的, 后

经 Fletcher 和 Reeves[7] 首次应用于研究非线性规划问题并取得了丰富的成果, 现在共轭梯度法已经广泛地应用于实际问题中.

1) 相关概念和原理

共轭梯度法是一种基于共轭方向的算法. 为此, 我们先引入共轭方向的概念.

定义 3.2.3 共轭方向　设 A 为 $n \times n$ 的对称正定矩阵, 若 $d_1, d_2, \cdots, d_m$ 是 $\mathbb{R}^n$ 中 m 个方向, 它们满足

$$d_i^{\mathrm{T}} A d_j = 0 \quad (i \neq j)$$

则称这 m 个方向关于 A 共轭, 或称它们为 A 的共轭方向.

在定义 3.2.3 中, 如果 A 为单位阵, 则 m 个方向关于 A 共轭相当于 m 个方向正交, 因此共轭是正交概念的推广. 而共轭方向法的基本思想是在求解 n 维正定二次函数极小点时产生一组共轭方向作为搜索方向, 在精确线搜索条件下至多迭代 n 步就能求得极小点.

共轭梯度法把共轭性与梯度相结合, 利用已知点处的梯度构造一组共轭方向并沿这组方向进行搜索, 求出目标函数的极小点. 下面给出共轭梯度法的推导, 我们考虑求解如下正定二次目标函数极小化问题

$$\min f(x) = \frac{1}{2} x^{\mathrm{T}} H x - b^{\mathrm{T}} x$$

其中 H 是 n 阶对称正定阵, b 为 n 维常向量. f 的梯度为 $g(x) = Hx - b$. 令 $d_0 = -g_0$, 则 $x_1 = x_0 + \alpha_0 d_0$, 由精确线搜索性质知: $g_1^{\mathrm{T}} d_0 = 0$. 令

$$d_1 = -g_1 + \beta_0 d_0$$

选择 β_0 使得 $d_1^{\mathrm{T}} H d_0 = 0$. 对上式两边同时左乘 $d_0^{\mathrm{T}} H$, 可得

$$\beta_0 = \frac{g_1^{\mathrm{T}} H d_0}{d_0^{\mathrm{T}} H d_0}$$

一般地, 在第 k 次迭代, 取

$$d_k = -g_k + \beta_{k-1} d_{k-1} + \sum_{i=0}^{k-2} \beta_{k-1}^{(i)} d_i$$

使得 $d_k^{\mathrm{T}} H d_i = 0, i = 0, 1, \cdots, k-1$. 利用归纳法可证

$$g_k^{\mathrm{T}} d_i = 0, \quad i = 0, 1, \cdots, k-1$$

于是

$$g_k^{\mathrm{T}} H d_i = \frac{1}{\alpha_i} g_k^{\mathrm{T}} (g_{i+1} - g_i) = 0, \quad i = 0, 1, \cdots, k-2$$

在上式的两边同时左乘 $d_i^{\mathrm{T}}H$, $i = 0, 1, \cdots, k-1$, 可得

$$\beta_{k-1}^{(i)} = \frac{g_k^{\mathrm{T}}Hd_i}{d_i^{\mathrm{T}}Hd_i} = 0, \quad i = 0, 1, \cdots, k-2$$

$$\beta_{k-1} = \frac{g_k^{\mathrm{T}}Hd_{k-1}}{d_{k-1}^{\mathrm{T}}Hd_{k-1}}$$

为了使算法能够适应于求解非二次目标函数的极小点, 需要设法消去 Hessian 矩阵 H

$$\beta_{k-1} = \frac{g_k^{\mathrm{T}}Hd_{k-1}}{d_{k-1}^{\mathrm{T}}Hd_{k-1}} = \frac{g_k^{\mathrm{T}}(g_k - g_{k-1})}{d_{k-1}^{\mathrm{T}}(g_k - g_{k-1})} = \frac{g_k^{\mathrm{T}}g_k}{g_{k-1}^{\mathrm{T}}g_{k-1}} \tag{3.11}$$

上式是由 Fletcher 和 Reeves 给出的, 故称为 Fletcher-Reeves 公式, 简称 FR 公式.

因此, 共轭梯度法的迭代公式为

$$\begin{aligned} x_{k+1} &= x_k + \alpha_k d_k \\ d_k &= \begin{cases} -g_k, & k = 0, \\ -g_k + \beta_{k-1}d_{k-1}, & k \geqslant 1 \end{cases} \end{aligned} \tag{3.12}$$

由共轭梯度法的迭代公式可以看出, 与梯度下降法相比, 共轭梯度法所需的存储量小, 共轭梯度法的新搜索方向由当前迭代点的负梯度和前一步搜索方向线性表示, 也进一步减小了存储量.

2) 基本性质

性质 3.2.3　共轭梯度法用于求解 n 维二次凸函数时, 在精确线搜索条件下, 至多迭代 n 步即能求得极值点.

3) 算法步骤

共轭梯度法的步骤如下:

步骤 1:　给定迭代精度 $0 \leqslant \varepsilon \ll 1$ 和初始点 x_0, 计算 $g_0 = \nabla f(x_0)$, 令 $k = 0$;

步骤 2: 若 $\|g_k\| \leqslant \varepsilon$, 则停止搜索, 输出 $x^* \approx x_k$;

步骤 3: 计算搜索方向 d_k,

$$d_k = \begin{cases} -g_k, & k = 0, \\ -g_k + \beta_{k-1}d_{k-1}, & k \geqslant 1 \end{cases}$$

其中当 $k \geqslant 1$ 时, β_{k-1} 由 FR 公式确定;

步骤 4: 利用线搜索方法确定搜索步长 α_k;

步骤 5: 令 $x_{k+1} = x_k + \alpha_k d_k$, 并计算 $g_{k+1} = \nabla f(x_{k+1})$;

步骤 6: 令 $k = k + 1$, 转步骤 2.

除了 FR 公式外, 还有下列著名的公式:

$$\beta_{k-1} = \frac{g_k^{\mathrm{T}} g_k}{d_{k-1}^{\mathrm{T}} g_{k-1}} \quad \text{(Dixon 公式)}$$

$$\beta_{k-1} = \frac{g_k^{\mathrm{T}} g_k}{d_{k-1}^{\mathrm{T}} (g_k - g_{k-1})} \quad \text{(Dai-Yuan 公式)}$$

$$\beta_{k-1} = \frac{g_k^{\mathrm{T}} (g_k - g_{k-1})}{d_{k-1}^{\mathrm{T}} (g_k - g_{k-1})} \quad \text{(Hestenes-Stiefel, HS 公式)}$$

$$\beta_{k-1} = \frac{g_k^{\mathrm{T}} (g_k - g_{k-1})}{g_{k-1}^{\mathrm{T}} g_{k-1}} \quad \text{(Polak-Ribiere-Polyak, PRP 公式)}$$

上面的算法若用于求解 n 维二次凸函数, 在精确线搜索条件下, 则可在 n 步内达到极小点. 但是若用于求解其他类型的优化问题, 并不能保证在 n 步内达到极小点. 在这种情况下, 通常在迭代 n 步后, 重新取负梯度方向作为搜索方向, 被称为再开始共轭梯度法[8]. 这是因为对于一般非二次函数而言, n 步迭代后共轭梯度法产生的搜索方向往往不再有共轭性, 而对于规模较大的问题, 常常每 $m(m < n)$ 步就进行再开始.

3.2.2　牛顿法与拟牛顿法

跟梯度法一样, 牛顿法也是求解无约束优化问题最早使用的经典算法之一, 起源于牛顿在 17 世纪提出的一种在实数域和复数域上近似求解方程的方法[3].

1. 牛顿法

牛顿法基本思想是用迭代点 x_k 处的一阶导数 (梯度) 和二阶导数 (Hessian 矩阵) 对目标函数进行二次函数近似, 然后把二次模型的极小点作为新的迭代点, 并不断重复这一过程, 直至求得满足精度的近似极小点.

1) 相关概念和原理

设 $f(x)$ 是二次可微函数, $f(x)$ 的 Hessian 矩阵 $H(x) = \nabla^2 f(x)$ 连续, 取其在 x_k 处的二阶近似

$$\varphi_k(x) = f_k + g_k^{\mathrm{T}} (x - x_k) + \frac{1}{2} (x - x_k)^{\mathrm{T}} H_k (x - x_k)$$

其中 $f_k = f(x_k)$, $g_k = \nabla f(x_k)$, $H_k = \nabla^2 f(x_k)$ 分别表示在 x_k 的函数值、梯度以及 Hessian 矩阵. 进而求二次函数 $\varphi_k(x)$ 的最优解, 得

$$\nabla \varphi_k(x) = g_k + H_k (x - x_k) = 0$$

若 H_k 非奇异, 那么由上式求得牛顿法的迭代公式为

$$x_{k+1} = x_k - H_k^{-1} g_k \tag{3.13}$$

注: 由此可以看出, 采用基本牛顿法求解最优化问题时, 要求目标函数 $f(x)$ 有二阶连续偏导数, 在局部极小点 x^* 处, $H(x^*) = \nabla^2 f(x^*)$ 是正定的且 $H(x)$ 在 x^* 的一个邻域内是 Lipschitz 连续的.

2) 算法性质

性质 3.2.4 如果迭代开始的初始点 x_0 充分靠近 x^*, 那么对一切 k, 牛顿迭代公式是适定的, 且 $\{x_k\}$ 的极限为 x^*, 且收敛阶至少是二阶的.

注: 采用上述基本牛顿法时, 要求初始点 x_0 需要足够靠近极小点 x^*, 否则有可能导致算法不收敛.

3) 算法步骤

接下来下面介绍两种牛顿法的步骤, 分别是基本牛顿法和阻尼牛顿法.

(1) 基本牛顿法的步骤如下:

步骤 1: 给定终止误差值 $0 \leqslant \varepsilon \ll 1$, 初始点 $x_0 \in \mathbb{R}^n$, 令 $k = 0$;

步骤 2: 计算 $g_k = \nabla f(x_k)$, 若 $\| g_k \| \leqslant \varepsilon$, 停止计算, 输出 $x^* \approx x_k$;

步骤 3: 计算 $H_k = \nabla^2 f(x_k)$, 并求解线性方程组 $H_k d_k = -g_k$ 得解 d_k;

步骤 4: 令 $x_{k+1} = x_k + d_k$, $k = k + 1$, 转步骤 2.

注: 在迭代公式中每步迭代需要求 Hessian 阵的逆 H_k^{-1}, 在实际计算中可通过先解 $H_k d_k = -g_k$ 得 d_k, 然后令 $x_{k+1} = x_k + d_k$ 来避免求逆.

牛顿法最突出的优点是收敛速度快, 具有局部二阶收敛性. 由于实际问题的精确极小点一般是不知道的, 因此初始点的选取给算法的实际操作带来了很大的困难. 为了克服这一困难, 可引入线搜索技术以得到大范围收敛的算法, 即所谓的阻尼牛顿法.

(2) 基于 Armijo 搜索的阻尼牛顿法的步骤如下:

步骤 1: 给定终止误差值 $0 \leqslant \varepsilon \ll 1, \delta \in (0,1), \sigma \in (0, 0.5)$, 初始点 $x_0 \in \mathbb{R}^n$, 令 $k = 0$;

步骤 2: 计算 $x_0 \in \mathbb{R}^n$, 若 $\| g_k \| \leqslant \varepsilon$, 停止计算, 输出 $x^* \approx x_k$;

步骤 3: 计算 $H_k = \nabla^2 f(x_k)$, 并求解线性方程组 $H_k d_k = -g_k$ 得解 d_k;

步骤 4: 记 m_k 是满足下列不等式的最小非负整数,

$$f(x_k + \delta^m d_k) \leqslant f(x_k) + \sigma \delta^m g_k^{\mathrm{T}} d_k$$

步骤 5: 令 $x_{k+1} = x_k + \delta^{m_k} d_k$, $k = k + 1$, 转步骤 2.

2. 拟牛顿法

牛顿法的优点是具有二阶收敛速度, 但当 Hessian 矩阵 $H(x) = \nabla^2 f(x)$ 不正定时, 不能保证所产生的方向是目标函数在 x_k 处的下降方向. 特别地, 当 $H(x_k)$

奇异时, 算法就无法继续进行下去. 此外, 牛顿法的每一迭代步都需要目标函数的二阶导数, 即 Hessian 矩阵, 对于大规模问题其计算量是惊人的.

拟牛顿法克服了这些缺点, 并且在一定条件下这类算法仍然具有较快的收敛速度——超线性收敛速度. 20 世纪 50 年代中期, 美国物理学家 W. C. Davidon 首次提出了拟牛顿法. 不久后, 这一算法被运筹学家 R. Fletcher 和 M. J. D. Powell 证明是比当时现有算法既快又稳定的算法, 随后的二十余年里, 拟牛顿法成为无约束优化问题算法研究的热点.

1) 相关概念和原理

拟牛顿算法的基本思想是在基本牛顿法中用 Hessian 矩阵 $H(x) = \nabla^2 f(x)$ 的某个近似矩阵 B_k 取代 H_k. 下面介绍拟牛顿条件和校正规则.

设 $f : \mathbb{R}^n \to \mathbb{R}$ 在开集 $D \subset \mathbb{R}^n$ 上二次连续可微. 那么, f 在 x_k 处的二次近似模型为

$$f(x) \approx f(x_{k+1}) + g_{k+1}^{\mathrm{T}}(x - x_{k+1}) + \frac{1}{2}(x - x_{k+1})^{\mathrm{T}} H_k(x - x_{k+1})$$

对上式求导得

$$g(x) \approx g_{k+1} + H_{k+1}(x - x_{k+1})$$

令 $x = x_k$, 位移 $s_k = x_{k+1} - x_k$, 梯度差 $y_k = g_{k+1} - g_k$, 则有

$$H_{k+1}s_k \approx y_k$$

注意到, 对于二次函数 f, 上式是精确成立的. 要在拟牛顿法中构造出 Hessian 矩阵的近似矩阵 B_k 满足上式, 即

$$B_{k+1}s_k = y_k$$

上式即为拟牛顿方程或拟牛顿条件.

令 $G_{k+1} = B_{k+1}^{-1}$, 则得到拟牛顿条件的另一种形式

$$G_{k+1}y_k = s_k$$

搜索方向由 $d_k = -G_k g_k$ 或 $B_k d_k = -g_k$ 确定. 矩阵 G_k, B_k 常采用一个秩为 1 或秩为 2 的矩阵进行校正, 即

$$B_{k+1} = B_k + E_k, \quad G_{k+1} = G_k + D_k$$

其中 E_k, D_k 是秩为 1 或秩为 2 矩阵, 上式即为校正规则.

2) 算法性质

性质 3.2.5 假定 $f(x)$ 二次连续可微, 且其 Hessian 矩阵满足 Lipschitz 条件, 设 x^* 是 $f(x)$ 的极小点, 且 $f(x)$ 在该点的 Hessian 矩阵正定, 则拟牛顿法是局部超线性收敛于 x^* 的.

3) 算法步骤

接下来介绍两种拟牛顿法的算法流程, 分别是 BFGS 和 DFP 算法.

4) BFGS 算法的流程

BFGS 校正是目前最流行也是最有效的拟牛顿校正, 它是 Broyden, Fletcher, Goldfarb 和 Shanno 在 1970 年各自独立提出的拟牛顿法, 故称为 BFGS 算法[9]. 其基本思想是在矫正规则中取修正矩阵 E_k 是秩为 2 矩阵:

$$E_k = \alpha u_k u_k^{\mathrm{T}} + \beta v_k v_k^{\mathrm{T}}$$

其中 $u_k, v_k \in \mathbb{R}^n$ 是待定向量, $\alpha, \beta \in \mathbb{R}$ 是待定实数. 根据拟牛顿条件和矫正规则可得 BFGS 的秩为 2 校正公式如下

$$B_{k+1} = B_k - \frac{B_k s_k s_k^{\mathrm{T}} B_k}{s_k^{\mathrm{T}} B_k s_k} + \frac{y_k y_k^{\mathrm{T}}}{y_k^{\mathrm{T}} s_k} \tag{3.14}$$

下面是 BFGS 算法的步骤:

步骤 1: 给定参数 $\delta \in (0,1)$, $\sigma \in (0, 0.5)$, 初始点 $x_0 \in \mathbb{R}^n$, 终止误差值 $0 \leqslant \varepsilon \ll 1$, 初始对称正定阵 B_0 (通常取为 H_0 或单位阵 I_n), 令 $k = 0$;

步骤 2: 计算 $g_k = \nabla f(x_k)$, 若 $\| g_k \| \leqslant \varepsilon$, 则停止计算, 输出 x_k 作为近似极小点;

步骤 3: 解线性方程组 $B_k d_k = -g_k$ 得解 d_k;

步骤 4: 记 m_k 是满足下列不等式的最小非负整数:

$$f(x_k + \delta^{m_k} d_k) \leqslant f(x_k) + \sigma \delta^{m_k} g_k^{\mathrm{T}} d_k$$

令 $\alpha_k = \delta^{m_k}, x_{k+1} = x_k + \alpha_k d_k$;

步骤 5: 由 BFGS 校正公式确定 B_{k+1};

步骤 6: $k = k + 1$, 转步骤 2.

5) DFP 算法的流程

DFP 校正是第一个拟牛顿校正, 是 1959 年由 W. C. Davidon 提出的, 后经 R. Fletcher 和 M. J. D. Powell 解释和改进. 其基本思想是在矫正规则中取修正矩阵 D_k 是秩为 2 的矩阵.

与 BFGS 类似, DFP 校正公式如下

$$G_{k+1} = G_k - \frac{G_k y_k y_k^{\mathrm{T}} G_k}{y_k^{\mathrm{T}} G_k y_k} + \frac{s_k s_k^{\mathrm{T}}}{s_k^{\mathrm{T}} y_k} \tag{3.15}$$

下面是 DFP 算法的步骤:

步骤 1: 给定参数 $\delta \in (0,1)$, $\sigma \in (0,0.5)$, 初始点 $x_0 \in \mathbb{R}^n$, 终止误差值 $0 \leqslant \varepsilon \ll 1$, 初始对称正定阵 G_0 (通常取为 H_0^{-1} 或单位阵 I_n), 令 $k = 0$;

步骤 2: 计算 $g_k = \nabla f(x_k)$, 若 $\parallel g_k \parallel \leqslant \varepsilon$, 则停止计算, 输出 x_k 作为近似极小点;

步骤 3: 计算 $d_k = -G_k g_k$;

步骤 4: 记 m_k 是满足下列不等式的最小非负整数,

$$f(x_k + \delta^{m_k} d_k) \leqslant f(x_k) + \sigma \delta^{m_k} g_k^{\mathrm{T}} d_k$$

令 $\alpha_k = \delta^{m_k}$, $x_{k+1} = x_k + \alpha_k d_k$;

步骤 5: 由 DFP 校正公式确定 G_{k+1};

步骤 6: $k = k + 1$, 转步骤 2.

3.2.3　共轭方向法与交替方向法

针对无约束优化问题的求解有许多方法, 如前文提到的梯度法、牛顿法及拟牛顿法等, 但前面介绍的无约束最优化算法都需要计算目标函数的导数, 然而在实际生活应用中对很多目标函数进行导数的计算往往很困难, 甚至是不可能的. 本小节介绍两种利用函数值而不需要计算导数的方法来求解无约束非线性规划问题, 这类算法一般称为直接搜索法, 直接搜索法具有易于使用、结构简单、内存小等优点, 在实际中也得到了大量应用. 常用的直接搜索法有共轭方向法及交替方向法等[10].

1. 共轭方向法

共轭方向法的 "共轭方向" 指新的搜索方向与前面所有的搜索方向是共轭的. 共轭方向法的基本思想是在求解 n 维正定二次目标函数时产生一组共轭方向作为搜索方向, 在精确线搜索条件下算法至多迭代 n 步即能求得极小点[11]. 经适当修改后可以求解一般非二次函数. 本小节重点以求解 n 维正定二次函数为例进行该方法的阐述.

1) 相关概念和原理

不难理解, 前面介绍的共轭梯度法也是一种共轭方向法, 事实上, 不用梯度同样可以产生共轭方向. 设 $k < n$, $d_1, \cdots, d_k$ 线性无关,

$$S_1 = \left\{ z \,\middle|\, z = z_1 + \sum_{i=1}^{k} \alpha_i d_i \right\}, \quad S_2 = \left\{ z \,\middle|\, z = z_2 + \sum_{i=1}^{k} \alpha_i d_i \right\}$$

是 $\mathbb{R}^n$ 中两个不同的子空间, 已有定理证明, 如果 z_1, z_2 分别是二次凸函数 $f(x) =$

$\frac{1}{2}x^{\mathrm{T}}Hx - b^{\mathrm{T}}x$ 在 S_1, S_2 上的极小点, 则 $z_2 - z_1$ 与 $d_1, \cdots, d_k$ 是关于 H 共轭的. 共轭梯度法就是利用该定理的思想来构造共轭方向的, 从而使算法具有至多 n 步 终止性.

2) 算法性质

性质 3.2.6 从任意初始点出发, 依次沿 n 个 H 的共轭方向 $d_1, \cdots, d_n$ 进 行一维寻优, 最多经过 n 次寻优就可以找到二次凸函数的极值点.

3) 算法步骤

Powell 法是一种常见的共轭方向法, 其一般步骤如下:

步骤 1: 给定初始点 x_0 及迭代精度 $\varepsilon > 0$, 线性无关的向量 $d_1, \cdots, d_n$, 令 $k = 0$;

步骤 2: 令 $x_k^{(1)} = x_k$;

步骤 3: 对 $j = 1, \cdots, n$ 执行

步骤 3.1: $\alpha^{(j)} = \arg\min\limits_{\alpha \in \mathbb{R}} f(x_k^{(j)} + \alpha d_j)$,

步骤 3.2: $x_k^{(j+1)} = x_k^{(j)} + \alpha^{(j)} d_j$;

步骤 4:

步骤 4.1: 对 $j = 1, \cdots, n-1$ 执行 $d_j = d_{j+1}$,

步骤 4.2: $d_n = x_k^{(n+1)} - x_k$,

步骤 4.3: $\alpha^* = \arg\min\limits_{\alpha \in \mathbb{R}} f(x_k + \alpha d_n)$,

步骤 4.4: $x_{k+1} = x_k + \alpha^* d_n$;

步骤 5: 若 $\|x_{k+1} - x_k\|_2 \leqslant \varepsilon$ 算法停止, 否则 $k = k + 1$, 转步骤 2.

由于共轭方向是由对称正定矩阵来确定的, 所以共轭方向法对正定二次函数 效果是比较好的. 共轭方向法也可以用于一般非二次函数, 非二次函数在极小点 附近可用以下二次函数近似表示

$$f(x) = f(x_k) + \nabla^{\mathrm{T}}f(x_k)(x - x_k) + \frac{1}{2}(x - x_k)^{\mathrm{T}}\nabla^2 f(x_k)(x - x_k)$$

共轭方向法是介于最速下降法和牛顿法之间的一种存在, 它的收敛速度 (二 阶收敛) 比最速下降法 (线性收敛) 快, 同时它的计算量又比牛顿法要小.

2. 交替方向法

交替方向法是最早的直接搜索方法之一, 该算法又称坐标轮换法, 它的核心 思想是将一个多维的优化问题转化为一维的优化问题, 每一次以不同的坐标方向 进行迭代搜索[12]. 它在每一次搜索时只允许在一个变量上进行, 其余变量保持不 变, 即它是把一个 n 维无约束最优化问题转化为依次沿相应的 n 个坐标轴方向的

一维最优化问题, 并反复进行若干轮循环迭代来求解的直接搜索方法. 交替方向法作为搜索算法同样需要确定步长和搜索方向.

1) 相关概念和原理

交替方向法的搜索方向是非常容易确定的, 每一次沿着一个坐标的方向进行搜索. 例如沿着 n 个 $e_1, e_2, \cdots, e_n$ 坐标方向分别进行搜索迭代.

2) 算法性质

性质 3.2.7　交替方向法若收敛, 则必收敛于稳定点.

注: 交替方向法也有可能不收敛, 该方法在搜索的过程中也会出现锯齿现象, 所以收敛速度会很慢.

3) 算法步骤

基本交替方向法的一般步骤如下:

步骤 1: 给出初始点 $x_0 \in \mathbb{R}^n$ 及迭代精度 $\varepsilon > 0$, 设 $e_1, e_2, \cdots, e_n$ 分别为 n 个坐标轴上的单位向量, 令 $k = 0$;

步骤 2: 对于 $i = 1, 2, \cdots, n$, 依次进行下式计算,

步骤 2.1: $\alpha_k^{(i)} = \arg \min\limits_{\alpha \in \mathbb{R}} f(x_k^{(i)} + \alpha e_i)$,

步骤 2.2: $x_k^{(i+1)} = x_k^{(i)} + \alpha_k^{(i)} e_i$;

步骤 3: $x_{k+1} = x_k^{(n+1)}$;

步骤 4: 若 $\|x_{k+1} - x_k\|_2 \leqslant \varepsilon$, 则停止搜索, 令 $k = k + 1$, 转步骤 2.

在上述算法过程中, 需要注意的是算法中的一维搜索在整个实数轴 $\alpha \in \mathbb{R}$ 上进行, 而不是仅仅搜索 $\alpha \geqslant 0$ 的范围, 因为坐标的方向不一定是下降方向.

交替方向法逻辑简单, 易于掌握, 只需要利用函数值不需要求导, 但计算效率低, 对维数较高的优化问题更为突出, 通常用于低维优化问题, 这种方法的收敛效果很大程度上取决于目标函数的等值线的形状.

为了解决该算法收敛速度很慢的问题, Hooke 和 Jeeves 提出了模式搜索法[13], 该方法也属于直接搜索法, 其基本思想是: 利用 n 次坐标方向搜索后的新点得到一个方向, 根据这个得到的方向进行进一步的搜索. 其算法过程与最基本的交替方向法有较多相似之处.

模式搜索法算法步骤是:

步骤 1: 给出 $x_0 \in \mathbb{R}^n$, $\varepsilon > 0$, $k = 0$;

步骤 2: 对于 $i = 1, 2, \cdots, n$, 依次进行下式计算,

步骤 2.1: $\alpha_k^{(i)} = \arg \min\limits_{\alpha \in \mathbb{R}} f(x_k^{(i)} + \alpha e_i)$,

步骤 2.2: $x_k^{(i+1)} = x_k^{(i)} + \alpha_k^{(i)} e_i$;

步骤 3: 令 $d_k = x_k^{(n+1)} - x_k$, 若 $\|d_k\|_2 \leqslant \varepsilon$ 则停止搜索, 否则,

步骤 3.1: $\alpha_k = \arg\min\limits_{\alpha \in \mathbb{R}} f(x_k^{(n+1)} + \alpha d_k)$,

步骤 3.2: $x_{k+1} = x_k^{(n+1)} + \alpha_k d_k$,

步骤 3.3: $k = k+1$, 转到步骤 2 中继续执行.

一般情况下, 上述算法的收敛速度相对基本的交替方向法来说得到加快, 但是同样不能保证收敛.

3.2.4 算法测试

本小节将前面介绍的梯度法、共轭梯度法、阻尼牛顿法、BFGS 法、共轭方向法、交替方向法分别用于求解几个无约束优化问题标准测试函数 (见本章附录), 包括二维 Rosenbrock 函数、Six-hump camel-back 函数和二次型凸函数的极小点. 梯度和 Hessian 矩阵的计算使用数值方法求解, 线搜索法则选择 Armijo 搜索, 终止准则为 $\|\nabla f(x_k)\| \leqslant \varepsilon$, 其中 ε 取为 10^{-5}, 为防止算法无限进行下去, 最大迭代次数设置为 5000. 表 3.2—表 3.4 显示的实验结果表明, 不同的局部优化算法表现出不同的优化性能, 但它们的优化结果都与初始值有很大关系.

表 3.2 二维 Rosenbrock 函数测试结果

算法	初始点	迭代次数	目标函数值
梯度法	(0, 0)	1159	1.17×10^{-10}
	(−1, 2)	464	1.22×10^{-10}
	(3, 4)	5000	5.57×10^{-2}
共轭梯度法	(0, 0)	368	1.30×10^{-13}
	(−1, 2)	78	5.05×10^{-11}
	(3, 4)	269	1.17×10^{-10}
阻尼牛顿法	(0, 0)	103	4.00×10^{-16}
	(−1, 2)	70	4.00×10^{-16}
	(3, 4)	26	4.82×10^{-14}
BFGS 法	(0, 0)	20	2.22×10^{-11}
	(−1, 2)	43	6.74×10^{-13}
	(3, 4)	31	1.65×10^{-13}
共轭方向法	(0, 0)	16	1.13×10^{-13}
	(−1, 2)	92	3.05×10^{-12}
	(3, 4)	96	5.23×10^{-10}
交替方向法	(0, 0)	726	5.16×10^{-12}
	(−1, 2)	576	1.27×10^{-13}
	(3, 4)	1390	6.29×10^{-12}

表 3.3　二维 Six-hump camel-back 函数测试结果

算法	初始点	迭代次数	目标函数值
梯度法	(1, 0)	9	−1.0316
	(−1, 1)	10	−1.0316
	(2, 2)	13	2.1043
共轭梯度法	(1, 0)	12	−1.0316
	(−1, 1)	10	−1.0316
	(2, 2)	13	−1.0316
阻尼牛顿法	(1, 0)	3	2.4963
	(−1, 1)	4	0.5437
	(2, 2)	7	2.1043
BFGS 法	(1, 0)	7	−1.0316
	(−1, 1)	9	−1.0316
	(2, 2)	13	2.1043
共轭方向法	(1, 0)	17	−1.0316
	(−1, 1)	22	−1.0316
	(2, 2)	21	2.1043
交替方向法	(1, 0)	36	−1.0316
	(−1, 1)	52	−1.0316
	(2, 2)	56	2.1043

表 3.4　二维二次型凸函数测试结果

算法	初始点	迭代次数	目标函数值
梯度法	(0, 0)	1	2.14×10^{-22}
	(3, 1)	1	2.14×10^{-22}
	(2, 5)	8	1.55×10^{-20}
共轭梯度法	(0, 0)	8	1.04×10^{-12}
	(3, 1)	8	1.04×10^{-12}
	(2, 5)	8	4.24×10^{-13}
阻尼牛顿法	(0, 0)	1	5.70×10^{-12}
	(3, 1)	3	1.31×10^{-13}
	(2, 5)	13	2.18×10^{-14}
BFGS 法	(0, 0)	2	2.24×10^{-26}
	(3, 1)	2	6.40×10^{-24}
	(2, 5)	2	4.57×10^{-21}
共轭方向法	(0, 0)	8	1.01×10^{-15}
	(3, 1)	12	2.04×10^{-12}
	(2, 5)	12	1.56×10^{-13}
交替方向法	(0, 0)	18	6.70×10^{-10}
	(3, 1)	36	2.51×10^{-9}
	(2, 5)	24	1.73×10^{-10}

3.3 全局优化算法

前面讨论过一些迭代算法, 包括牛顿法、梯度法、共轭梯度法和拟牛顿法, 能够从初始点出发, 产生一个迭代序列. 很多时候, 迭代序列只能收敛到局部极小点. 因此, 为了保证算法收敛到全局最小点, 有时需要在全局极小点附近选择初始点. 此外, 这些方法需要计算目标函数. 为了克服局部优化算法的一些局限性, 全局优化算法应运而生, 全局优化算法又称现代启发式算法, 是一种具有全局优化性能、通用性强且适合于并行处理的算法. 这种算法一般具有严密的理论依据, 而不是单纯凭借专家经验, 理论上可以在一定的时间内找到最优解或近似最优解. 常用的全局优化算法有: 遗传算法、模拟退火算法、粒子群优化算法、差分进化算法、人工蜂群算法等.

3.3.1 遗传算法

遗传算法 (genetic algorithm, GA)[14,15] 是 20 世纪六七十年代由美国密歇根大学的 Holland 教授创立的, 它是一类模拟自然界遗传机制和生物进化论的随机搜索算法.

1. 遗传算法原理概述

遗传算法从代表最优化问题潜在解集的一个种群开始, 首先将表现型映射到基因型, 即编码, 从而将解空间映射到编码空间, 每个编码对应问题的一个解, 称为染色体或个体. 初始种群产生之后, 按照适者生存和优胜劣汰的原理, 逐代演化产生出越来越好的近似解. 在每一代, 根据问题域中个体的适应度大小选择个体, 并借助自然遗传学进行组合交叉和变异, 产生出代表新的解集的种群. 这个过程使种群像自然进化一样, 后代种群比前代更加适应于环境. 遗传算法的组成如下.

1) 编码和解码方式

遗传算法通常根据具体问题进行编码, 并将问题的有效解决方案转化为遗传算法的搜索空间. 常用的编码方式包括二进制编码、实数编码和特定数据结构编码等. Holland 提出的二进制编码是遗传算法中最常用的一种编码方法, 在解决实数问题时, 编码串的长度根据解的精度设定, 编码串长度越长解的精度越高. 实际上, 编码方式也直接决定了解码的方式.

使用二进制对实数进行编码, 若候选解的取值范围为 $[x_{\min}, x_{\max}]$, 求解精度为小数点后 m 位, 为了保证精度要求, 至少将解空间划分为 $(x_{\max} - x_{\min}) \times 10^m$ 等份, 然后计算 $2^{n-1} < (x_{\max} - x_{\min}) \times 10^m < 2^n$, 因此需要 n 位二进制串来表示这些解. 对应的解码方式为

$$x = x_{\min} + x' \cdot \frac{x_{\max} - x_{\min}}{2^n - 1}$$

其中 x' 是将 n 位二进制串直接转化为十进制的值.

例 3.3.1　若候选解的取值范围为 [0, 9], 设定的求解精度为小数点后 4 位, 为了保证精度要求, 至少将解空间划分为 $(9-0)\times 10^4 = 9\times 10^4$ 等份, 由于 $2^{16} < 9\times 10^4 < 2^{17}$, 因此需要 17 位的二进制串来表示这些解, 如图 3.2 所示.

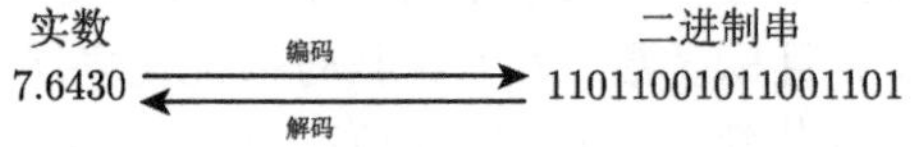

实数
二进制串
7.6430
编码
11011001011001101
解码

图 3.2　二进制编码和解码示意图

2) 适应度函数

适应度函数也称为评价函数, 用来评价个体的质量, 适应度值越大, 个体的质量越高. 适应度值一般根据目标函数来确定, 有时可以直接将目标函数作为适应度函数, 但有时需要对目标函数进行适当的转换才能作为适应度函数, 适应度函数根据具体问题设定. 适应度值的计算实际包括两个步骤, 首先是将编码的位串解码, 然后根据解码后的数值计算适应度值.

3) 遗传操作

基本的遗传操作包括: 交叉、变异和选择.

(1) 交叉.

在自然界的生物进化过程中, 两条染色体通过基因重组形成新的染色体称为交叉. 交叉操作以一定的交叉概率 P_c 执行, 交叉概率的作用是判断两个个体是否进行交叉操作, 若判断为是, 则使用某种交叉方式进行交叉操作. 常见的交叉方式为单点交叉, 在个体编码串中随机设置一个交叉点, 交换该点后的部分基因. 图 3.3 为单点交叉的示例.

父代
110110
01011001101
010101
11110111011
交叉点
子代
110110
11110111011
010101
01011001101
交叉点

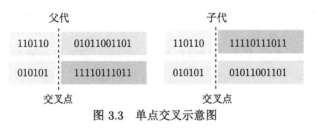

图 3.3　单点交叉示意图

(2) 变异.

通过随机选择的方法改变染色体上的遗传基因称为变异. 变异操作以一定的变异概率 P_m 执行, 变异概率的作用是判断某个个体是否进行变异操作, 若判断为是, 则使用某种变异方式进行变异操作. 常见的变异方式为基本位变异, 随机指定个体编码串中某一位或某几位基因作变异运算. 图 3.4 为指定个体编码串中某一位做变异运算的示例.

父代　1 1 0 1 1 0 0 1 0 1 1 0 0 1 1 0 1

子代　1 1 0 0 1 0 0 1 0 1 1 0 0 1 1 0 1
　　　变异位

图 3.4　基本位变异示意图

(3) 选择.

在自然选择中, 优胜劣汰, 适者生存, 选择操作基于个体的适应度评估, 选择群体中具有较高适应度的个体, 并且抛弃具有低适应度的个体. 最常见的选择方法为轮盘赌法, 轮盘赌法选择某个个体的概率是通过该个体的适应度与当前群体中其他成员的适应度的比值而得到的, 也就是说, 个体被选中的概率与其适应度大小成正比[16]. 轮盘赌法的步骤如下:

步骤 1: 计算出群体中每个个体的适应度 $\text{fitness}(x_i)$, $i = 1, 2, \cdots, N$, N 为种群大小;

步骤 2: 计算出每个个体被遗传到下一代群体中的概率

$$P(x_i) = \frac{\text{fitness}(x_i)}{\sum\limits_{j=1}^{N} \text{fitness}(x_j)}$$

步骤 3: 计算出每个个体的累积概率 (图 3.5)

$$q_i = \sum_{j=1}^{i} P(x_j)$$

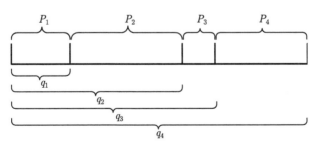

图 3.5　累积概率示意图

步骤 4: 在区间 $(0, 1)$ 内产生一个均匀分布的随机数 r;

步骤 5: 若 $r < q_1$, 则选择个体 1, 否则, 选择个体 k, 使得 $q_{k-1} < r \leqslant q_k$ 成立;

步骤 6: 若选择 M 个个体, 则重复步骤 4 和步骤 5 共 M 次.

此方法是基于概率选择的, 最好的解也可能会被放弃, 因此一般在使用的时候会结合精英保留策略, 以保证当前适应度最优的个体能够进化到下一代而不被遗传操作的随机性破坏, 保证算法的收敛性.

2. 遗传算法流程

经典遗传算法的一般步骤描述如下, 算法流程图如图 3.6 所示.

步骤 1: 初始化种群. 确定种群规模 N、交叉概率 P_c、变异概率 P_m 和终止条件, 编码并随机生成 N 个个体作为初始种群.

步骤 2: 个体评价. 计算种群中各个个体的适应度.

步骤 3: 终止检验. 如已满足终止条件, 则输出当前种群中最大适应度的个体作为最优解, 终止计算; 否则继续计算.

步骤 4: 选择操作. 根据适应度, 按照某种选择方法从当前种群中选择部分个体.

步骤 5: 交叉操作. 对所选择的个体根据交叉概率 P_c 按照某种交叉方式进行交叉.

步骤 6: 变异操作. 根据变异概率 P_m 按照某种变异方式进行变异.

步骤 7: 将经过选择、交叉和变异三种遗传操作得到的种群作为新的种群, 转步骤 2.

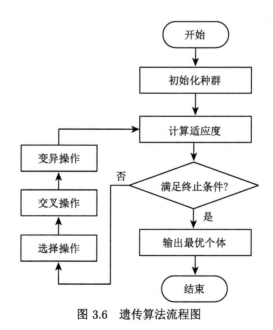

图 3.6   遗传算法流程图

3.3.2 模拟退火算法

模拟退火 (simulated annealing, SA) 算法是一种基于蒙特卡罗 (Metropolis) 思想设计的近似求解最优化问题的方法. Metropolis 在 1953 年提出了重要性采样理论; 在此基础上, S. Kirkpatrick, C. D. Gelatt 和 M. P. Vecchi 于 1983 年在 *Science* 上发表了一篇颇具影响力的文章 *Optimization by simulated annealing*[17], 成功地将 SA 算法应用在优化问题中. 目前 SA 算法已经应用到各门学科中以解决非线性系统中的优化问题.

1. 模拟退火算法原理概述

SA 算法思想是基于物理中固体物质的退火过程. 在对固体物质进行退火处理时, 通常先将其加温熔化, 使其中的粒子可自由运动, 固体内部粒子变为无序状态, 内能增大. 然后随着温度的逐渐下降, 粒子趋于有序, 在每个温度都达到平衡态, 最后在常温时达到基态, 内能减为最小, 粒子也逐渐形成了低能态的晶格. 若在凝结点附近的温度下降速率足够慢, 则固体物质一定会形成最低能量的基态[18]. 对于优化问题来说, 它也有这样类似的过程. 优化问题解空间中的每一点都代表一个解, 不同的解有着不同的成本函数值.

模拟退火其实是一种贪心算法, 但是它的搜索过程引入了随机因素. 在迭代更新可行解时, 以一定的概率 (Metropolis 准则) 来接受一个比当前解要差的解, 因此有可能会跳出这个局部的最优解, 达到全局的最优解. 以图 3.7 为例, 假定初始解为左边点 A, 模拟退火算法会快速搜索到局部最优解 B, 但在搜索到局部最优解后, 不会就此结束, 而是会以一定的概率接受 B 点右边的解. 经过几次这样的不是局部最优的移动后有可能会到达全局最优点 D, 于是就跳出了局部最优值.

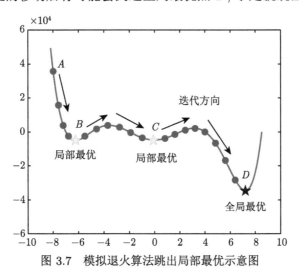

图 3.7 模拟退火算法跳出局部最优示意图

在介绍算法具体步骤之前, 为了更好地理解 SA 算法, 先介绍几个相关概念.

1) Metropolis 准则

1953 年, Metropolis 提出重要性采样, 即以概率来接受新状态, 而不是使用完全确定的规则, 称为 Metropolis 准则. 假设前一状态为 x, 系统受到一定扰动, 状态变为 x_{new}, 相应地, 系统能量由 $f(x)$ 变为 $f(x_{\text{new}})$, 能量差为 $\text{dE} = f(x_{\text{new}}) - f(x)$. 则接受这个新状态的概率由以下 Metropolis 准则计算得出

$$p = \begin{cases} 1, & \text{dE} < 0, \\ \exp(-\text{dE}/T), & \text{dE} \geqslant 0 \end{cases} \tag{3.16}$$

其中 T 为当前温度, dE 为新旧状态能量之差.

状态转移之后, 如果能量减小了, 那么这种转移就被接受 (以概率 1 发生). 如果能量增大了, 就说明系统偏离能量最低点 (全局最优位置) 更远了, 此时算法不会立即将其抛弃, 而是以概率 $p = \exp(-\text{dE}/T)$ 接受新状态. 首先在区间 $(0,1)$ 内产生一个均匀分布的随机数 r, 如果 $r < p$, 新状态也将被接受, 否则拒绝接受新状态.

由 Metropolis 准则可以看出, 高温下可接受与当前解差距较大的新解, 而在低温下只能接受与当前解差距较小的新解, 在温度趋于零时, 就不能接受任何新解了 (温度越低, p 取较小值的概率更大, 而 r 在区间 $(0,1)$ 上均匀分布, 因此 $r < p$ 概率越小).

2) 冷却进度表

冷却进度表是一组控制算法进程的参数集合, 用以逼近模拟退火算法的渐近收敛形态, 使其在有限的时间执行过程后得到一个近似最优解, 冷却进度表是影响模拟退火算法实验性能的重要因素. 冷却进度表主要包括四个参数: 温度控制参数的初始值 T_0 (即初始退火温度), 温度控制参数 T 的衰减函数, 温度控制参数的终值 T_f (通常也选为停止准则), 每次降温过程中进行新状态取舍的次数.

温度的初始值 T_0 设置是影响模拟退火算法全局搜索性能的重要因素之一. 初始温度越高, 则搜索到全局最优解的可能性越大, 但因此要花费大量的计算时间; 反之, 则可节约计算时间, 但全局搜索性能可能受到影响.

另一个重要因素则是退火速度 (每次降温过程中进行新状态取舍的次数). 一般来说, 同一温度下的 "充分" 搜索是相当必要的, 但这需要花费大量计算时间. 循环次数增加必定带来计算开销的增大.

衰减函数也是一个难以处理的问题. 实际应用中, 由于必须考虑计算复杂度的切实可行性等问题, 常采用如下所示的降温方式:

$$T_{k+1} = \alpha_k, \quad \alpha \in (0,1)$$

为了保证较大的搜索空间, α 一般取接近于 1 的值.

2. 模拟退火算法流程

模拟退火算法的一般步骤描述如下:

步骤 1: 初始化, 给定初始温度 T_0、终止温度 T_f、迭代次数、衰减函数. 任选初始解 x, 并计算目标函数 $f(x)$;

步骤 2: 按照某种方式对当前解 x 进行扰动, 产生一个新解 x_{new};

步骤 3: 计算目标函数值 $f(x_{\text{new}})$ 和 $\mathrm{d}E = f(x_{\text{new}}) - f(x)$, 若 $\mathrm{d}E < 0$, 则接受新解 x_{new}; 若 $\mathrm{d}E > 0$, 则新解 x_{new} 按概率 (Metropolis 准则) 被接受; 解被接受时, 更新当前解 $x = x_{\text{new}}$;

步骤 4: 若达到热平衡 (内循环次数大于迭代次数) 转步骤 5, 否则转步骤 2;

步骤 5: 若当前温度小于终止温度, 则输出最终解; 否则转步骤 2.

注: 产生新解 x_{new} 的方式可以有很多, 比如如下的产生方式

$$x_{\text{new}} = x + y(x_{\max} - x_{\min})$$
$$y = T_k \, \mathrm{sgn}(\xi - 0.5) \cdot \left[(1 + 1/T_k)^{|2\xi - 1|} - 1 \right]$$

其中 ξ 为区间 (0,1) 内的均匀分布随机数, $x_{\max}, x_{\min}$ 为解的取值范围上限与下限, sgn 为符号函数, y 为扰动因子, T_k 为当前温度.

上述介绍的模拟退火算法的流程图如图 3.8 所示.

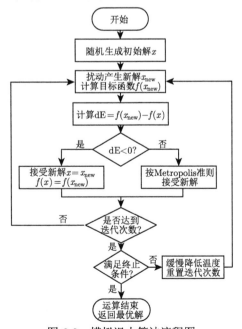

图 3.8 模拟退火算法流程图

在流程图中, 内循环结束的条件到达预定的迭代次数, 而外循环中的终止条件可以是: ①到达设置的终止温度; ②到达设置的外循环迭代次数; ③算法搜索到的当前最优值连续若干步保持不变.

3.3.3 粒子群优化算法

粒子群优化 (particle swarm optimization, PSO) 算法[19] 由 Eberhart 和 Kennedy 博士于 1995 年提出, 其思想源于对鸟群觅食过程的模拟, 通过鸟之间的相互协作完成食物的搜寻.

1. 粒子群优化算法原理概述

PSO 算法把优化问题的解域类比为鸟类的飞行空间, 将优化问题的候选解类比为鸟群中的鸟, 每只鸟抽象为飞行空间内一个无质量无体积的微粒, 问题需搜寻的最优解则等同于鸟群要寻找的食物. 鸟群在觅食过程中, 有时候需要分散地寻找, 有时候需要鸟群集体搜寻, 即时而分散时而群集. 对于整个鸟群来说, 它们在找到食物之前会从一个地方迁移到另一个地方, 在这个过程中总有一只鸟对食物的所在地较为敏感, 对食物的大致方位有较好的侦察力, 从而, 这只鸟也就拥有了食源的较为准确的信息. 在鸟群搜寻食物的过程中, 它们一直都在互相传递各自掌握的食源信息, 特别是这种较为准确的信息. 所以在这种 "较准确信息" 吸引下, 鸟群都集体飞向食源, 在食源的周围群集, 最终达到寻找到食源的结果. 粒子群优化算法具有原理简单、可调参数较少、容易实现等优点, 因此该算法提出后很快成为智能优化研究领域的一个新热点.

2. 粒子群优化算法流程

原始粒子群算法就是模拟鸟群的捕食过程, 将我们的待优化问题看作捕食的鸟群, 解空间看作鸟群的飞行空间, 在飞行空间飞行的每只鸟即粒子群算法在解空间的一个粒子, 也就是待优化问题的一个解. 粒子被假定为没有体积没有质量, 本身的属性只有速度和位置. 每个粒子在解空间中运动, 它通过速度改变其方向和位置. 通常粒子将追踪当前的最优粒子而运动, 经过逐代搜索最后得到最优解. 在算法的进化过程中, 粒子一直都跟踪两个极值: 一个是到个体历史最优位置, 另一个是种群历史最优位置.

假定在一个 n 维的目标搜索空间内, 有一个由 Np 个粒子组成的粒子群, 其中第 i 个粒子在时刻 t 的属性由两个向量组成.

(1) 速度: $v_i^t = [v_{i1}^t, v_{i2}^t, \cdots, v_{id}^t]$, $v_{id}^t \in [v_{\min}, v_{\max}]$, $v_{\min}$ 和 $v_{\max}$ 分别代表速度的最小值和最大值.

(2) 位置: $x_i^t = [x_{i1}^t, x_{i2}^t, \cdots, x_{id}^t]$, $x_{id}^t \in [l_d, u_d]$, l_d 和 u_d 是每个粒子搜索空间的下限和上限. 每次迭代中都记录两个最优位置: 个体最优位置 $p_i^t =$

$[p_{i1}^t, p_{i2}^t, \cdots, p_{id}^t]$, 种群最优位置 $p_g^t = [p_{g1}^t, p_{g2}^t, \cdots, p_{gd}^t]$, 其中, $1 \leqslant i \leqslant \mathrm{Np}, 1 \leqslant d \leqslant n$. 则粒子根据上述理论在 $t+1$ 时刻的速度、位置更新公式如下

$$v_{id}^{t+1} = \omega v_{id}^t + c_1 r_1 (p_{id}^t - x_{id}^t) + c_2 r_2 (p_{gd}^t - x_{id}^t), \quad x_{id}^{t+1} = x_{id}^t + v_{id}^{t+1} \qquad (3.17)$$

其中 ω 为惯性权重, r_1 和 r_2 是区间 $(0, 1)$ 内的均匀分布随机数, c_1 和 c_2 分别代表自我和社会学习因子, 其值一般取 $c_1 = c_2 = 2$.

基本粒子群算法的实现步骤如下:

步骤 1: 初始化种群, 此过程需要初始化各类参数, 即目标搜索空间的上、下限 $[l_d, u_d]$, 两个学习因子 c_1 和 c_2, 算法的最大迭代次数或收敛精度, 每个粒子速度的上、下限 $v_{\max}$ 和 $v_{\min}$, 随机初始化种群中每个粒子的位置和速度;

步骤 2: 根据适应度函数计算每个粒子的适应度值, 保存每个粒子的最优位置, 保存种群中所有粒子的最佳适应度值和种群最优位置;

步骤 3: 根据速度、位置公式来更新速度和位置;

步骤 4: 计算更新后每个粒子的适应度值, 将每个粒子的最佳适应度值与其历史最优位置时的适应度值比较, 如果较好, 则将其当前的位置作为该粒子的最优位置;

步骤 5: 对每个粒子, 将它的最优位置对应的适应度值与种群最佳适应值对比, 如果更优, 则更新种群最优位置和最佳适应度值;

步骤 6: 判断搜索到的结果是否满足终止条件 (达到最大迭代次数或满足精度要求), 若满足终止条件则输出最优值, 否则转到步骤 3 继续运行直到满足条件为止.

基本粒子群优化算法的流程图如图 3.9 所示.

可以看出, 在 PSO 算法中, 粒子的速度更新由三部分组成: "记忆" 部分、"自我认知" 部分和 "社会认知" 部分[20].

第一部分是 "记忆" 部分, 是对先前速度的继承, 它使粒子保持一种惯性的飞行状态, 也是粒子能够进行全局搜索的重要保证. 若速度更新公式中仅包含 "记忆" 部分, 则粒子会一直以相同速度飞行, 直到飞到搜索空间的边界, 此时算法的搜索范围很小, 找到全局最优解的概率很低.

第二部分是 "自我认知" 部分, 表示粒子受到自身飞行经验的影响. 若在速度更新公式中仅包含 "自我认知" 部分, 由于种群中的粒子间的信息不能共享, 不同的粒子之间缺乏信息交互, 此时寻到全局最优的概率非常低.

第三部分是 "社会认知" 部分, 表示粒子受到种群中所有粒子飞行经验的影响. 如果在速度更新公式中仅包含第三部分, 则算法会很容易陷入局部最优. 尽管粒子间信息交互使得种群搜索到新的区域, 此时的收敛速度更快, 但是在复杂优

化问题求解中, 粒子速度更新只受到 "社会认知" 影响, 当粒子离最佳位置很近时, 粒子都接近停滞状态, 使得算法更容易陷入局部最优.

根据以上分析我们知道, 速度更新公式中的三部分对速度进化都很重要, 缺一不可, 只有在它们的共同作用下粒子才能更加高效率地搜索到全局最优位置.

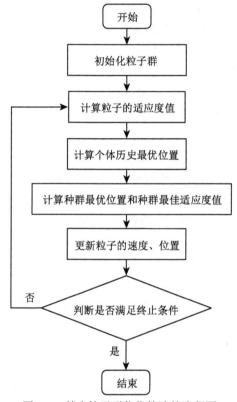

图 3.9　基本粒子群优化算法的流程图

3.3.4　差分进化算法

差分进化 (differential evolution, DE) 算法[19] 是由美国学者 Storn 和 Price 于 1995 年提出的一种计算方法, 最开始用于求解切比雪夫 (Chebyshev) 多项式问题, 后来人们发现 DE 算法也是一种解决优化问题的有效算法.

1. 差分进化算法原理概述

DE 算法是一种基于群体进化的算法, 具有记忆个体最优解和种群内信息共享的特点, 即通过种群内个体间的合作与竞争来实现对优化问题的求解, 其本质是一种基于实数编码的具有保优思想的随机优化算法. DE 算法与其他进化算法的不同之处为: DE 算法将随机的两个个体的差异信息作为基础个体的扰动量, 使得算法在搜索步长和搜索方向上具有自适应性, 同时具有较强的全局收敛能力和鲁棒性. 在进化早期, 种群中个体间差异较大, 使得扰动量较大, 能在较大范围内搜索, 具有较强的全局搜索能力; 在进化后期, 算法趋于收敛, 个体间差异较小, 在个体附近的较小范围内搜索, 这也使得差分进化算法具有较强的局部搜索能力. 差分进化算法之所以引起了众多领域研究者的浓厚兴趣, 除了前面提到的卓越性能之外, 还有如下原因: ①与其他进化算法相比, DE 算法结构简单易执行; ②DE 算法的控制参数 (主要有缩放因子 F、交叉概率 CR 和种群规模 Np) 少, 且这些参数对算法性能的影响已经得到了充分的研究, 取得了一些较好的结果; ③群体搜索与协同搜索相结合, 充分利用种群提供的局部信息与全局信息, 指导算法搜索.

2. 差分进化算法流程

算法首先在问题的可行解空间随机初始化种群, 利用从种群中随机选择的两个个体向量的差分量作为第三个随机向量的扰动量, 得到变异向量 (mutant vector), 然后变异向量与基准向量或称为目标向量 (target vector) 进行交叉操作, 生成试验向量 (trial vector). 最后基准向量和试验向量竞争, 较优者保留在下一代群体中, 逐代改善种群质量, 直到找到最优解. 差分进化算法的核心要素包括 [19] 以下内容.

1) 种群初始化

设 Np 为种群规模, n 为个体的维数, g 为进化代数, $X(g)$ 为第 g 代种群. 在问题的可行解空间内产生初始种群:

$$X(0) = \{x_1(0),\ x_2(0), \cdots,\ x_{\mathrm{Np}}(0)\}$$

其中 $x_i(g) = (x_{i,1}(g),\ x_{i,2}(g), \cdots,\ x_{i,n}(g))$ 表征第 g 代种群中的第 i 个个体. 个体在每一维上的初始值可以按下式产生:

$$x_{i,j}(0) = l_j + \mathrm{rand}_{i,j}[0,1](u_j - l_j), \quad i = 1, 2, \cdots, \mathrm{Np};\ j = 1, 2, \cdots, n \tag{3.18}$$

$[l_j,\ u_j]$ 为第 i 个个体在第 j 维上的取值范围, $\mathrm{rand}_{i,j}[0,1]$ 为区间 $[0,1]$ 上的均匀分布随机数.

2) 变异

生物学中将染色体的基因顺序发生改变称为基因变异, 在进化算法中, 变异被看作个体的某个元素发生改变, 差分进化算法中, 对于第 i 个基准向量 $x_i(g)$, 根据变异算子 "rand/1" 得到变异向量 $v_i(g+1)$, 如下式所示

$$v_i(g+1) = x_{r1}(g) + F(x_{r2}(g) - x_{r3}(g)) \tag{3.19}$$

其中 $x_{r1}(g)$, $x_{r2}(g)$ 和 $x_{r3}(g)$ 是从当前种群中随机选择的三个个体, 要求 $r1$, $r2$, $r3$ 是从集合 $\{1, 2, \cdots, \mathrm{Np}\}$ 中随机选择的相互不同且不等于 i 的整数. F 为缩放因子, 取值范围为 $[0, 2]$, 图 3.10 为一个二维示例, 展示了变异过程中不同向量的作用. 图中的曲线表示函数的等高线, 圆点表示当前种群中的个体矢量, 三角形表示生成的变异矢量.

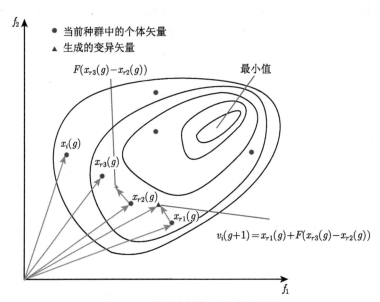

图 3.10　变异个体生成过程示意图

除了上述变异算子, 目前被广泛采用的其他变异算子[23] 如下所示

(1) "best/1"

$$v_i(g + 1) = x_{\mathrm{best}}(g) + F(x_{r1}(g) - x_{r2}(g))$$

(2) "current-to-best"

$$v_i(g + 1) = x_i(g) + F(x_{\mathrm{best}}(g) - x_i(g)) + F(x_{r1}(g) - x_{r2}(g))$$

(3) "best/2"

$$v_i(g + 1) = x_{\mathrm{best}}(g) + F(x_{r1}(g) - x_{r2}(g)) + F(x_{r3}(g) - x_{r4}(g))$$

(4) "rand/2"

$$v_i(g + 1) = x_{r1}(g) + F(x_{r2}(g) - x_{r3}(g)) + F(x_{r4}(g) - x_{r5}(g))$$

其中 $x_{\mathrm{best}}(g)$ 为当前种群中的最佳矢量.

3) 交叉

差分进化算法中的交叉算子采用基准向量和变异向量进行操作. 试验向量为

$$u_i(g+1) = (u_{i,1}(g+1),\ u_{i,2}(g+1), \cdots, u_{i,D}(g+1))$$

交叉算子如下式所示

$$u_{i,j}(g+1) = \begin{cases} v_{i,j}(g+1), & \text{rand}_j[0,1] \leqslant \text{CR 或 } j = j_{\text{rand}}, \\ x_{i,j}(g), & \text{其他} \end{cases} \quad (3.20)$$

其中 $\text{rand}_j[0,1]$ 为 $[0,1]$ 上的均匀分布随机数, CR 是取值为 $[0,1]$ 上的交叉概率, 其大小需要预先确定. CR 越大, 交叉的可能性越大, 当 CR $=1$ 时, $u_i(g+1) = v_i(g+1)$, 有利于局部搜索和加快收敛速率. CR 越小, 交叉的可能性越小, CR $=0$ 表示没有用交叉操作, 此时 $u_i(g+1) = x_i(g)$, 有利于全局搜索. j_{rand} 为介于 $[1,n]$ 的随机数, 保证 $u_i(g+1)$ 至少要从 $v_i(g+1)$ 中获得一个值, 以确保试验向量与目标向量和变异向量都不相同, 从而避免种群的无效交叉. 图 3.11 为一个 8 维向量, 展示了交叉操作的具体过程.

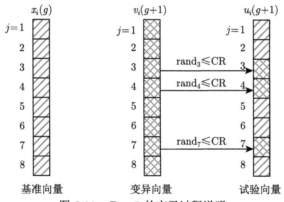

图 3.11 $D = 8$ 的交叉过程说明

4) 选择

差分进化算法按照贪婪准则将经过变异与交叉操作产生的试验向量 $u_i(g+1)$ 与当前种群的目标向量 $x_i(g)$ 作比较, 选择算子如下式所示

$$x_i(g+1) = \begin{cases} u_i(g+1), & f(u_i(g+1)) \leqslant f(x_i(g)), \\ x_i(g), & \text{其他} \end{cases} \quad (3.21)$$

这表明 DE 算法的选择算子是在目标向量和其对应的试验向量两者中保留最优, 使得子代个体的目标函数值总是好于父代个体的目标函数值, 从而导致种群始终向最优解的位置进化, 并逐步聚焦到最优解位置或满意解位置.

5) 基本差分进化算法的具体计算步骤

步骤 1: 确定差分进化算法的控制参数, 如种群数量、变异算子中的缩放因子 F、交叉概率 CR、最大进化代数、终止条件等;

步骤 2: 随机产生初始种群, 进化代数 $k = 1$;

步骤 3: 对初始种群进行评价, 即计算初始种群中每个个体的目标函数值;

步骤 4: 判断是否达到终止条件或进化代数达到最大, 若是, 则进化终止, 将此时的最佳个体作为解输出, 若否, 继续计算;

步骤 5: 进行变异和交叉操作, 得到临时种群;

步骤 6: 对临时种群进行评价, 计算临时种群中每个个体的目标函数值;

步骤 7: 进行选择操作, 选择当前种群中前 Np 个目标函数值最小的个体, 组成新种群;

步骤 8: 令 $k = k + 1$, 转步骤 4.

3.3.5　人工蜂群算法

英国学者 D. T. Pham 受启发于蜂群的采集行为机制, 提出了蜂群算法 (bees algorithm, BA). 之后土耳其学者 D. Karaboga 成功地将蜜蜂采蜜原理应用于函数的数值优化, 改进了蜂群算法, 提出了基于蜜蜂采集机制的人工蜂群 (artificial bee colony, ABC) 算法[24]. 人工蜂群算法是建立在蜜蜂自组织模型和群体智能基础上的一种数值优化计算方法, 属于新兴的群智能方法.

1. 人工蜂群算法原理概述

蜜蜂是自然界中的一种群居昆虫, 个体的行为极其简单, 自然界中的蜂群总是能很自如地发现优良蜜源 (花粉). 接下来我们通过蜂群找到蜜源的过程, 阐述人工蜂群算法的原理. 蜂群产生群体智慧的最小搜索模型包含如下 4 个基本组成要素:

(1) 食物源, 即可行解, 而食物源的食物含量代表该解的质量;

(2) 引领蜂, 与特定的食物源相联系 (该食物源枯竭之后, 该引领蜂变成侦察蜂);

(3) 跟随蜂, 观察引领蜂传递的信息并依据其选择一个食物源;

(4) 侦察蜂, 由食物源枯竭的引领蜂生成, 随机查找食物源.

蜜蜂采蜜的群体智能通过不同角色之间的交流、转换及协作来实现, 下面结合不同蜜蜂的行为介绍其机理. 如图 3.12 所示, 假设蜂群已找到两个蜜源 A 和 B. 引领蜂与当前正在采的食物源联系在一起, 它们携带了具体的蜜源信息, 并通过摇摆舞和蜂巢中的其他蜜蜂分享这些信息[25]. 跟随蜂和侦察蜂是准备去采蜜的蜜蜂. 刚开始时, 由于跟随蜂和侦察蜂没有任何关于蜂巢附近蜜源的信息, 它们将会分别有以下两种行为:

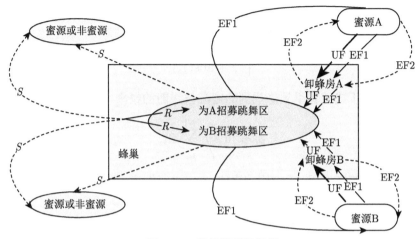

图 3.12 蜜蜂的采蜜机理

(1) 由于蜂巢内部或外部因素刺激, 侦察蜂自发地随机搜索蜂巢附近的蜜源 (如图 3.12 中的 S 线);

(2) 跟随蜂在蜂巢内等待, 通过观察采蜜蜂的摇摆舞后, 被招募并根据获得的信息寻找蜜源 (如图 3.12 中的 R 线).

当引领蜂和跟随蜂发现新蜜源后, 它们会记住蜜源的相关信息并开始采蜜, 此时, 它们变成了引领蜂. 蜜蜂采蜜回到蜂巢并卸载花蜜后, 它有以下三种基本的行为模式:

(1) 放弃原先找到的蜜源, 成为跟随蜂或侦察蜂, 如图 3.12 中的 UF;

(2) 返回同一蜜源前, 跳摇摆舞招募其他蜜蜂, 如图 3.12 中的 EF1;

(3) 不招募其他蜜蜂, 继续返回同一蜜源采蜜, 如图 3.12 中的 EF2.

其中, 算法与问题的具体对应关系可做如下描述: 蜂群觅食行为即具体的优化问题; 食物源即优化问题的可行解; 食物源的位置即优化问题解的位置; 食物源的质量即优化问题中的适应度值; 寻找和采集食物源的过程即优化问题的求解过程; 另外, 食物源的最好质量即优化问题的最优解[26].

2. 人工蜂群算法流程

基本人工蜂群的算法流程如下:

步骤 1: 初始化各蜜源 $X_i^{(0)} = [x_{i1}, x_{i2}, \cdots, x_{id}]$, 设定参数 Np, limit 以及最大迭代次数, 令 $t = 0$;

步骤 2: 为蜜源 $X_i^{(t)}$ 分配一只引领蜂, 按下式进行搜索, 产生新蜜源 $V_i = [v_{i1}, v_{i2}, \cdots, v_{id}]$,

$$v_{id} = x_{id} + \varphi(x_{id} - x_{jd}) \tag{3.22}$$

步骤 3: 根据下式评价 V_i 的适应度, 根据贪婪选择的方法确定保留的蜜源

$$\text{fit}_i(V_i) = \begin{cases} 1/(1+f_i), & f_i \geqslant 0, \\ 1+\text{abs}(f_i), & \text{其他} \end{cases} \tag{3.23}$$

步骤 4: 由下式计算引领蜂找到的蜜源被跟随的概率

$$p_i = \text{fit}_i \bigg/ \sum_{i=1}^{\text{NP}} \text{fit}_i \tag{3.24}$$

步骤 5: 跟随蜂采用与引领蜂相同的方式进行搜索, 根据贪婪选择方法确定保留蜜源;

步骤 6: 判断蜜源 i 是否满足被放弃的条件, 如满足, 对应的引领蜂角色变为侦察蜂, 否则直接转到步骤 8;

步骤 7: 侦察蜂根据下式随机产生新蜜源

$$X_i^{(t+1)} = \begin{cases} l_d + \text{rand}(0,1)(u_d - l_d), & \text{trial}_i \geqslant \text{limit}, \\ X_i^{(t)}, & \text{trial}_i < \text{limit} \end{cases} \tag{3.25}$$

步骤 8: $t = t+1$, 判断算法是否满足终止条件, 若满足则终止, 输出最优解, 否则转到步骤 2.

图 3.13 为人工蜂群算法的流程图.

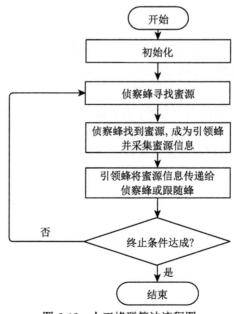

图 3.13   人工蜂群算法流程图

在 ABC 算法搜索寻优的过程中, 3 类蜜蜂的作用有所差别: 引领蜂用于维持优良解; 跟随蜂用于提高收敛速度; 侦察蜂用于增强摆脱局部最优的能力.

3.3.6 算法测试

本小节使用四个标准测试函数对上述全局优化算法进行测试, 算法的种群规模定为 50, 并根据测试函数不同的维度选用不同的迭代次数, 每种算法的迭代次数在同一测试的每个维度中保持一致, 且每种算法独立运行 20 次并统计最优值和均值以及均方差. 算法测试结果如表 3.5—表 3.8 所示. 表中黑体加粗的数值代表某种算法在该测试函数上表现最好的性能.

表 3.5 Spherical 函数测试结果

算法	问题维度	迭代次数	算法表现		
			最优值	平均值	均方差
遗传算法	10	1000	4.1594e−7	1.8871e−6	1.9202e−6
	20	1500	2.5407e−6	3.3905e−5	2.8213e−5
	30	2000	5.8604e−5	1.6863e−4	1.0761e−4
模拟退火算法	10	1000	0.3824	7.9330	4.0270
	20	1500	0.2757	27.3561	34.4511
	30	2000	0.6329	36.7211	37.4923
粒子群算法	10	1000	3.1428e−7	1.7671e−5	2.8202e−5
	20	1500	2.8507e−6	2.3905e−5	3.8213e−5
	30	2000	4.7304e−5	2.6863e−5	2.0761e−5
差分进化算法	10	1000	**0**	**0**	**0**
	20	1500	**0**	**0**	**0**
	30	2000	**0**	**0**	**0**
人工蜂群算法	10	1000	5.0931e−17	1.1258e−16	4.3106e−17
	20	1500	2.1882e−16	4.2765e−16	7.7111e−17
	30	2000	5.2793e−16	7.8223e−16	1.1739e−16

表 3.6 Rosenbrock 函数测试结果

算法	问题维度	迭代次数	算法表现		
			最优值	平均值	均方差
遗传算法	10	1000	0.0153	2.0153	1.7670
	20	1500	0.0136	8.5461	20.4485
	30	2000	0.0111	9.4849	26.2053
模拟退火算法	10	1000	0.3824	7.9330	4.0270
	20	1500	0.2757	27.3561	34.4511
	30	2000	0.6329	36.7211	37.4923
粒子群算法	10	1000	0.0137	1.0173	0.7120
	20	1500	0.0142	2.0761	10.4235
	30	2000	0.0121	4.3842	14.1057
差分进化算法	10	1000	**0**	0.5252	0.4826
	20	1500	0.3529	3.2920	1.2563
	30	2000	9.7476	15.1216	2.3250
人工蜂群算法	10	1000	**2.5059e−3**	9.2412e−2	0.1673
	20	1500	**7.1922e−2**	7.0070e−1	1.0587
	30	2000	**1.1523e−1**	1.9009	2.7111

表 3.7　Rastrigin 函数测试结果

算法	问题维度	迭代次数	算法表现		
			最优值	平均值	均方差
遗传算法	10	1000	7.7839e−7	1.1442	1.7165
	20	1500	0.9950	3.9302	1.7821
	30	2000	0.9957	8.5080	6.5651
模拟退火算法	10	1000	0.0120	0.1032	0.1320
	20	1500	0.0319	0.1712	0.1484
	30	2000	0.0579	0.3543	0.3726
粒子群算法	10	1000	5.4839e−7	0.0842	0.7235
	20	1500	0.6250	1.7302	0.7847
	30	2000	0.6352	2.5230	1.4653
差分进化算法	10	1000	0	0.5081	0.5066
	20	1500	1.1539	2.8625	1.0340
	30	2000	9.0319	13.2614	2.1218
人工蜂群算法	10	1000	**0**	0	0
	20	1500	**0**	1.5632e−14	1.9012e−14
	30	2000	**0**	1.5660e−12	4.7813e−12

表 3.8　Griewank 函数测试结果

算法	问题维度	迭代次数	算法表现		
			最优值	平均值	均方差
遗传算法	10	1000	2.2781e−7	2.4302e−6	2.6840e−6
	20	1500	8.4599e−6	0.0028	0.0110
	30	2000	2.9584e−5	9.6536e−4	0.0028
模拟退火算法	10	1000	0.0074	0.1597	0.1341
	20	1500	3.1703e−5	0.0520	0.0596
	30	2000	4.1650e−5	0.0307	0.0329
粒子群算法	10	1000	0.0134	0.0187	0.0782
	20	1500	6.5399e−5	0.0610	0.0582
	30	2000	1.7563e−5	0.0342	0.0351
差分进化算法	10	1000	**0**	0.0106	0.0064
	20	1500	**0**	0	0
	30	2000	**0**	0	0
人工蜂群算法	10	1000	**0**	4.4409e−17	6.4736e−17
	20	1500	**0**	6.1062e−16	9.7895e−16
	30	2000	1.1102e−16	8.3977e−14	3.1726e−13

参 考 文 献

[1] 吴祈宗. 运筹学与最优化方法 [M]. 北京: 机械工业出版社, 2003.

[2] Nocedal J, Wright S J. Numerical Optimization [M]. 2nd ed. New York: Springer, 2006.

[3] 马昌凤. 最优化方法及其 Matlab 程序设计 [M]. 北京: 科学出版社, 2010.

[4] 郭田德, 韩丛英. 从数值最优化方法到学习最优化方法 [J]. 运筹学学报, 2019, 23(4): 1-12.

[5] 林诗洁, 董晨, 陈明志, 等. 新型群智能优化算法综述 [J]. 计算机工程与应用, 2018, 54(12): 1-9.

[6] Hestenes M R, Stiefel E. Methods of conjugate gradients for solving linear systems[J].
     Journal of Research of the National Bureau of Standards, 1952, 49(6): 409-435.

[7] Fletcher R, Reeves C M. Function minimization by conjugate gradients[J]. The Com-
     puter Journal, 1964, 7(2): 149-154.

[8] Powell M J D. Restart procedures for the conjugate gradient method[J]. Mathematical
     Programming, 1977, 12(1): 241-254.

[9] Dai Y H. A perfect example for the BFGS method[J]. Mathematical Programming,
     2013, 138(1,2): 501-530.

[10] Lewis R M, Torczon V, Trosset M W. Direct search methods: Then and now[J]. Journal
      of Computational and Applied Mathematics, 2000, 124(1,2): 191-207.

[11] Powell M J D. Direct search algorithms for optimization calculations[J]. Acta Numerica,
      1998, 7: 287-336.

[12] 袁亚湘. 非线性优化计算方法 [M]. 北京: 科学出版社, 2008.

[13] Hooke R, Jeeves T A. "Direct search" solution of numerical and statistical problems[J].
      Journal of the ACM, 1961, 8(2): 212-229.

[14] Holland J H. Adaptation in Natural and Artificial Systems[M]. Ann Arbor: University
      of Michigan Press, 1975.

[15] 边霞, 米良. 遗传算法理论及其应用研究进展 [J]. 计算机应用研究, 2010, 27(7): 2425-
      2429,2434.

[16] Lipowski A, Lipowska D. Roulette-wheel selection via stochastic acceptance[J]. Physica
      A: Statistical Mechanics and Its Applications, 2012, 391(6): 2193-2196.

[17] Kirkpatrick S, Gelatt C D, Vecchi M P. Optimization by simulated annealing[J]. Science,
      1983, 220(4598): 671-680.

[18] 姚新, 陈国良. 模拟退火算法及其应用 [J]. 计算机研究与发展, 1990, 27(7): 1-6.

[19] Clerc M, Kennedy J. The particle swarm-explosion, stability, and convergence in a
      multidimensional complex space[J]. IEEE Transactions on Evolutionary Computation,
      2002, 6(1): 58-73.

[20] Liang J J, Qin A K, Suganthan P N, et al. Comprehensive learning particle swarm
      optimizer for global optimization of multimodal functions[J]. IEEE Transactions on
      Evolutionary Computation, 2006, 10(3): 281-295.

[21] Storn R, Price K. Differential evolution: A simple and efficient heuristic for global
      optimization over continuous spaces[J]. Journal of Global Optimization, 1997, 11(4):
      341-359.

[22] Qin A K, Huang V L, Suganthan P N. Differential evolution algorithm with strategy
      adaptation for global numerical optimization[J]. IEEE Transactions on Evolutionary
      Computation, 2009, 13(2): 398-417.

[23] Wang Y, Cai Z, Zhang Q. Differential evolution with composite trial vector generation
      strategies and control parameters[J]. IEEE Transactions on Evolutionary Computation,
      2011, 15(1): 55-66.

[24] Karaboga D, Basturk B. On the performance of artificial bee colony (ABC) algorithm[J]. Applied Soft Computing, 2008, 8(1): 687-697.

[25] Karaboga D, Gorkemli B, Ozturk C, et al. A comprehensive survey: Artificial bee colony (ABC) algorithm and applications[J]. Artificial Intelligence Review, 2014, 42(1): 21-57.

[26] Karaboga D, Basturk B. A powerful and efficient algorithm for numerical function optimization: artificial bee colony (ABC) algorithm[J]. Journal of Global Optimization, 2007, 39(3): 459-471.

附　　录

无约束优化测试函数

(1) Spherical 函数

$$f_1 = \sum_{i=1}^{n} x_i^2, \quad x_i \in [-100, 100]$$

全局最优解 $x^* = (0, \cdots, 0)$, $f(x^*) = 0$.

(2) Rosenbrock 函数

$$f_2 = \sum_{i=1}^{n} \left(100 \left(x_{i+1} - x_i^2 \right)^2 + (x_i - 1)^2 \right), \quad x_i \in [-30, 30]$$

全局最优解 $x^* = (1, \cdots, 1)$, $f(x^*) = 0$.

(3) Rastrigin 函数

$$f_3 = \sum_{i=1}^{n} \left(x_i^2 - 10 \cos(2\pi x_i) + 10 \right), \quad x_i \in [-5.12, 5.12]$$

全局最优解 $x^* = (0, \cdots, 0)$, $f(x^*) = 0$.

(4) Griewank 函数

$$f_4 = \frac{1}{4000} \sum_{i=1}^{n} x_i^2 - \prod_{i} \cos \left| \frac{x_i}{\sqrt{i}} \right| + 1, \quad x_i \in [-600, 600]$$

全局最优解 $x^* = (0, \cdots, 0)$, $f(x^*) = 0$.

(5) Ackley 函数

$$f_5 = -20 \exp \left(-0.2 \sqrt{\frac{1}{n} \sum_{i=1}^{n} x_i^2} \right) - \exp \left(\frac{1}{n} \sum_{i=1}^{n} \cos(2\pi x_i) \right) + 20 + e, \ x_i \in [-32, 32]$$

全局最优解 $x^* = (0, \cdots, 0)$, $f(x^*) = 0$.

(6) High conditioned elliptic 函数

$$f_6(x) = \sum_{i=1}^{n} \left(10^6\right)^{\frac{i-1}{n-1}} x_i^2, \quad x_i \in [-100, 100]$$

全局最优解 $x^* = (0, \cdots, 0)$, $f(x^*) = 0$.

(7) Michalewicz 函数

$$f_7(x) = -\sum_{i=1}^{n} \sin(x_i) \sin\left(\frac{ix_i^2}{\pi}\right)^{20}, \quad x_i \in [0, \pi]$$

全局最优解未知.

(8) Trid 函数

$$f_8(x) = \sum_{i=1}^{n} (x_i - 1)^2 - \sum_{i=2}^{n} x_i x_{i-1}, \quad x_i \in [-n^2, n^2]$$

全局最优解 $x^* = i(n+1-i)$, $f(x^*) = -\dfrac{n(n+4)(n-1)}{6}$.

(9) Schwefel 函数

$$f_9 = \sum_{i=1}^{n} \left[-x_i \sin(\sqrt{|x_i|})\right], \quad x_i \in [-500, 500]$$

全局最优解 $x^* = (420.9687, \cdots, 420.9687)$, $f(x^*) = 418.9829n$.

(10) Schwefel 1.2 函数

$$f_{10} = \sum_{i=1}^{n} \left(\sum_{j=1}^{i} x_j\right)^2, \quad x_i \in [-100, 100]$$

全局最优解 $x^* = (0, \cdots, 0)$, $f(x^*) = 0$.

(11) Schwefel 2.4 函数

$$f_{11} = \sum_{i=1}^{n} \left[(x_i - 1)^2 + (x_1 - x_i^2)^2\right], \quad x_i \in [0, 10]$$

全局最优解 $x^* = (1, \cdots, 1)$, $f(x^*) = 0$.

(12) Weierstrass 函数

$$f_{12} = \sum_{i=1}^{n} \sum_{k=0}^{k_{max}} \left[a^k \cos\left(2\pi b^k (x_i + 0.5)\right)\right] - n \sum_{k=0}^{k_{max}} a^k \cos\left(\pi b^k x_i\right), \quad x_i \in [-0.5, 0.5]$$

其中 $a = 0.5$, $b = 3$, $k_{\max} = 20$; 全局最优解 $x^* = (0, \cdots, 0)$, $f(x^*) = 0$.

(13) 二次型凸函数

$$f_{13} = \sum_{i=1}^{n} (x_i - i)^2, \quad x_i \in [-10n, 10n]$$

全局最优解 $x^* = (1, 2, \cdots, n)$, $f(x^*) = 0$.

(14) Six-hump camel-back 函数

$$f_{14} = \left(4 - 2.1x_1^2 + \frac{x_1^4}{3}\right) x_1^2 + x_1 x_2 + (-4 + 4x_2^2)x_2^2, \ x_1 \in [-3, 3], \ x_2 \in [-2, 2]$$

全局最优解 $x^* = (0.0898, -0.7126)$ 和 $(-0.0898, 0.7126)$, $f(x^*) = -1.0316$.

第 4 章 连续状态转移算法

状态转移算法 (state transition algorithm, STA) 是一种基于结构主义学习的智能优化算法, 其抓住最优化算法的本质、目的和要求, 创立了以全局性、最优性、快速性、收敛性、可控性为五大核心结构要素的状态转移算法体系框架[1]. 状态转移算法借鉴状态空间模型产生候选解, 对于无约束优化问题, 侧重产生候选解的质量, 设计了包括旋转、平移、伸缩、轴向搜索在内的四种具有特定几何变换功能的算子并兼顾全局与局部搜索能力、启发式搜索能力. 基本的连续状态转移算法可以保证迭代终止解的最优性, 有一定的概率找到全局最优解并且实施了多种措施保证其快速性. 本章主要介绍连续状态转移算法的基本思想和内在特性, 并在此基础上详细介绍约束与多目标状态转移算法.

4.1 状态转移算法概述

自 20 世纪 70 年代美国密歇根大学 Holland 教授最早提出遗传算法以来, 以遗传算法为代表的智能优化算法得到了长足的发展, 涌现了诸如模拟退火、蚁群、粒子群优化等众多新型智能优化算法, 这些智能优化算法正在成为智能科学、信息科学、人工智能中最为活跃的研究方向之一, 并在诸多工程领域得到迅速推广和应用. 目前大多数智能优化算法都是以行为主义模仿学习为主, 通过模拟自然界鸟群、蜂群、鱼群等生物进化来求解复杂优化问题. 然而, 基于行为主义的智能优化算法主要是模仿, 碰到什么就模仿学习什么, 带有一定的机械性和盲从性, 没有深刻反映出最优化算法的本质、目的和要求. 一方面, 这种基于模仿表象学习的方法造成算法的可扩展性差, 大多数智能优化算法在某些问题上低维时表现良好, 维度变高时效果显著恶化; 另一方面, 基于行为主义的智能优化算法使得算法容易出现诸如停滞或早熟收敛等现象, 即算法可能停滞在任意随机点, 而不是真正意义上的最优解. 为了消除已有智能优化算法容易陷入停滞现象, 为了提高算法的可扩展性和拓宽智能优化算法的应用范围, 周晓君博士等在充分研究传统智能优化算法和数学规划的基础上, 于 2012 年原创性地提出了一种基于结构化学习的新型智能优化算法——状态转移算法. 该算法抓住最优化算法的本质、目的和要求, 创立了以全局性、最优性、快速性、收敛性、可控性为五大核心结构要素的状态转移算法体系框架[1], 提出了基于离散时间状态空间模型的候选解产生方式, 设计了能够产生具有规则形状、可控大小几何邻域的旋转、平移、伸缩等四种包含全局搜索、局部搜索及启发式搜索功能的状态变换算子, 从而使得该算法不会陷入停滞点, 不容易陷入局部最优, 所提出的基于结构化学习的状态转移算法与改进的遗传算法、粒子群优化算法、差分进化算法等智能优化算法相比, 状态转移算法不是遇到什么就模仿学习什么, 而是需要什么就学习什么, 有很强的针对性, 且具有全局搜索能强、寻优速度快、扩展性好、可控性高等显著优点.

状态转移算法的基本思想是将最优化问题的一个解看成一个状态, 解的产生和更新过程看成状态转移过程. 借鉴现代控制理论中离散时间系统状态空间模型表示法, 状态转移算法中候选解产生的统一形式如下

$$\begin{cases} s_{k+1} = A_k s_k + B_k u_k, \\ y_{k+1} = f(s_{k+1}) \end{cases} \tag{4.1}$$

其中 s_k 表示当前状态, 对应最优化问题的一个候选解; A_k 和 B_k 为状态转移矩阵, 为确定的或随机的矩阵, 可以看成最优化算法中的算子; u_k 为当前状态及历史状态的函数, 可以看成控制变量; $f(\cdot)$ 为目标函数或者评价函数.

考虑到状态转移算法的目的是在尽可能短的时间内找到最优化问题的全局最优解或近似最优解, 为了达到这个目的, 特地在设计状态转移算法时, 使其尽可能具备以下五个核心实现要素, 如图 4.1 所示.

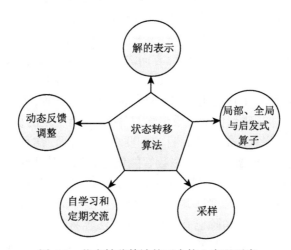

图 4.1   状态转移算法的五个核心实现要素

具体包括:

(1) 解的表示形式简单. 状态转移算法中状态的表示形式要简单, 一方面, 要能很容易地通过编程语言实现; 另一方面, 要能保证通过状态变换算子作用后的候选解与当前解的同质性, 比如当前解为连续型变量, 候选解也应为连续型变量.

(2) 多功能搜索算子. 状态转移算法中同时具备局部、全局和启发式搜索算子. 局部搜索算子用来保证解的数值精度和最优性; 全局搜索算子用来保证能在整个可行空间进行搜索, 使当前状态有一定的概率转移到其他任意可行状态; 启发式搜索算子根据问题的需要来设计, 用来保证产生的候选解是有潜在价值的, 避免盲目和重复搜索.

(3) 采样机制. 对当前解实施一次状态变换作用时, 由于存在随机性, 将产生不同的候选解, 所有的候选解集将形成一个邻域. 在实际操作中, 需要通过一定的规则在邻域中进行采样, 选取 SE 个样本, 其中 SE 称为搜索力度 (或采样力度).

(4) 自学习和定期交流. 状态转移算法可以是基于个体的搜索, 也可以是基于种群的搜索. 基于个体的搜索可以看成自学习, 通过自学习行为, 个体逐渐成长为精英. 为了进一步快速提高自身适应性, 单个个体可以与其他个体进行信息交流, 并有规律地定期进行, 避免因交流频繁带来的趋同现象或交流不足带来的自塞现象.

(5) 动态反馈调整. 为了适应不同的最优化问题和迭代环境的变化, 状态转移算法中的算子、参数、策略等均可以作相应的动态反馈调整, 以适应问题和环境的需要.

有了以上五个要素, 状态转移算法可以是基于个体的搜索算法, 从任意初始解出发, 将其看成当前最好解, 首先对当前最好解实施某种状态变换算子, 产生邻域, 然后利用某种采样机制从邻域中采样得到候选解集, 最后利用某种更新机制更新当前最好解, 以此循环往复, 直到满足算法终止条件. 状态转移算法的基本流程图如图 4.2 所示.

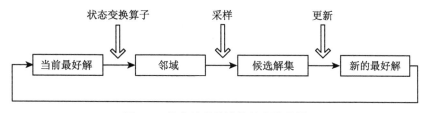

图 4.2 状态转移算法的基本流程图

4.2 连续状态转移算法的基本原理

基本连续状态转移算法侧重产生候选解的质量, 它设计了四种具有特定几何变换功能的状态变换算子, 分别是旋转、平移、伸缩、轴向搜索变换. 基于这四种变换算子, 该算法设计了以伸缩变换为全局搜索, 以旋转变换为局部搜索, 以轴向搜索为单维搜索, 以平移搜索为启发式搜索并交替轮换使用各种状态变换算子的调用策略, 下面一一介绍.

4.2.1　基本状态变换算子

1. 旋转变换

$$s_{k+1} = s_k + \alpha \frac{1}{n \left\| s_k \right\|_2} R_r s_k \tag{4.2}$$

其中 α 是一个正常数, 称作旋转因子; $R_r \in \mathbb{R}^{n \times n}$ 是一个随机矩阵, 其所含的每一个元素服从 $[-1, 1]$ 上的均匀分布; $\left\| \cdot \right\|_2$ 表示向量的二范数. 旋转变换具有在半径为 α 的超球体内搜索的功能, 证明如下

$$
\begin{aligned}
\left\| s_{k+1} - s_k \right\|_2 &= \left\| \alpha \frac{1}{n \left\| s_k \right\|_2} R_r s_k \right\|_2 \\
&= \frac{\alpha}{n \left\| s_k \right\|_2} \left\| R_r s_k \right\|_2 \leqslant \frac{\alpha}{n \left\| s_k \right\|_2} \left\| R_r \right\|_{m_\infty} \left\| s_k \right\|_2 \leqslant \alpha
\end{aligned}
$$

程序 4.2.1　用旋转变换算子 (简称旋转算子) 产生 SE 个候选解集的 MAT-LAB 程序如下所示.

```
% 连续状态转移算法——旋转算子程序op_rotate.m
function y=op_rotate(Best,SE,alpha)
n = length(Best);
y = repmat(Best',1,SE)+alpha*(1/n/(norm(Best)+eps))*reshape
    (unifrnd(-1,1,SE*n,n)*Best',n,SE);
y = y';
```

例 4.2.1　假设当前最好解 $\text{Best}_k = [2, 2]$, 取旋转因子 $\alpha = 1$, 搜索力度 SE = 5, 则当前最好解经旋转变换产生 SE 个候选解 State 的 MATLAB 代码为:

```
>>Best = [2,2];
>>alpha = 1; SE = 5;
>>State = op_rotate(Best,SE,alpha) %调用旋转变换算子
State =
        1.7983    2.0433
        2.2974    1.9702
        1.5092    1.9916
        2.2866    1.9906
        2.2083    1.9848
```

2. 平移变换

$$s_{k+1} = s_k + \beta R_t \frac{s_k - s_{k-1}}{\|s_k - s_{k-1}\|_2} \tag{4.3}$$

其中 β 是一个正常数, 称作平移因子, $R_t \in \mathbb{R}$ 是一个随机变量, 其所含的每一个元素服从 $[0,1]$ 上的均匀分布. 不难看出, 平移变换具有沿着从点 s_{k-1} 到点 s_k 的直线上的线搜索功能, 其线搜索起点为 s_k, 最大长度为 β.

程序 4.2.2　用平移变换算子 (简称平移算子) 产生 SE 个候选解集的 MAT-LAB 程序如下所示.

```
% 连续状态转移算法——平移算子程序op_translate.m
function y=op_translate(oldBest,newBest,SE,beta)
n = length(oldBest);
y = repmat(newBest',1,SE)+beta/(norm(newBest-oldBest)+eps)*···
    reshape(kron(rand(SE,1),(newBest- oldBest)'),n,SE);
y = y';
```

例 4.2.2　假设历史最好解 oldBest $= [1,1]$, 当前最好解 newBest $= [2,2]$, 取平移因子 $\beta = 1$, 样本数 SE $= 5$, 则当前最好解经平移变换产生的 SE 个候选解 State 为:

```
>> oldBest=[1,1];newBest=[2,2];
>> beta=1;SE=5;
>> State=op_translate(oldBest,newBest,SE,beta)%调用平移变换算子
State =
        2.5312      2.5312
        2.1804      2.1804
        2.3578      2.3578
        2.4943      2.4943
        2.6300      2.6300
```

3. 伸缩变换

$$s_{k+1} = s_k + \gamma R_e s_k \tag{4.4}$$

其中 γ 是一个正常数, 称作伸缩因子, $R_e \in \mathbb{R}^{n \times n}$ 是一个随机对角矩阵, 其所含的每一个非零元素服从高斯分布. 伸缩变换具有使 s_k 中的每个元素伸缩变换到 $[-\infty, +\infty]$ 的功能, 从而实现在整个空间的全局搜索.

程序 4.2.3 用伸缩变换算子 (简称伸缩算子) 产生 SE 个候选解集的 MAT-LAB 程序如下所示.

```
% 连续状态转移算法——伸缩算子程序op_expand.m
function y = op_expand(Best,SE,gamma)
n = length(Best);
y = repmat(Best',1,SE) + gamma*(normrnd(0,1,n,SE).*repmat
    (Best',1,SE));
y = y';
```

例 4.2.3 假设当前最好解 $Best_k = [2,2]$, 取伸缩因子 $\gamma = 1$, 样本数 SE = 5, 则当前最好解经伸缩变换产生的 SE 个候选解 State 为:

```
>> Best=[2,2];
>> SE=5; gamma=1;
>> State = op_expand(Best,SE,gamma)%调用伸缩变换算子
State =
      5.0884    2.1719
     -0.9832    0.5154
     -0.1232    6.7009
      0.7688    3.4962
      1.6152    3.7772
```

4. 轴向搜索变换

$$s_{k+1} = s_k + \delta R_a s_k \tag{4.5}$$

其中 δ 是一个正常数, 称作轴向因子, $R_a \in \mathbb{R}^{n\times n}$ 是一个随机对角稀疏矩阵, 其只在某个随机位置有非零元素, 且该元素服从高斯分布. 轴向搜索具有使 s_k 沿着坐标轴方向搜索的功能, 这样设计的目的是增强算法的单维搜索能力.

程序 4.2.4 用轴向搜索变换算子 (简称轴向搜索算子, 轴向变换算子) 产生 SE 个候选解集的 MATLAB 程序如下所示.

```
% 连续状态转移算法——轴向搜索算子程序op_axes.m
function y = op_axes(Best,SE,delta)
n = length(Best);
A = zeros(n,SE);
index = randi([1,n],1,SE);
```

```
A(n*(0:SE-1)+index) = 1;
y = repmat(Best',1,SE) + delta*normrnd(0,1,n,SE).*A.*repmat
    (Best',1,SE);
y = y';
```

例 4.2.4 假设当前最好解 $Best_k = [2, 2]$, 取旋转因子 $\delta = 1$, 样本数 SE = 5, 则当前最好解经轴向搜索变换产生的 SE 个候选解 State 为:

```
>> Best=[2,2];
>> delta=1; SE=5;
>> State = op_axes(Best,SE,delta) %调用轴向搜索算子
State =
        1.6079      2.0000
        2.5832      2.0000
        5.1754      2.0000
        2.0000      3.6702
        1.5126      2.0000
```

4.2.2 邻域与采样策略

对于一个给定的当前状态 s_k, 考虑到状态转移矩阵的随机性, 产生的候选解 s_{k+1} 是随机的, 并非唯一. 由此不难想象, 当利用其中某种状态变换算子时, 运行一次状态变换将产生一个候选解 (也可以称为样本), 基于 s_k 所产生的全体候选解 (样本) 将自动形成一个 "邻域". 考虑到状态转移矩阵是相互独立的, 当独立运行 SE 次后, 将产生 SE 个不同样本.

例 4.2.5 假设当前最好解 $Best_k = [2, 2]$, 旋转因子 $\alpha = 1$, 利用旋转变换算子期望产生一个以点 (2, 2) 为圆心, 以 1 为半径的 "圆形" 候选解邻域, 其如图 4.3(a) 所示, 其中 "○" 表示候选解, "■" 表示当前最好解. 当独立运行旋转算子 SE = 10 次后, 产生的样本如图 4.3(b) 中所示的 "★".

例 4.2.6 假设当前最好解 $Best_k = [2, 2]$, 平移因子 $\beta = 1$, 历史最好解为 $Best_{k-1} = [1, 1]$, 利用平移变换算子期望产生一个沿着历史最好解 [1, 1] 到当前最好点 [2, 2], 并以当前最好点 [2, 2] 为起点, 最大延伸范围为 1 的线性候选解 "邻域". 独立运行平移算子 SE = 5 次后, 将在邻域中随机产生 5 个候选解样本. 平移变换算子候选解 "邻域" 和样本如图 4.4 所示.

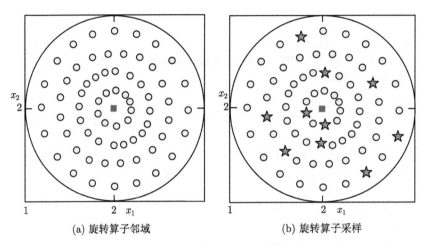

(a) 旋转算子邻域　　　　　　　　　(b) 旋转算子采样

图 4.3　旋转算子邻域与采样

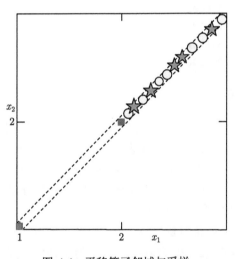

图 4.4　平移算子邻域与采样

　　例 4.2.7　假设当前最好解 $\text{Best}_k = [2,2]$, 利用伸缩变换算子, 期望产生以当前最好解 $[2,2]$ 为中心可拓展至整个二维平面的候选解 "邻域". 独立运行伸缩算子 SE = 10 次后, 将在邻域中产生 10 个候选解样本. 伸缩算子候选解 "邻域" 和样本如图 4.5 所示.

　　例 4.2.8　假设当前最好解 $\text{Best}_k = [2,2]$, 利用轴向搜索算子, 产生一个以当前最好解 $[2,2]$ 为中心沿坐标轴方向的搜索 "邻域", 独立运行 SE = 10 次后产生的 10 个样本. 轴向搜索变换算子候选解 "邻域" 和样本如图 4.6 所示.

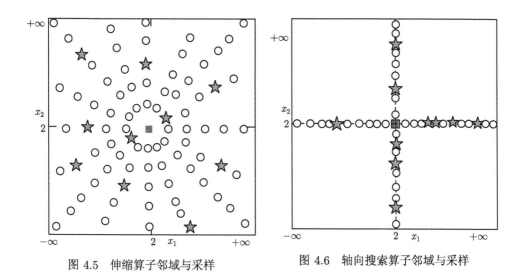

图 4.5 伸缩算子邻域与采样   图 4.6 轴向搜索算子邻域与采样

4.2.3 选择和更新策略

对于一个给定的当前最好解 Best_k, 利用状态变换算子产生邻域, 从邻域中采样形成候选解样本, 选择候选解集中最佳样本并更新形成下一代最好解 Best_{k+1} 的过程可称为状态更新. 在状态转移算法中, 在给定当前最好解的基础上, 对于某种状态变换算子, 利用上述采样策略, 将产生 SE 个候选解集 State, 从该集合中选择最佳解并记为 $\text{newBest} = \arg\min f(\text{State})$, 通过如下的贪婪策略来更新当前最好解:

$$\text{Best}_{k+1} = \begin{cases} \text{newBest}, & f(\text{newBest}) < f(\text{Best}_k), \\ \text{Best}_k, & \text{其他} \end{cases} \tag{4.6}$$

程序 4.2.5 从状态集合 State 中选择最佳解 newBest 的 MATLAB 程序如下所示.

```
%从产生的状态集State中选择最佳解的程序selection.m
function [Best,fBest] = selection(funfcn,State)
SE = size(State,1);
fState = zeros(SE,1);
for i = 1:SE
```

```
fState(i) = feval(funfcn,State(i,:));
end
[fGBest, g] = min(fState);
fBest = fGBest;
Best = State(g,:);
```

例 4.2.9　考虑下面的无约束最优化问题

$$\min \quad f(x_1, x_2) = (x_1 - 1)^2 + (x_2 - 2)^2$$

假设当前最好解 $\text{Best}_k = [2, 2]$, 旋转因子 $\alpha = 1$, 搜索力度 SE $= 5$, 假定通过旋转变换算子产生候选解集 State, 则对应产生 SE 个目标函数值, 并根据以上选择和更新策略进行判断更新. 此次运行产生的候选解集 State 和 $f(\text{State})$ 如表 4.1 所示.

表 4.1　例 4.2.9 旋转变换算子采样结果

		Best_k	1	2	3	4	5
State	x_1	2	1.7983	2.2974	1.5092	2.2866	2.2083
	x_2	2	2.0433	1.9702	1.9916	1.9906	1.9848
$f(\text{State})$		1	0.6392	1.6841	0.2594	1.6554	1.4602

通过旋转变换产生的 5 个候选解中, 其最小目标函数值对应的候选解为 (1.5092, 1.9916), 因此, 从 5 个样本中选择最好解并记为 newBest $= (1.5092, 1.9916)$. 随后, 根据更新策略更新当前最优解. 比较可知 $f(\text{newBest}) < f(\text{Best}_k)$, 因此 $\text{Best}_{k+1} = \text{Best}_k$, 即 $\text{Best}_{k+1} = [1.5092, 1.9916]$.

4.2.4　交替轮换策略与算法流程

基本连续状态转移算法由以上介绍的状态转移算子、采样机制和更新策略组成, 其算法流程如下:

步骤 1: 随机产生一个初始解, 设置算法参数 $\alpha = \alpha_{\max} = 1, \alpha_{\min} = 1\text{e-}4, \beta = 1, \gamma = 1, \delta = 1, \text{fc} = 2, \text{SE}, \text{Maxiter}, \diamondsuit k = 0$;

步骤 2: 基于当前最好解, 利用伸缩算子产生 SE 个样本, 并利用选择和更新策略更新当前最好解, 如果当前最好解有变动, 执行平移变换操作并以同样的机制更新当前最好解;

步骤 3: 基于当前最好解, 利用旋转算子产生 SE 个样本, 并利用选择和更新策略更新当前最好解, 如果当前最好解有变动, 执行平移变换操作并以同样的更新策略更新当前最好解;

步骤 4: 基于当前最好解, 利用轴向搜索算子产生 SE 个样本, 并利用选择和更新策略更新当前最好解, 如果当前最好解有变动, 执行平移变换操作并以同样的更新策略更新当前最好解;

步骤 5: 置 $k = k + 1$, 如果 $\alpha < \alpha_{\min}$, 置 $\alpha = \alpha_{\max}$, 否则置 $\alpha = \alpha/\mathrm{fc}$, 然后重返步骤 2 直到终止条件满足, 即 $k > \mathrm{Maxiter}$.

基本连续状态转移算法的流程如图 4.7 所示, 其中图 4.8 展示了旋转变换操作的流程。

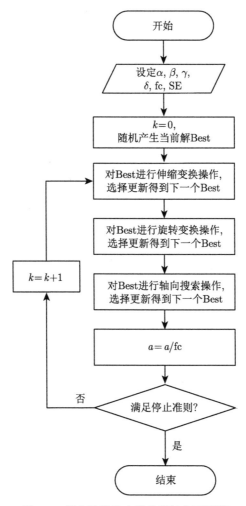

图 4.7 基本连续状态转移算法主要流程

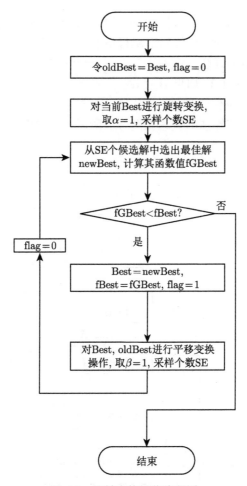

图 4.8 旋转变换操作流程图

程序 4.2.6 基本连续状态转移算法的 MATLAB 程序如下.

```
% 基本连续状态转移算法 STA.m
function [Best,fBest,history]=STA(funfcn,Best,SE,Range,Iterations)
% parameters
alpha_max = 1;alpha_min = 1e-4;alpha = alpha_max;beta = 1;
    gamma = 1;delta = 1;fc = 2;
```

```
% initialization
fBest = feval(funfcn,Best); history = zeros(Iterations,1);
% iterations
foriter = 1:Iterations
if alpha <alpha_min   %使alpha保持在参数范围内
     alpha = alpha_max;
end
  [Best,fBest]=expand(funfcn,Best,fBest,SE,Range,beta,gamma);
     %伸缩变换操作
  [Best,fBest]=rotate(funfcn,Best,fBest,SE,Range,alpha,beta);
     %旋转变换操作
  [Best,fBest]=axesion(funfcn,Best,fBest,SE,Range,beta,delta);
     %轴向搜索操作
  history(iter) = fBest;         %保存每次迭代的历史最优值
  alpha = alpha/fc;
end
```

程序 4.2.7 基本连续状态转移算法 MATLAB 程序中的旋转变换操作具体实现如下, 其他两种变换操作的实现稍做改变即可.

```
% 连续状态转移算法——旋转变换算法rotate.m
function [Best,fBest] = rotate(funfcn,Best,fBest,SE,Range,
   alpha,beta)  %旋转变换
%function [Best,fBest] = axesion(funfcn,Best,fBest,SE,Range,
   beta,delta) %轴向搜索
%function [Best,fBest] = expand(funfcn,Best,fBest,SE,Range,
   beta,gamma)  %伸缩变换
Pop_Lb=repmat(Range(1,:),SE,1);
Pop_Ub=repmat(Range(2,:),SE,1);
oldBest = Best;
flag = 0;
State = op_rotate(Best,SE,alpha);    %旋转变换算子
%State = op_axes(Best,SE,delta);     %轴向搜索变换算子
%State = op_expand(Best,SE,gamma);   %伸缩变换算子
```

```
%Apply  for State >Pop_Ub or State <Pop_Lb %使最优解保持在可行解域
changeRows = State >Pop_Ub;
State(find(changeRows)) = Pop_Ub(find(changeRows));
changeRows = State <Pop_Lb;
State(find(changeRows)) = Pop_Lb(find(changeRows));
%Apply  for State >Pop_Ub or State <Pop_Lb
[newBest,fGBest] = selection(funfcn,State);
If fGBest<fBest  %判断更新
    fBest = fGBest;
   Best = newBest;
   flag = 1;    %flag置1，标志当前最好解有变动
else
   flag = 0;
end
If flag ==1  %当前最好解有变动，则执行平移变换算子
   State = op_translate(oldBest,Best,SE,beta); %平移变换算子
% Apply  for State >Pop_Ub or State <Pop_Lb
changeRows = State >Pop_Ub;
  State(find(changeRows)) = Pop_Ub(find(changeRows));
changeRows = State <Pop_Lb;
  State(find(changeRows)) = Pop_Lb(find(changeRows));
% Apply  for State >Pop_Ub or State <Pop_Lb
  [newBest,fGBest] = selection(funfcn,State);
    If fGBest<fBest
         fBest = fGBest;
         Best = newBest;
end
end
```

例 4.2.10　利用基本连续状态转移算法求 Rastrigin 函数的最小值

$$\min \quad f_{\text{Rastrigin}} = \sum_{i=1}^{10} (x_i^2 - 10\cos(2\pi x_i) + 10), \quad x_i \in [-5.12, 5.12]$$

设定状态转移算法参数：搜索力度为 30，问题维数为 10，最大迭代次数为 1000，解的上下界范围为 $[-5.12, 5.12]$. 并在该范围内随机产生初始点，运行程序，得到结果如下 (迭代曲线见图 4.9).

```
Elapsed time is 0.752640 seconds.
xmin =
    1.0e-008*
    0.0367 -0.0075 -0.0605 -0.0516 -0.1154 0.0125 -0.0004 0.0097 -0.1012
       0.0066
fxmin =
    0
```

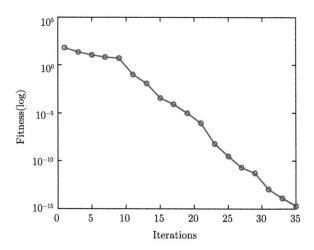

图 4.9 基本连续状态转移算法优化 Rastrigin 函数迭代曲线图

程序 4.2.8 利用基本连续状态转移算法求解 10 维 Rastrigin 函数最小值的 MATLAB 程序如下.

```
% 基本连续状态转移算法测试算法Test.m
clear; clc
format short
SE =  30; %搜索力度
Dim = 10; %问题维数
Iterations = 1e3; %最大迭代次数
Range = repmat([-5.12;5.12],1,Dim); %搜索范围
Best = Range(1,:) + (Range(2,:) - Range(1,:)).*rand(1,Dim);
    %随机产生初始解
tic
```

```
[xmin,fxmin,history]=STA(@Rastrigin,Best,SE,Range,Iterations);
    %调用STA.m
toc
xmin
fxmin
x = 1:Iterations;
semilogy(x(1:2:end), history(1:2:end), 'b-o', 'LineWidth', 3)
xlabel('Iterations');
ylabel('Fitness(log)');
```

4.2.5　连续状态转移算法的性质

与大多数最优化算法类似, 连续状态转移算法是一种基于数值迭代的最优化算法, 在给定当前最优解的基础上, 它首先通过状态变换算子产生候选解, 再通过选择和更新策略得到下一代最优解. 然而, 与大多数最优化算法不同的是: ① 状态变换算子可以产生具有可控几何形状和大小的邻域, 容易实现有规则采样并得到特征样本; ② 伸缩算子可以依概率在整个空间进行搜索; ③ 旋转算子可以保证找到满足一定精度的最优解; ④ 平移算子和轴向搜索算子能够启发式地产生具有潜在价值的候选解; ⑤ 交替地使用各种算子可以实现一定程度上的信息共享, 有利于信息集成从而加快搜索. 总之, 状态转移算法的特点可以概括为五条性质, 包括全局性、最优性、收敛性、快速性和可控性. 简而言之, 连续状态转移算法是一种能依概率快速收敛到全局最优并可控的智能优化算法.

为了从宏观上阐述连续状态转移算法的性质, 我们引入以下两个假设, 证明由状态转移算法产生的序列依概率收敛到全局最优解.

假设 1　待求解最优化问题的全局最优解是存在的, 即 $f(x)$ 有下界.

假设 2　在全局搜索算子作用下, 基于任意当前解产生的邻域中包含全局最优解, 即

$$P(x^* \in N_{\tilde{x}}|\tilde{x}) > 0$$

式中 $\tilde{x}$ 为任意解, x^* 为全局最优解, $N_{\tilde{x}}$ 为在全局搜索算子作用下以 $\tilde{x}$ 为基产生的邻域.

定理 4.2.1　在假设 1, 2 和更新策略 $f(\text{Best}_{k+1}) \leqslant f(\text{Best}_k)$ 及随机均匀采样机制下, 由状态转移算法产生的序列 $\{\text{Best}_k\}_{k=0}^{\infty}$ 依概率收敛到全局最优解.

证明　首先, 容易理解随机过程 $\{\text{Best}_k : k \geqslant 0\}$ 为马尔可夫链. 设定 N_{x^*}, $\bar{N}_{x^*}$ 分别为包含全局最优解的集合及其补集, 由假设 1, 2, 更新策略及随机均匀

采样机制, 有

$$P\left(\text{Best}_{k+1} \in N_{x^*} \mid \text{Best}_k \in N_{x^*}\right) = 1$$
$$P\left(\text{Best}_{k+1} \in \bar{N}_{x^*} \mid \text{Best}_k \in N_{x^*}\right) = 0$$
$$P\left(\text{Best}_{k+1} \in N_{x^*} \mid \text{Best}_k \in \bar{N}_{x^*}\right) = c(k)$$
$$P\left(\text{Best}_{k+1} \in \bar{N}_{x^*} \mid \text{Best}_k \in \bar{N}_{x^*}\right) = 1 - c(k)$$

其中 $c(k) \in (c_{\min}, c_{\max}) \subset (0, 1)$, 表示从其他状态转移到全局最优状态的概率. 从而可得到第 n 步状态转移概率矩阵为

$$P(n) = \begin{bmatrix} 1 & 0 \\ 1 - \prod\limits_{k=1}^{n}(1 - c(k)) & \prod\limits_{k=1}^{n}(1 - c(k)) \end{bmatrix}$$

当 $n \to \infty$ 时, 考虑到 $0 = \prod\limits_{k=1}^{\infty}(1 - c_{\max}) \leqslant \prod\limits_{k=1}^{\infty}(1 - c(k)) \leqslant \prod\limits_{k=1}^{\infty}(1 - c_{\min}) = 0$, 我们有 $\prod\limits_{k=1}^{\infty}(1 - c(k)) = 0$, 从而 $\lim\limits_{n\to\infty} P(n) = \begin{bmatrix} 1 & 0 \\ 1 & 0 \end{bmatrix}$.

由以上极限分布可知, $\lim\limits_{k\to\infty} P\left(\text{Best}_k \in N_{x^*}\right) = 1$, 证毕.

接下来, 对连续状态转移算法的五条性质进行一一阐述.

1. 全局性

全局性是指连续状态转移算法具有在整个空间进行搜索的能力, 这主要是通过设计的伸缩变换算子来保证, $s_{k+1} = s_k + \gamma R_e s_k$, 由于 $R_e = \text{diag}\{R_{e1}, \cdots, R_{en}\}$ 为对角矩阵, 其中的每个元素 $R_{e1}, \cdots, R_{en}$ 服从高斯分布, 取值范围为 $(-\infty, +\infty)$, 另外 $\gamma > 0$, 只要 $s_k \neq 0$, 从概率意义上可以将 s_k 拉伸至整个空间.

2. 最优性

对于最优化算法而言, 最优性是指在迭代过程中当前迭代点目标函数值不差于其邻域内任何其他点的目标函数值.

定理 4.2.2 当采样样本足够大时, 设置适当的停机准则, 连续状态转移算法产生的候选解可以收敛至一定精度的最优解.

证明 连续状态转移算法的最优性由旋转算子保证, 当旋转因子 α 足够小时, 当前的最好解 Best 满足如下局部最优性

$$f(\text{Best}) \leqslant f(x), \quad \forall x \in \Omega = \{x \in \mathbb{R}^n \mid \|x - \text{Best}\| \leqslant \alpha_{\min}\} \tag{4.7}$$

从上式可以看出, 当旋转因子的最小取值 $\alpha_{\min}$ 足够小, 采样样本足够大时, 若基于当前最优解 Best, 通过旋转变换产生的所有候选解都不比当前解更好时, 令算法终止, 则当前最优解满足最优性的数学定义. 证毕.

3. 收敛性

考虑无约束最优化问题, 记状态转移算法产生的当前最优解函数值序列为 $\{f(\text{Best}_k)\}$.

定理 4.2.3   假设无约束最优化问题的全局最优解存在 (或者说目标函数值有下界), 则连续状态转移算法产生的当前最优解函数值序列 $\{f(\text{Best}_k)\}$ 收敛的.

证明   考虑到连续状态转移算法采用贪婪准则来选择和更新当前最优解, 满足

$$f(\text{Best}_{k+1}) \leqslant f(\text{Best}_k)$$

即 $\{f(\text{Best}_k)\}$ 是一个单调递减序列, 又由于最优化问题的全局最优解存在 (或者说目标函数值有下界), 由单调收敛定理可知, 单调递减有下界的序列必收敛, 所以说连续状态转移算法产生的当前最优解函数值序列 $\{f(\text{Best}_k)\}$ 收敛. 证毕.

4. 快速性

连续状态转移算法的快速性可以从三个角度来进行阐述. 第一, 基于给定当前最优解, 通过状态变换算子产生的所有候选解形成的邻域具有规则几何形状和大小, 容易实现在邻域中进行规则采样得到典型特征样本, 避免穷举, 从而可以节省搜索时间; 第二, 平移算子是一种启发式搜索算子, 基于历史最优解和当前最优解, 容易产生具有潜在价值的候选解; 第三, 交替轮换使用各种状态变换算子, 可以实现一定程度上的信息共享, 有利于信息集成从而加快搜索.

例 4.2.11   下面通过简单的一维函数优化, 阐述连续状态转移算法具有快速性的原理.

如图 4.10 所示, 假定历史最优解在 a 点, 若采用持续使用某种状态变换算子直到找不到更好解时再更换算子的策略进行搜索, 比如此时采用旋转算子, 由于旋转算子是局部搜索算子, 运行一次旋转变换操作后, 将得到 b, 以此类推, 则搜索路径将会是 $a \to b \to c \to d \to e$, 将造成搜索进程缓慢且有较大可能陷入局部最优的风险. 而采用交替轮换策略后, 比如使用旋转算子操作后再使用伸缩算子或轴向搜索算子, 则搜索路径将会是 $a \to b \to c' \to d' \to e'$, 可以看出搜索速率大大加快, 且陷入局部最优的可能性减小.

5. 可控性

在连续状态转移算法中, 对状态变换因子的调整可以控制搜索空间邻域的大小. 对于旋转变换算子来讲, 有 $\|s_{k+1} - s_k\| \leqslant \alpha$, 增大旋转因子 α, 候选解集形成的超球体邻域的半径也随之增大. 对平移变换算子而言, 有 $\|s_{k+1} - s_k\| \leqslant \beta$, 改变平移因子, 候选解集形成的直线的长度也成比例改变. 对于伸缩变换算子, 尽管从概率上都能够将当前解拉伸至整个空间, 但取不同的伸缩因子, 拉伸形成的

空间邻域的大小也是与伸缩因子 γ 密切相关的, 通过均值与方差的方式影响拉伸形成邻域候选解的分布与密集程度. 轴向搜索变换中轴向因子 δ 对产生邻域内候选解的分布与密集程度的影响跟伸缩变换类似, 只不过是发生在某一个固定的维度. 下面以旋转变换算子和轴向搜索算子为例对连续状态转移算法的可控性进行阐述.

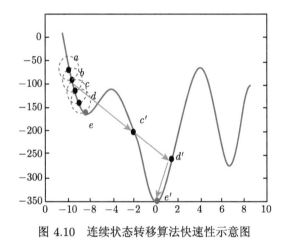

图 4.10 连续状态转移算法快速性示意图

例 4.2.12 假设当前最优解 $\text{Best}_k = [1, 1]$, 令 SE = 1e3, 取 $\alpha = 1$ 和 $\alpha = 2$ 两种情况, 利用旋转变换操作产生的候选解集分别用 "." 和 "." 黑点表示, 由图 4.11 容易看出, 调整旋转因子, 可以控制产生候选解集形成的 "圆形" 邻域大小.

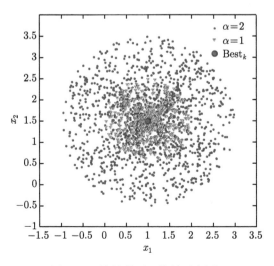

图 4.11 旋转算子可控性示意图

例 4.2.13 假设当前最优解 $\mathrm{Best}_k = [1, 1, 1]$, 令 $\mathrm{SE} = 1\mathrm{e}3$, 取 $\delta = 1$ 和 $\delta = 2$ 两种情况, 利用轴向搜索算子操作产生的候选解集也分别用 "·" 和 "▾" 黑点表示, 由图 4.12 容易看出, 调整轴向因子, 可以控制产生候选解集形成的 "米字形" 邻域大小.

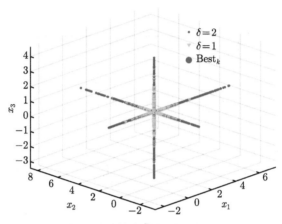

图 4.12 轴向搜索算子可控性示意图

4.3 连续状态转移算法的参数设置与提升

在基本的状态转移算法中, 有四种状态变换算子, 涉及四个关键参数, 即旋转因子 α、平移因子 β、伸缩因子 γ、轴向因子 δ, 这四个因子的选取将直接影响状态转移算法的全局搜索能力、局部搜索能力、快速性等性能. 为了更好地提升基本状态转移算法的性能, 本节对状态转移算法的关键参数进行研究, 发现了状态转移算法参数对其性能影响的一般规律, 分别提出了一种动态连续状态转移算法和一种最佳参数选择的连续状态转移算法.

4.3.1 动态连续状态转移算法

在基本的连续状态转移算法中, 旋转因子 α 是周期性变化的, 从一个最大值 $\alpha_{\max}$ 指数递减到一个最小值 $\alpha_{\min}$, 其他的状态变换因子 β, γ, δ 均固定为 1. 为了更好地提升基本状态转移算法的局部与全局搜索能力, 在动态连续状态转移算法中做了几大改进, 下面一一介绍.

1. 快速旋转变换

快速旋转变换的具体实现如下

$$s_{k+1} = s_k + \alpha \hat{R}_r \frac{u}{\|u\|_2} \tag{4.8}$$

其中 $\hat{R}_r \in \mathbb{R}$ 是一个服从 $[-1,1]$ 上均匀分布的随机变量; $u \in \mathbb{R}^n$ 是一个随机向量, 其每个元素服从 $[-1,1]$ 上的均匀分布. 容易验证 $\|s_{k+1} - s_k\| \leqslant \alpha$, 这说明快速旋转变换同样具有在以 s_k 为中心, α 为半径的超球体内进行搜索的功能.

程序 4.3.1 用快速旋转算子产生 SE 个候选解集的 MATLAB 程序如下所示.

```
% 连续状态转移算法——快速旋转算子程序op_rotate.m
function y=op_rotate(Best,SE,alpha)
n = length(Best);
u = 2*rand(SE,n)-1;
R = 2*rand(SE,1)-1;
y = repmat(Best,SE,1) + alpha*repmat(R,1,n).*u./repmat
    (sqrt(sum(u.*u,2)),1,n);
```

例 4.3.1 假设当前最好解 $\mathrm{Best}_k = [2,2]$, 取旋转因子 $\alpha = 1$, 搜索力度 SE = 1e4, 则通过基本旋转变换和快速旋转变换得到的候选解集合如图 4.13 所示.

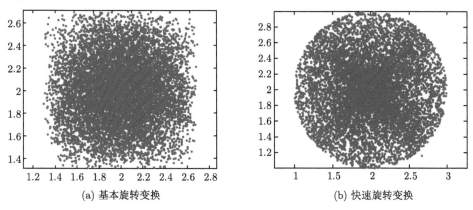

(a) 基本旋转变换   (b) 快速旋转变换

图 4.13 基本旋转变换和快速旋转变换效果示意图

例 4.3.2 假设当前最好解 $\mathrm{Best}_k = [2, \cdots, 2]$, 维度为 n, 取旋转因子 $\alpha = 1$, 搜索力度 SE = 1e4, 则运行基本旋转变换和快速旋转变换所耗时间如图 4.14 所示.

2. 局部和全局搜索能力提升

一方面, 为了提高基本连续状态转移算法的局部搜索能力, 动态连续状态转移算法将所有的状态变换因子从一个最大值按指数衰减到一个最小值. 另一方面, 为了提高其全局搜索能力, 我们在该算法中提出了 "冒险与恢复" 策略, 即在每个状态变换操作内部对每个状态变换操作以一定的概率接受一个较差解, 在循环外部则以一定的概率恢复历史最好解. 综上所述, 动态连续状态转移算法 (dynamic state transition algorithm, DaSTA) 的伪代码如下.

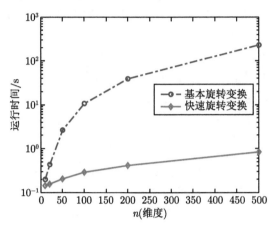

图 4.14　基本旋转变换和快速旋转变换运行时间对比图

算法 4.3.1　动态连续状态转移算法

1. **procedure** DaSTA(funfcn,Best0, α, β, γ, δ)
2.   **repeat**
3.   **if** $\alpha(\beta, \gamma, \delta) < \alpha_{\min}(\beta_{\min}, \gamma_{\min}, \delta_{\min})$
4. $\alpha(\beta, \gamma, \delta) \leftarrow \alpha_{\max}(\beta_{\max}, \gamma_{\max}, \delta_{\max})$
5.   **endif**
6.   [Best, fBest] $\leftarrow$ expansion(funfcn,Best,fBest,SE, β, γ)
7.   [Best, fBest] $\leftarrow$ rotation(funfcn,Best,fBest,SE, α, β)
8.   [Best, fBest] $\leftarrow$ axesion(funfcn, Best, fBest, SE, β, δ)
9.   **if** fBest < fBest*
10.   Best* $\leftarrow$ Best
11.   fBest* $\leftarrow$ fBest
12.   **endif**
13.   **if** rand < p_{rest}
14.   Best $\leftarrow$ Best*
15.   fBest $\leftarrow$ fBest*
16.   **endif**
17. $\alpha(\beta, \gamma, \delta) \leftarrow \alpha(\beta, \gamma, \delta)/\text{fc}$
18.   **until** 满足终止条件
19.   **endprocedure**

其中旋转操作 rotation 函数的具体实现伪代码见子程序 4.3.1. 可以看出, 在动态状态转移算法中, 所有状态变换算子的参数都周期性地从一个最大值按指数衰减到一个最小值. 在每个状态变换操作内部, 以一定的概率接受一个较差解, 而在外循环中, 保留了历史最优解 Best*, 且以一定的概率恢复该历史最优解, 这既能使算法有效地跳出局部最优解, 又保证了整个算法的全局收敛性.

子程序 4.3.1 旋转操作 (rotation)

```
1.     function [Best,fBest] = rotation(funfcn, Best, fBest, SE, α, β)
2.        oldBest ← Best
3.        State ← op_rotate(Best, SE, α)
4.        [newBest, fnewBest] ← selection(funfcn, State)
5.        if fnewBest < fBest
6.           Best ← newBest
7.           fBest ← fnewBest
8.           State ← op_translate(oldBest, newBest,SE, β)
9.           [newBest, fnewBest] ← selection(funfcn, State)
10.          if fnewBest < fBest
11.             Best ← newBest
12.             fBest ← fnewBest
13.          endif
14.       else
15.          if rand < p_risk
16.             Best ← newBest
17.             fBest ← fnewBest
18.          endif
19.       endif
20.    endfunction
```

---

3. 冒险与恢复概率

在动态连续状态转移算法中, 冒险与恢复概率的选择是很重要的, 为此, 我们研究了冒险与恢复概率取值的不同组合. 将冒险与恢复概率分别取 0.1, 0.3, 0.5, 0.7, 0.9, 得到了 25 种不同的组合结果. 通过对几个典型测试函数的统计分析, 从表 4.2 可以发现, 当 $(p_{rest}, p_{risk}) = (0.1, 0.9)$ 和 $(0.3, 0.9)$ 组合时, 除了 Rosenbrock 函数, 动态连续状态转移算法的性能欠佳外, 在其他函数的性能上与基本状态转移算法持平. 进一步地, 可以发现, 当 $(p_{rest}, p_{risk}) = (0.9, 0.1)$, $(0.9, 0.3)$ 或 $(0.9, 0.7)$ 时是较好的组合, 此时的动态状态转移算法在所有的测试函数上比基本状态转移算法的性能要好.

表 4.2　DaSTA 的参数分析 (维度 = 100, 迭代次数 = 10000)

函数	p_{rest}	p_{risk}				
		0.1	0.3	0.5	0.7	0.9
Spherical	0.1	$0 \pm 0 \approx$ [a]	$0 \pm 0 \approx$	$0 \pm 0 \approx$	$0 \pm 0 \approx$	1.6231e−15 ± 5.1263e−15 −
	0.3	$0 \pm 0 \approx$	$0 \pm 0 \approx$	$0 \pm 0 \approx$	$0 \pm 0 \approx$	$0 \pm 0 \approx$
	0.5	$0 \pm 0 \approx$	$0 \pm 0 \approx$	$0 \pm 0 \approx$	$0 \pm 0 \approx$	$0 \pm 0 \approx$
	0.7	$0 \pm 0 \approx$	$0 \pm 0 \approx$	$0 \pm 0 \approx$	$0 \pm 0 \approx$	$0 \pm 0 \approx$
	0.9	$0 \pm 0 \approx$	$0 \pm 0 \approx$	$0 \pm 0 \approx$	$0 \pm 0 \approx$	$0 \pm 0 \approx$
Rastrigin	0.1	$0 \pm 0 \approx$	$0 \pm 0 \approx$	$0 \pm 0 \approx$	$0 \pm 0 \approx$	3.3651e−12 ± 6.5316e−12 −
	0.3	$0 \pm 0 \approx$	$0 \pm 0 \approx$	$0 \pm 0 \approx$	$0 \pm 0 \approx$	5.6843e−15 ± 2.5421e−14 −
	0.5	$0 \pm 0 \approx$	$0 \pm 0 \approx$	$0 \pm 0 \approx$	$0 \pm 0 \approx$	$0 \pm 0 \approx$
	0.7	$0 \pm 0 \approx$	$0 \pm 0 \approx$	$0 \pm 0 \approx$	$0 \pm 0 \approx$	1.1369e−14 ± 5.0842e−14 −
	0.9	$0 \pm 0 \approx$	$0 \pm 0 \approx$	$0 \pm 0 \approx$	$0 \pm 0 \approx$	5.4956e−16 ± 1.3119e−15 −
Griewank	0.1	$0 \pm 0 \approx$	$0 \pm 0 \approx$	$0 \pm 0 \approx$	$0 \pm 0 \approx$	$0 \pm 0 \approx$
	0.3	$0 \pm 0 \approx$	$0 \pm 0 \approx$	$0 \pm 0 \approx$	$0 \pm 0 \approx$	$0 \pm 0 \approx$
	0.5	$0 \pm 0 \approx$	$0 \pm 0 \approx$	$0 \pm 0 \approx$	$0 \pm 0 \approx$	$0 \pm 0 \approx$
	0.7	$0 \pm 0 \approx$	$0 \pm 0 \approx$	$0 \pm 0 \approx$	$0 \pm 0 \approx$	$0 \pm 0 \approx$
	0.9	$0 \pm 0 \approx$	$0 \pm 0 \approx$	$0 \pm 0 \approx$	$0 \pm 0 \approx$	$0 \pm 0 \approx$
Rosenbrock	0.1	34.9246 ± 48.8835 −	80.9344 ± 29.7257 −	83.5215 ± 19.7759 −	87.8305 ± 0.3616 −	88.0899 ± 0.2990 −
	0.3	6.7223 ± 16.3449 ≈	32.5569 ± 45.5968 −	94.9096 ± 43.6650 −	111.6 440 ± 56.4694 −	106.1008 ± 49.9611 −
	0.5	6.2421 ± 17.60 02 ≈	2.1033 ± 2.6610 +	28.3665 ± 54.6751 −	95.1745 ± 73.8811 −	91.6837 ± 77.8627 −
	0.7	6.7115 ± 15.0144 ≈	16.8595 ± 34.9808 −	16.2994 ± 36.4491 −	24.7477 ± 35.8102 −	20.8548 ± 51.9346 −
	0.9	**3.1765 ± 3.0737** +	6.0835 ± 18.3434 ≈	**6.2828 ± 18.1138** ≈	**1.7381 ± 2.1587** +	31.9860 ± 61.3152 −
Ackley	0.1	−8.8818e−16 ± 0 ≈ [b]	−8.8818e−16 ± 0 ≈	−8.8818e−16 ± 0 ≈	−8.8818e−16 ± 0 ≈	2.8025e−9 ± 4.4539e−9 −
	0.3	−8.8818e−16 ± 0 ≈	−8.8818e−16 ± 0 ≈	−8.8818e−16 ± 0 ≈	−8.8818e−16 ± 0 ≈	−8.8818e−16 ± 0 ≈
	0.5	−8.8818e−16 ± 0 ≈	−8.8818e−16 ± 0 ≈	−8.8818e−16 ± 0 ≈	−8.8818e−16 ± 0 ≈	−8.8818e−16 ± 0 ≈
	0.7	−8.8818e−16 ± 0 ≈	−8.8818e−16 ± 0 ≈	−8.8818e−16 ± 0 ≈	−8.8818e−16 ± 0 ≈	−8.8818e−16 ± 0 ≈
	0.9	−8.8818e−16 ± 0 ≈	−8.8818e−16 ± 0 ≈	−8.8818e−16 ± 0 ≈	−8.8818e−16 ± 0 ≈	−8.8818e−16 ± 0 ≈

Method	f_1	f_2	f_3	f_4	f_5
STA	0 ± 0 [b]	0 ± 0	0 ± 0	6.7952 ± 7.2544	−8.8818e−16 ± 0

a. +、− 和 ≈ 分别表示在 Wilcoxon 秩和检验下对应算法的性能比基本 STA 的要好、要差、差不多;
b. ± 表示 "均值 ± 标准差". 其余表中同.

4. 混合智能优化

一般来讲, 智能优化算法的全局搜索能力较好, 局部搜索能力不足, 且通常收敛速率较慢. 而基于梯度的优化算法局部搜索能力好且通常收敛速率快, 为此, 我们提出基于状态转移算法的混合智能优化算法. 为了充分发挥两者的优势, 在运行完状态转移算法的智能优化算法后, 可以再运行一次基于梯度的局部优化算法, 以增强算法的局部搜索能力和提高解的精度. 表 4.3 展示了后期采用梯度搜索后算法的性能分析, 可以发现的是更多的 (p_{rest}, p_{risk}) 组合在后期使用梯度算法能找到全局最优解. 需要说明的是, 对于结合梯度搜索的混合智能优化算法, 其中存在的一个核心问题就是何时停止使用全局搜索而换成局部搜索. 一个可行的策略是在运行状态转移算法时, 当目标函数值停止下降或者下降缓慢的时候, 换作基于梯度的局部搜索, 这样可以从较大概率上保证状态转移算法运行到全局最优解所在的邻域, 避免继续使用状态转移算法而浪费过多的搜索时间, 从而提高算法的运行效率.

4.3.2 参数最优连续状态转移算法

上面介绍的动态状态转移算法中, 所有的状态变换因子都周期性地从一个最大值按指数衰减到一个最小值, 这种方式在搜索后期对加快局部搜索有一定的帮助, 但整体上带有一定的盲目性. 为了更有效地选择合适的状态变换因子值, 本小节提出一种参数最优的连续状态转移算法, 即在一个给定的参数集合中选择一个最佳的参数值, 然后维持该参数值运行一段时间, 使状态转移算法能够最大限度地发挥某个状态变换算子的功能.

1. 性能指标定义

基本的状态转移算法是基于个体的搜索算法, 给定当前迭代点, 在某种状态变换算子作用下会形成一个候选解的邻域. 为了更好地描述各种状态变换算子的功能, 定义如下一步性能指标对状态变换算子的功能进行度量.

定义 4.3.1 一步成功率 设当前的迭代点为 $Best_0$, 某种状态变换算子的一步成功率定义为

$$\rho_s = \frac{N_s}{N_{total}} \tag{4.9}$$

其中 N_{total} 为基于当前迭代点 $Best_0$, 重复执行该状态变换算子得到的总样本个数; N_s 为所有样本中目标函数值比当前迭代点 $Best_0$ 的函数值更好的样本个数.

定义 4.3.2 一步下降率 设当前的迭代点为 $Best_0$, 某种状态变换算子的一步下降率定义为

$$\rho_d = \frac{|mf - fBest_0|}{fBest_0} \tag{4.10}$$

表 4.3　混合智能 DaSTA 的性能分析 (维度 = 100, 迭代次数 = 10000)

算法	p_{rest}	p_{risk}				
		0.1	0.3	0.5	0.7	0.9
DaSTA	0.1	21.1587±36.1116−	53.1184±29.5350−	63.3643±20.1991−	70.5142±1.3252−	70.2448±1.0381−
	0.3	0.0204±0.0912 ≈	7.5377±22.0972−	42.4304±38.3322−	50.5568±42.2048−	60.5727±31.6022−
	0.5	0.2802±1.2511−	**4.0550e−4±0.0018+**	5.7047±17.5013−	51.1806±54.7261−	47.0276±46.6980−
	0.7	**5.7870e−4±0.0026+**	**2.6333e−6±8.7040e−6+**	**9.7799e−4±0.0044+**	10.3570± 25.3780−	10.3748±25.3956−
	0.9	0.0013±0.0057 ≈	**5.7115e−5± 2.5542e−4+**	0.0920±0.4115 ≈	**9.3007e−10±1.4912e−9+**	4.2359±16.8367−
STA	0.0806±0.2253					

其中 $fBest_0$ 为当前迭代点的函数值; mf 为基于当前迭代点 $Best_0$, 重复执行该状态变换算子得到的所有样本目标函数值的平均.

2. 统计结果及分析

本实验中, 我们设置了五组不同的当前迭代点 $Best_0$, 在给定当前迭代点的基础上, 针对不同的状态变换因子 $\alpha, \beta, \gamma, \delta$, 独立重复执行旋转、伸缩、轴向搜索三种状态变换算子 100 万次, 得到的统计性能结果如表 4.4—表 4.6, 以及图 4.15—图 4.17 所示.

对这些图表的统计结果进行分析, 可以发现如下的定性结论:

(1) 当状态变换因子小于某个阈值时, 下降率呈现递减的趋势;

(2) 当状态变换因子小于某个阈值时, 成功率基本保持在 50% 左右;

(3) 当状态变换因子较大且当前解接近最优解时, 成功率较低.

表 4.4 旋转变换的成功率和下降率统计结果 (Spherical 问题)

$Best_0$	Index	$\alpha = 1$	$\alpha = 0.1$	$\alpha = 0.01$	$\alpha = 1e\text{-}3$	$\alpha = 1e\text{-}4$	$\alpha = 1e\text{-}5$	$\alpha = 1e\text{-}6$	$\alpha = 1e\text{-}7$	$\alpha = 1e\text{-}8$
(0.01, 0.01)	ρ_s	0.0012	0.0919	0.4550	0.4953	0.5002	0.5000	0.4991	0.5001	0.4999
	ρ_d	5.0448e-1	5.0347e-1	2.7785e-1	3.2465e-2	3.2970e-3	3.2960e-4	3.2990e-5	3.2923e-6	3.3056e-7
(0.1, 0.1)	ρ_s	0.0921	0.4555	0.4956	0.4990	0.4996	0.4993	0.4996	0.5001	0.5012
	ρ_d	5.0313e-1	2.7801e-1	3.2470e-2	3.2949e-3	3.3048e-4	3.3026e-5	3.2996e-6	3.2944e-7	3.2962e-8
(0.5, 0.5)	ρ_s	0.4144	0.4899	0.4992	0.5000	0.4999	0.5006	0.4989	0.5008	0.5003
	ρ_d	4.4908e-1	6.3938e-2	6.5821e-3	6.5914e-4	6.5918e-5	6.6006e-6	6.5986e-7	6.5950e-8	6.6128e-9
(0.9, 0.9)	ρ_s	0.4498	0.4947	0.4994	0.5002	0.5000	0.4994	0.4995	0.4996	0.4989
	ρ_d	3.0238e-1	3.6061e-2	3.6623e-3	3.6555e-4	3.6682e-5	3.6639e-6	3.6656e-7	3.6734e-8	3.6637e-9
(0.99, 0.99)	ρ_s	0.4543	0.4955	0.4986	0.5000	0.4995	0.4999	0.5001	0.5008	0.4999
	ρ_d	2.7968e-1	3.2731e-2	3.3249e-3	3.3378e-4	3.3307e-5	3.3289e-6	3.3337e-7	3.3349e-8	3.3323e-9

表 4.5 伸缩变换的成功率和下降率统计结果 (Spherical 问题)

$Best_0$	Index	$\gamma = 1$	$\gamma = 0.1$	$\gamma = 0.01$	$\gamma = 1e\text{-}3$	$\gamma = 1e\text{-}4$	$\gamma = 1e\text{-}5$	$\gamma = 1e\text{-}6$	$\gamma = 1e\text{-}7$	$\gamma = 1e\text{-}8$
(0.01, 0.01)	ρ_s	0.3453	0.4855	0.4986	0.5002	0.4998	0.5011	0.5007	0.5002	0.4990
	ρ_d	5.1464e-1	1.0601e-1	1.1211e-2	1.1296e-3	1.1263e-4	1.1283e-5	1.1287e-6	1.1298e-7	1.1285e-8
(0.1, 0.1)	ρ_s	0.3452	0.4859	0.4985	0.5005	0.4997	0.4992	0.4999	0.4989	0.4997
	ρ_d	5.1359e-1	1.0594e-1	1.1216e-2	1.1277e-3	1.1271e-4	1.1303e-5	1.1278e-6	1.1285e-7	1.1300e-8
(0.5, 0.5)	ρ_s	0.3457	0.4863	0.4992	0.4991	0.5002	0.5010	0.5004	0.5010	0.5003
	ρ_d	5.1474e-1	1.0583e-1	1.1230e-2	1.1271e-3	1.1308e-4	1.1292e-5	1.1279e-6	1.1281e-7	1.1305e-8
(0.9, 0.9)	ρ_s	0.3463	0.4860	0.4986	0.5006	0.5004	0.4999	0.4988	0.4991	0.5002
	ρ_d	5.1489e-1	1.0607e-1	1.1199e-2	1.1303e-3	1.1291e-4	1.1268e-5	1.1262e-6	1.1292e-7	1.1283e-8
(0.99, 0.99)	ρ_s	0.3459	0.4862	0.4983	0.4996	0.5000	0.5003	0.5003	0.5008	0.5003
	ρ_d	5.1559e-1	1.0575e-1	1.1220e-2	1.1272e-3	1.1286e-4	1.1298e-5	1.1279e-6	1.1274e-7	1.1265e-8

表 4.6　轴向搜索变换的成功率和下降率统计结果 (Spherical 问题)

Best$_0$	Index	$\delta = 1$	$\delta = 0.1$	$\delta = 0.01$	$\delta = 1e\text{-}3$	$\delta = 1e\text{-}4$	$\delta = 1e\text{-}5$	$\delta = 1e\text{-}6$	$\delta = 1e\text{-}7$	$\delta = 1e\text{-}8$
(0.01, 0.01)	ρ_s	0.4780	0.5004	0.4994	0.5005	0.5001	0.5001	0.5005	0.4999	0.5001
	ρ_d	3.3632e$-$1	7.4820e$-$2	7.9265e$-$3	7.9760e$-$4	7.9742e$-$5	7.9796e$-$6	7.9787e$-$7	7.9874e$-$8	7.9812e$-$9
(0.1, 0.1)	ρ_s	0.4775	0.5005	0.5005	0.5001	0.5001	0.4993	0.4987	0.4998	0.5004
	ρ_d	3.3578e$-$1	7.4871e$-$2	7.9327e$-$3	7.9684e$-$4	7.9718e$-$5	7.9808e$-$6	7.9779e$-$7	7.9828e$-$8	7.9807e$-$9
(0.5, 0.5)	ρ_s	0.4768	0.5007	0.4997	0.5004	0.4990	0.4999	0.5013	0.5006	0.5006
	ρ_d	3.3600e$-$1	7.4850e$-$2	7.9314e$-$3	7.9677e$-$4	7.9765e$-$5	7.9717e$-$6	7.9829e$-$7	7.9715e$-$8	7.9931e$-$9
(0.9, 0.9)	ρ_s	0.4778	0.5001	0.5001	0.4992	0.4995	0.5005	0.4991	0.5008	0.5002
	ρ_d	3.3536e$-$1	7.4747e$-$2	7.9292e$-$3	7.9674e$-$4	7.9935e$-$5	7.9833e$-$6	7.9914e$-$7	7.9788e$-$8	7.9934e$-$9
(0.99, 0.99)	ρ_s	0.4769	0.4998	0.4999	0.5004	0.5002	0.4992	0.5002	0.5001	0.4995
	ρ_d	3.3547e$-$1	7.4876e$-$2	7.9316e$-$3	7.9769e$-$4	7.9659e$-$5	7.9794e$-$6	7.9741e$-$7	7.9731e$-$8	7.9924e$-$9

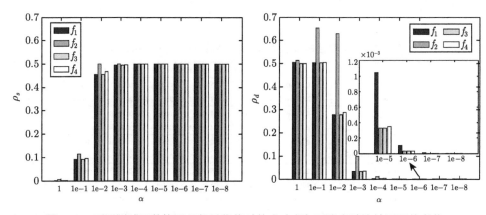

图 4.15　不同测试函数接近理想最优值时的成功率与下降率随旋转因子的变化

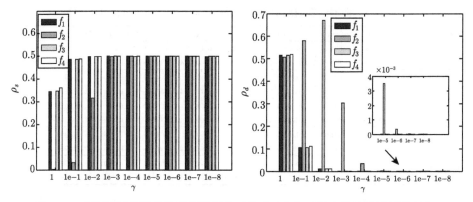

图 4.16　不同测试函数接近理想最优值时的成功率与下降率随伸缩因子的变化

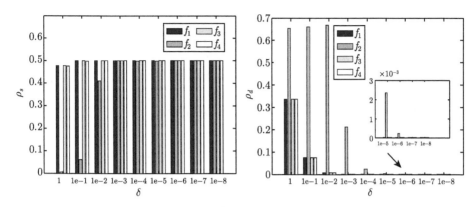

图 4.17 不同测试函数接近理想最优值时的成功率与下降率随轴向因子的变化

3. 参数最优状态转移算法

在上述分析的基础上, 不难发现, 有必要对状态变换因子进行择优选择, 以维持一个合适的成功率和下降率. 为此, 我们设计了参数最优状态转移算法 (parameter optimal state transition algorithm, POSTA), 让所有的状态变换因子在集合 $\Omega = \{1, 1e-1, 1e-2, 1e-3, 1e-4, 1e-5, 1e-6, 1e-7, 1e-8\}$ 中进行选择, 当获得最优的状态变换因子值时 (具有合适的成功率和下降率), 维持在该值下一段时间, 以最大限度地利用该因子值所对应的状态变换算子. POSTA 具体实现的伪代码见算法 4.3.2.

算法 4.3.2 参数最优状态转移算法 (POSTA)

---

1. **procedure** PoSTA(funfcn,Best0,SE, Ω)
2. 　**repeat**
3. 　　[Best, fBest] $\leftarrow$ expansion_w(funfcn,Best,fBest,SE, Ω)
4. 　　[Best, fBest] $\leftarrow$ rotation_w(funfcn,Best,fBest,SE, Ω)
5. 　　[Best, fBest] $\leftarrow$ axesion_w(funfcn, Best, fBest, SE, Ω)
6. 　**until** 满足终止条件
7. 　**endprocedure**

上述算法中, expansion_w, rotation_w, axesion_w 分别表示采用参数最优的伸缩变换、旋转变换和轴向搜索变换. 以 rotation _w 为例, 其实现的伪代码如下. 其中 update_alpha 是从参数集合 Ω 中选择最优的旋转变换因子值, 保存为 α, 并维持该值一个周期 T_p, 以使该值下旋转变换的作用得到最大发挥.

子程序 4.3.2　采用参数最优的伸缩变换 (rotation_w)

1.　　**function** [Best, fBest] ← rotation_w(funfcn,Best,fBest,SE, Ω)
2.　　　[Best, fBest, α] ← update_alpha(funfcn,Best,fBest,SE, Ω)
3.　　　**for** i ←1, T_p **do**
4.　　　　[Best, fBest] ← rotation(funfcn,Best,fBest,SE, α)
5.　　　**endfor**
6.　　**endfunction**

---

4. 实验结果对比

为了验证所提 POSTA 的有效性, 我们选取了 12 个标准测试函数 (具体形式见第 3 章附录), 并与几种先进的智能优化算法进行对比, 包括改进的遗传算法 (GL-25)、改进的粒子群优化 (CLPSO) 算法、改进的差分进化 (SaDE) 算法、人工蜂群 (ABC) 算法以及基本状态转移算法 (Basic STA), 每个算法独立运行 20 次, 并采用相同的函数评估次数, 获得的结果如表 4.7 所示. 由表 4.7 可以看出, 除了在 30 维和 50 维的 f_7 函数上, 所提的 POSTA 在其他的测试函数上都比其他算法要好, 包括全局搜索能力和稳定性. 而在 f_7 函数上, POSTA 各方面的性能均优于 Basic STA, 这说明加入参数最优机制后, 状态转移算法的全局搜索能力有所提升. 此外, 从 f_2 函数上可以看出, POSTA 的性能明显优于 Basic STA, 这说明所提的参数最优机制还有提升局部搜索能力和提高解的精度的作用. 简而言之, 所提的 POSTA 与 Basic STA 相比, 在全局、局部搜索能力和稳定性方面整体上均有所提升. 但值得注意的是, 对于个别函数, 对最优解的精度要求较高的情况, POSTA 的精度反而不如 Basic STA, 这从函数 f_{10} 可以看出.

4.4　连续约束状态转移算法

在无约束优化问题中, 状态转移算法的重点是如何产生候选解, 判断任意两个候选解的 "优劣" 通常只需比较目标函数值的大小即可. 而在约束优化问题中, 实际上面临着两个指标的比较: 一个是在目标函数层面, 另一个是在约束条件层面. 所以说, 约束状态转移算法面临的第一个挑战就是解决任意两个候选解的比较问题, 包括如何定量化约束违反度和如何定义评价标准使任意两个候选解在整个约束优化问题上可以比较. 本节将逐步探讨约束优化问题的难点, 引入约束违反度的概念, 介绍几种常见的约束处理技术, 并提出几种新的实用有效的约束处理技术.

表 4.7 POSTA 与其他算法在不同测试集上的比较结果

Fun	Dim	GL-25[2]	CLPSO[3]	SaDE[4]	ABC[5]	Basic STA[6]	POSTA
f_1	20	2.5523e−10±1.5883e−10	6.2546e−43±1.4407e−42	6.3533e−188±0	2.7287e−16±6.1809e−17	0±0	0±0
	30	1.7872e−8±1.0381e−8	1.9944e−40±1.8175e−40	5.5498e−184±0	5.6618e−16±7.3169e−17	0±0	0±0
	50	2.3336e−6±1.5613e−6	8.3697e−63±6.6314e−63	4.8082e−190±0	1.3115e−15±1.4686e−16	0±0	0±0
f_2	20	15.9120±0.2273	1.3524±1.5792	0.7973±1.6361	0.0871±0.1254	0.0327±0.0019	3.2981e−7±1.0312e−6
	30	25.9785±0.1774	3.3395±4.4690	1.3895±2.1499	0.0523±0.0672	0.0711±0.0128	1.0027e−7±1.0502e−7
	50	46.3067±0.4004	38.4515±31.7815	16.6265±21.2962	0.0634±0.1142	2.5228±1.2541	1.0660e−7±8.0190e−8
f_3	20	88.3377±10.1747	0±0	0.2985±0.4678	4.2633e−15±1.0412e−14	0±0	0±0
	30	177.1109±12.2431	5.6843e−15±1.7496e−14	1.0945±0.8479	8.5265e−14±4.3251e−14	0±0	0±0
	50	365.4491±12.8696	5.2736e−16±1.4066e−15	5.2220±2.6516	1.0601e−12±1.6704e−12	0±0	8.5265e−15±2.7817e−14
f_4	20	0.2620±0.1020	0±0	0.0034±0.0051	1.3711e−15±2.2887e−15	0±0	0±0
	30	0.0178±0.0797	0±0	0.0041±0.0098	7.9936e−16±6.3277e−16	0±0	0±0
	50	2.0621e−6±1.2609e−6	0±0	0.0229±0.0338	1.5432e−16±6.5721e−16	0±0	0±0
f_5	20	2.9519e−6±8.5896e−7	6.0396e−15±7.9441e−16	2.6645e−15±0	2.4336e−14±3.6267e−15	7.1054e−16±1.8134e−15	1.2434e−15±1.7857e−15
	30	1.7313e−5±4.9711e−6	7.2831e−15±1.6704e−15	0.4004±0.5677	4.7073e−14±5.2189e−15	2.4869e−15±7.944e−16	2.6645e−15±0
	50	1.5638e−4±5.1830e−5	1.2790e−14±1.3015e−15	1.8811±0.4458	1.0214e−13±8.3914e−15	2.6645e−15±0	2.6645e−15±0
f_6	20	1.0920e−7±8.5896e−7	9.6865e−40±1.0089e−39	2.9962e−182±0	2.8100e−16±2.2693e−17	0±0	0±0
	30	4.3319e−6±4.1372e−6	9.6865e−40±1.0089e−39	7.5626e−180±0	5.0197e−16±5.0710e−17	0±0	0±0
	50	1.4938e−4±9.1548e−5	1.0767e−59±9.2087e−60	3.6584e−188±0	1.2513e−15±1.3320e−16	0±0	0±0
f_7	20	−10.7121±0.4311	−19.6363±0.0013	−19.6204±0.0210	−19.6359±0.0013	−19.2512±0.7144	−19.6370±4.5865e−15
	30	−13.5080±4.1372e−6	−29.5405±0.0422	−29.5668±0.0439	−29.6083±0.0121	−29.2917±0.5761	−29.3322±0.4810
	50	−18.2114±0.8100	−49.2281±0.1068	−49.3694±0.1155	−49.5258±0.0239	−48.9364±0.7706	−49.2284±0.5118
f_8	20	−1.2099e3±63.9563	−1.2126e3±198.0180	−1.5200e3±0.0030	−1.4934e3±17.7408	−1.52003e3±0.7706	−1.5200e3±1.0526e−9
	30	−2.1886e3±419.3236	−2.3303e3±786.8715	−4.8684e3±30.0984	−3.7616e3±379.9890	−4.930e3±1.0317e−8	−4.9300e3±1.0317e−8
	50	−3.8943e3±1.0972e3	−4.6039e3±2.1276e3	−1.6988e4±1.9831e3	−6.2731e3±2.9887e3	−2.2050e4±2.4728e−5	−2.2050e4±1.2703e−6
f_9	20	−3.4543e3±262.3109	−8.3797e3±3.7325e−12	−8.3678e3±52.9672	−8.3797e3±1.7705e−12	−8.3797e3±2.0013e−12	−8.3797e3±2.4688e−12
	30	−4.2340e3±206.4148	−1.2569e4±1.8662e−12	−1.2534e4±55.6852	−1.2569e4±5.0878e−10	−1.2569e4±3.9808e−12	−1.2569e4±3.9808e−12
	50	−5.5094e3±308.3849	−2.0949e4±7.4650e−12	−2.0848e4±123.1747	−2.0949e4±2.2694e−4	−2.0949e4±6.9328e	−2.0949e4±6.8824e−12
f_{10}	20	680.7399±158.9219	6.0736e3±3.4399	3.4609e−29±1.5188e−28	122.8894±57.5833	0±0	5.4347e−323±0
	30	6.0084e3±891.0211	192.7349±40.2446	1.7348e−18±3.7702e−18	1.4779e3±417.2093	0±0	2.9857e−207±0
	50	2.6141e4±3.4905e3	1.7640e3±334.6602	1.1549e−11±2.5786e−11	1.3111e4±2.0672e3	0±0	1.3290e−143±2.4407e−143
f_{11}	20	2.6106e−9±2.0321e−9	5.9122e−5±2.7178e−6	1.8935e−30±1.2854e−30	4.6418e−15±1.2107e−15	4.9187e−16±2.148e−15	2.8663e−21±1.5596e−21
	30	1.8994e−9±1.5212e−9	7.2335e−5±1.6458e−5	6.9050e−30±1.9571e−30	4.3734e−13±3.360e−13	4.3734e−13±2.360e−13	4.7017e−21±1.8546e−21
	50	6.2123e−12±1.0570e−11	4.6982e−7±1.0856e−7	4.1750e−29±2.8959e−29	2.3607e−14±8.2000e−13	8.2000e−13±3.2292e−13	8.3954e−21±2.8656e−21
f_{12}	20	0.0047±0.0012	0±0		0±0	0±0	0±0
	30	0.0302±0.0077	0±0	0.2097±0.3033	0±0	0±0	0±0
	50	0.2307±0.0805	0±0	1.7162±0.8559	2.771e−14±9.7534e−15	0±0	0±0

4.4.1   连续约束优化问题数学模型

本节考虑如下的连续变量约束优化问题:

$$
\begin{aligned}
\min \quad & f(x) \\
\text{s.t.} \quad &
\begin{cases}
g_j(x) \leqslant 0, & j = 1, 2, \cdots, p, \\
h_j(x) = 0, & j = p+1, p+2, \cdots, q
\end{cases}
\end{aligned}
\tag{4.11}
$$

其中 $x = [x_1, x_2, \cdots, x_n]^{\mathrm{T}} \in \mathbb{R}^n$ 为决策变量, 是连续变量; $f(x)$ 为目标函数, 是关于 x 的连续函数; $g_j(x)$, $h_j(x)$ 分别为不等式约束函数和等式约束函数, 均是关于 x 的连续函数. 一般地, 还要求变量 x_i 的取值有一定的上下界, 即 $l_i \leqslant x_i \leqslant u_i$, 以保证在闭区间上最优解的存在.

4.4.2   连续约束优化问题难点初步探讨

状态转移算法是一种直接法, 基于给定的当前解, 利用某种状态变换算子产生候选解, 就需要判断候选解与当前解 "孰优孰劣" 来更新当前解, 即任意两个候选解的比较问题. 与无约束优化不同, 约束优化问题的两个候选解需要在目标函数和约束条件两个层面进行比较.

例 4.4.1   考虑如下的不等式约束最优化问题

$$
\begin{aligned}
\min \quad & f(x) = (x_1 - 1)^2 + (x_2 - 2)^2 \\
\text{s.t.} \quad &
\begin{cases}
g(x) = 4 - x_1 - x_2 \leqslant 0, \\
-10 \leqslant x_1, x_2 \leqslant 10
\end{cases}
\end{aligned}
$$

利用状态变换算子, 通过简单的上、下界越界处理规则, 容易使产生的候选解变量范围限制在 $[-10, 10]$ 内. 假设 $x^{(1)}, x^{(2)}$ 有如表 4.8 的取值.

表 4.8   两候选解取不同值时的优劣比较

$x^{(1)}$	$x^{(2)}$	$f(x^{(1)})$	$f(x^{(2)})$	$g(x^{(1)})$	$g(x^{(2)})$	从目标函数角度	从约束条件角度
(1, 3)	(0, 0)	1	5	0	4	$x^{(1)}$ 优	$x^{(1)}$ 优!
(3, 3)	(4, 4)	5	13	-2	-4	$x^{(1)}$ 优	$x^{(2)}$ 优?
(1, 1)	(2, 1)	1	2	2	1	$x^{(1)}$ 优	$x^{(2)}$ 优?
(1, 1)	(3, 3)	1	5	2	-2	$x^{(1)}$ 优	$x^{(2)}$ 优!

分别从目标函数和约束条件的角度来看, 一个直观的评价是: 目标函数值较小的较优, 满足约束条件比不满足约束条件的较优. 一方面, 比如 $x^{(1)} = (1, 3)$, $x^{(2)} = (0, 0)$, 容易判断 $x^{(1)}$ 比 $x^{(2)}$ 要 "优". 另一方面, 比如 $x^{(1)} = (3, 3)$, $x^{(2)} = (4, 4)$, $g(x^{(2)}) < g(x^{(1)}) < 0$, 均满足约束条件, 可以说从约束条件的角度 $x^{(2)}$ 比 $x^{(1)}$ 要 "优" 吗? 又比如 $x^{(1)} = (1, 1)$, $x^{(2)} = (2, 1)$, $0 < g(x^{(2)}) < g(x^{(1)})$, 均不满足约束条件, 可以说从约束条件的角度 $x^{(2)}$ 比 $x^{(1)}$ 要 "优" 吗? 特别值得一提的是, 当

$x^{(1)} = (1,1), x^{(2)} = (3,3)$ 时, 从目标函数的角度来看, 易知 $f(x^{(1)}) < f(x^{(2)})$, $x^{(1)}$ 比 $x^{(2)}$ 要 "优"; 但从约束条件的角度来看, $x^{(1)}$ 为不可行解, $x^{(2)}$ 为可行解, $x^{(1)}$ 比 $x^{(2)}$ 要 "劣", 从而引发矛盾, 造成无法比较 $x^{(1)}, x^{(2)}$ 孰优孰劣.

从例 4.4.1 的分析中至少揭示了两方面的问题: ① 如何定量描述约束条件满足的程度? ② 如何对从目标函数角度和约束条件角度有矛盾的两候选解进行比较? 为此, 引入约束违反度的概念.

定义 4.4.1 约束违反度 用来定量描述约束条件满足的程度叫约束违反度, 它可以如下定义

$$\mathrm{CV}(x) = \mathrm{dist}(x, S), \quad S = \{x | x \in \mathbb{R}^n, g_j(x) \leqslant 0, h_j(x) = 0, j = 1, \cdots, l\} \quad (4.12)$$

其中 $\mathrm{dist}(x, S)$ 可以看成从点 x 到可行域 S 的一种距离度量.

例 4.4.2 考虑如下的不等式约束优化问题

$$\begin{aligned} \min \quad & f(x) \\ \mathrm{s.t.} \quad & g(x) \leqslant 0 \end{aligned}$$

其约束违反度可以定义为

$$\mathrm{CV}(x) = \max\{0, g(x)\}$$

可以看出, 当 x 在可行域内部, 即 $g(x) \leqslant 0$ 时, $\mathrm{CV}(x) = 0$; 当 x 在可行域外部, 即 $g(x) > 0$ 时, $\mathrm{CV}(x) = g(x)$.

例 4.4.3 考虑如下的等式约束优化问题

$$\begin{aligned} \min \quad & f(x) \\ \mathrm{s.t.} \quad & h(x) = 0 \end{aligned}$$

其约束违反度可以定义为

$$\mathrm{CV}(x) = |h(x)|$$

可以看出, 当 x 在可行域内部, 即 $h(x) = 0$ 时, $\mathrm{CV}(x) = 0$; 当 x 在可行域外部, 即 $h(x) \neq 0$ 时, $\mathrm{CV}(x) = h(x)$.

对例 4.4.1 中的不等式约束优化问题, 可以很容易从约束违反度的角度判断任意两候选解的 "优劣". 比如 $x^{(1)} = (3,3)$, $x^{(2)} = (4,4)$, $\mathrm{CV}(x^{(1)}) = \mathrm{CV}(x^{(2)}) = 0$, 表明从约束违反度的角度看, $x^{(2)}$ 与 $x^{(1)}$ 地位 "均等". 又比如 $x^{(1)} = (1,1)$, $x^{(2)} = (2,1)$, $\mathrm{CV}(x^{(1)}) = 2$, $\mathrm{CV}(x^{(2)}) = 1$, 表明从约束违反度的角度看, $x^{(2)}$ 比 $x^{(1)}$ 要 "优".

4.4.3　约束处理技术

引入约束违反度的概念解决了任意两候选解在约束条件满足程度上的 "优劣" 比较问题, 但还剩下一个更棘手的问题, 即一个候选解在目标函数上 "优" 而另一个候选解在约束条件上 "优" 的两候选解 "优劣" 比较问题. 为了彻底解决状态变换算子产生的任意两候选解在整个约束优化问题角度上的 "优劣" 比较问题, 需要引入一种比较机制, 使任意两个候选解对整个约束优化问题来讲能够比较 "孰优孰劣", 这就是约束处理技术需要解决的问题. 下面将依次介绍几种常见的约束处理技术.

1. 罚函数法

罚函数法的基本思想是把约束优化问题无约束化, 通过引入构造某种关于约束条件的罚函数, 将其加到目标函数中去, 以形成新的增广目标函数[7]. 考虑式 (4.11) 描述的连续变量约束优化问题, 其增广目标函数定义如下

$$\min \quad F(x) = f(x) + \sum_{j=1}^{l} \varpi_j [\mathrm{CV}_j(x)]^{\kappa} \tag{4.13}$$

其中, $\varpi_j > 0$ 为罚因子, κ 为约束违反度指数, $\mathrm{CV}_j(x)$ 为约束违反度, 表达式如下

$$\mathrm{CV}_j(x) = \begin{cases} \max(0, g_j(x)), & j = 1, 2, \cdots, m, \\ |h_j(x)|, & j = m+1, m+2, \cdots, l \end{cases} \tag{4.14}$$

例 4.4.4　考虑如下的等式约束优化问题

$$\min \quad f(x) = (x_1 - 1)^2 + (x_2 - 2)^2$$
$$\text{s.t.} \quad g(x) = 4 - x_1 - x_2 = 0$$

采用罚函数法, 其增广目标函数如下

$$\min \quad F(x) = (x_1 - 1)^2 + (x_2 - 2)^2 + \varpi |4 - x_1 - x_2|^{\kappa}$$

一方面, 给定两候选解 $x^{(1)} = (1, 1)$, $x^{(2)} = (2, 3)$, 对罚因子和约束违反度指数取不同的值 (表 4.9), 可以发现, 两候选解的 "优劣" 是不同的, 这也说明了罚函数法受罚因子和约束违反度指数的影响.

表 4.9　罚因子 ϖ 和约束违反度指数 κ 取不同值时的优劣比较

(ϖ, κ)	(10, 1)	(0.5, 1)	(0.5, 2)
$F(x^{(1)})$	21	2	3
$F(x^{(2)})$	12	2.5	2.5

另一方面, 假定 $\kappa = 2$, 则 $F(x) = (x_1 - 1)^2 + (x_2 - 2)^2 + \varpi(4 - x_1 - x_2)^2$

$$\begin{cases} \dfrac{\partial F(x)}{\partial x_1} = 2(x_1 - 1) - 2\varpi(4 - x_1 - x_2) = 0, \\ \dfrac{\partial F(x)}{\partial x_2} = 2(x_2 - 2) - 2\varpi(4 - x_1 - x_2) = 0 \end{cases} \Rightarrow \begin{cases} x_1^* = \lim\limits_{\varpi \to \infty} \dfrac{3\varpi + 1}{2\varpi + 1} = \dfrac{3}{2}, \\ x_2^* = \lim\limits_{\varpi \to \infty} \dfrac{5\varpi + 2}{2\varpi + 1} = \dfrac{5}{2} \end{cases}$$

可以看出, 只有当罚因子趋向无穷大时, 才能求得精确的最优解, 换句话说, 采用罚函数法时, 只能取得一定精度的最优解.

2. 可行性优先法

可行性优先法是指在比较两个候选解时, 约定候选解在约束条件上的优先级高于目标函数的优先级, 即先判断候选解是否可行, 再比较目标函数值的大小[8]. 对于任意两个候选解, 制定的比较规则如下:

(1) 可行解比不可行解要优;

(2) 对于两个不可行解, 约束违反度小的要优;

(3) 对于两个可行解, 目标函数值小的更优.

可以看出, 可行性优先法制定的比较规则, 能够确切地比较两个候选解的孰优孰劣问题, 而且不受参数的影响. 仍然以例 4.4.3 的等式约束优化问题为例, 按照可行性优先法, 结果如表 4.10 所示, 可以看出, 当可行解与不可行解比较时, 选择的是可行解, 忽略了不可行解的潜在能力和对不可行域的探索, 如 $x^{(1)} = (1,1), x^{(2)} = (3,3)$, 虽然 $x^{(2)}$ 优, 但是 $x^{(1)}$ 的目标函数值很小, 而约束违反度也不大, 此类解将被忽略.

表 4.10　可行性优先法下的候选解优劣比较

$x^{(1)}$	$x^{(2)}$	$f(x^{(1)})$	$f(x^{(2)})$	$g(x^{(1)})$	$g(x^{(2)})$	最优解
(1, 3)	(0,0)	1	5	0	4	$x^{(1)}$ 优
(3, 3)	(4, 4)	5	13	−2	−4	$x^{(1)}$ 优
(1, 1)	(2, 1)	1	2	2	1	$x^{(2)}$ 优
(1, 1)	(3, 3)	1	5	2	−2	$x^{(2)}$ 优

由上面介绍的两种经典的约束处理机制可以看出, 对于同样的两个候选解, 若使用相同的约束处理机制 (比如罚函数法), 取不同的参数时, 比较的结果也不尽相同; 而在不同的约束处理机制下, 孰优孰劣的结果也是不一样的. 这说明了约束处理机制对约束状态转移算法性能是有很大影响的.

4.4.4　基于连续状态转移算法的约束优化方法

基本连续状态转移算法本质上是一个求解无约束优化问题的算法, 为了解决约束优化问题, 必须引入某种机制来处理约束条件. 接下来将介绍三种基于连续状态转移算法的约束优化方法.

1. 两阶段约束状态转移算法

考虑到罚函数法的缺点是难以选择合适的惩罚因子, 如果惩罚因子过大, 趋向于搜索可行域, 容易得到可行解, 然而, 在这种情况下, 对不可行域的开发能力将大幅减弱; 如果惩罚因子过小, 趋向于搜索不可行域, 很容易得到不可行解, 造成算法失败. 可行性优先法无需调节参数, 它优先选择可行解, 一旦获得可行解, 不可行解就永远不能被接受, 从而忽略了不可行解中所包含的一些有潜在价值的信息, 使得在迭代后期寻找比当前更好的可行解变得极为困难. 通过分析两种经典约束处理策略的优缺点, 我们提出了一种两阶段约束状态转移算法[9], 它是基于个体的约束状态转移算法, 在该算法中, 提出了一种基于罚函数法和可行性优先法混合约束处理策略, 即在迭代过程的早期采用可行性优先法, 在后期换成罚函数法, 使算法在前期能够快速进入可行域, 在后期也能进一步地开发潜力解. 以下是两阶段约束状态转移算法的流程图 (图 4.18).

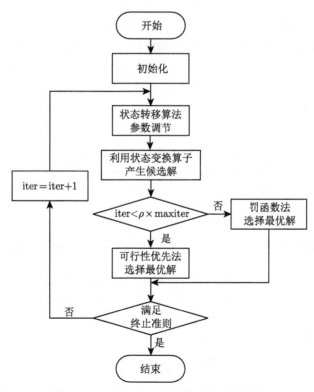

图 4.18　两阶段约束状态转移算法流程图

2. 基于外部档案袋的约束状态转移算法

为了提升约束状态转移算法的 "探索" 与 "开发" 的能力, 我们设计了一种基于外部档案袋的约束状态转移算法框架 (EA-CSTA)[10]. EA-CSTA 主要包括三部分内容: 外部档案袋策略、改进的状态变换算子和偏好权衡约束处理策略. 首先, 外部档案袋策略是为了保存多个潜力解, 提升被选择候选解的多样性, 以尽可能地避免陷入局部最优, 增加找到全局最优解的可能性. 其次, 由于相当多的约束优化问题的可行域是非连续的, 需要充分考虑候选解的分布性问题. 为了充分利用外部档案袋中候选解的多样性, 共享候选解之间的信息, 对状态变换算子中的平移算子进行改进, 增强潜力解之间的信息交流. 最后, 提出了一种偏好权衡的约束处理策略从产生的候选解中选择有潜力的候选解, 以引导状态变换算子产生更优质的候选解可供选择. 它是将可行解与不可行解分开选择, 自适应地权衡被选择的可行解与不可行解的个数, 在选择可行解与不可行解时带有一定的偏好性.

1) 外部档案袋策略

基本的状态转移算法是针对无约束优化问题提出的, 它只选择了当前代最好的候选解来迭代产生新的候选解. 由于约束函数的存在, 约束优化问题具有可行域狭小、可行域不连续、多局部极值点等特性, 若只选择单个候选解很容易陷入局部最优. 因此在约束状态转移算法中设计了外部档案袋策略, 以保存当前代中的多个潜力解, 利用候选解的多样性, 来尽可能地避免陷入局部最优, 增加找到全局最优解的可能性.

图 4.19 是利用外部档案袋保存多个潜力解的示意图, 其中, 新的潜力解是利用约束处理机制选择出来的候选解, 将其放入档案袋内, 与旧解进行比较, 并剔除部分可以被替代的候选解. 这样做的目的有两个, 其一是保持档案袋内的候选解的最优性, 其二是保持档案袋内的候选解的多样性, 避免陷入局部最优.

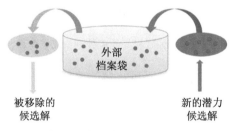

被移除的　　　　　　　　　　　新的潜力
候选解　　　　　　　　　　　　候选解

图 4.19　用于保存多个优质候选解的外部档案袋示意图

2) 改进的状态变换算子

基本状态转移算法设计了四个算子来交替轮换产生候选解, 并在每次产生候选解之后只选择一个最优的候选解. 基本状态转移算法中的平移算子是在当前最好解和历史解的作用下进行线搜索, 产生新的候选解. 由于相当多的约束优化问题的可行域是非连续的, 需要考虑分布性问题, 以增大搜索到全局最优解的概率. 在档案袋的基础上, 选择的候选解具有一定的多样性. 为了充分利用外部档案袋中候选解的多样性, 共享候选解之间的信息, 因此对平移算子做了如下的改进:

$$s_{k+1} = s_k + \beta R_t (s_k - s_d) \tag{4.15}$$

其中 β 是一个正的常数平移因子; $R_t \in \mathbb{R}$ 是一个在 $[0, 1]$ 上服从均匀分布的随机变量; s_d 是从外部档案袋中随机选择的潜力解.

3) 偏好权衡约束处理策略

偏好权衡约束处理策略是从产生的候选解中选择有潜力的候选解, 以引导状态转移算法产生更优质的候选解可供选择. 偏好权衡约束处理策略从候选解中选择潜力解时包含了两个部分, 即偏好与权衡. 其中, 权衡主要体现在对被选择的可行解与不可行解的数量上, 以避免发生早熟现象, 而偏好主要体现在对可行解与不可行解的质量上. 偏好权衡约束处理策略的示意图如图 4.20 所示, 接下来, 将具体介绍潜力候选解的选择.

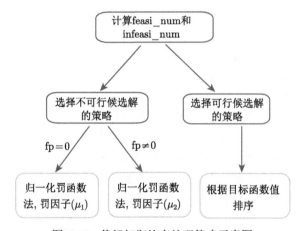

图 4.20　偏好权衡约束处理策略示意图

首先, 权衡体现在对可行解与不可行解的选择个数上, 表达式为

$$\text{feasi\_num} = \begin{cases} \text{SA} \times (1 - \text{fp}), & 0 < \text{fp} < 1, \\ \text{SA}, & \text{fp} = 1 \end{cases} \tag{4.16}$$

$$\text{infeasi\_num} = \begin{cases} \text{SA} \times \text{fp}, & 0 < \text{fp} < 1, \\ \text{SA}, & \text{fp} = 0 \end{cases} \tag{4.17}$$

其中 SA 是一个固定的外部档案袋的容积, 即可容纳的潜力解的个数; fp 是当代候选解的可行率, 即可行解占总的候选解的比例; feasi_num 和 infeasi_num 是被

选择的可行解与不可行解的数量. 如果当前代候选解中的不可行解比可行解的数量多, 表明找到较好的可行域比较困难, 因此需要选择更多的可行解, 以引导状态转移算法产生更优质的可行解. 如果可行解的数量比不可行解的数量多, 则表明在可行域中的搜寻趋于成熟, 将面临陷入局部最优的困境, 因此需要选择更多的不可行解来引导算子产生更优质的不可行解, 以寻找更优质的可行域, 增大找到全局最优解的概率.

其次是对可行解的选择. 在对可行解的选择中, 更偏向于选择目标函数值较小的个体. 因此将目标函数值以升序方式排列, 选出前 feasi_num 个可行解放入档案袋中作为部分潜力解.

最后是对不可行解的选择. 对不可行解的选择采用了归一化的罚函数法. 归一化的罚函数法的表达式为

$$f_{\mathrm{norm}}(X_i) = \frac{f(X_i) - \min f(X)}{\max f(X) - \min f(X)} \tag{4.18}$$

$$G_{\mathrm{norm}}(X_i) = \frac{G(X_i) - \min G(X)}{\max G(X) - \min G(X)} \tag{4.19}$$

$$F_{\mathrm{norm}}(X_i) = f_{\mathrm{norm}}(X_i) + \mu \times G_{\mathrm{norm}}(X_i) \tag{4.20}$$

其中 X 是不可行解集; $f_{\mathrm{norm}}(X_i)$ 和 $G_{\mathrm{norm}}(X_i)$ 分别表示第 i 个个体归一化的目标函数值和约束违反度; $F_{\mathrm{norm}}(X_i)$ 是第 i 个个体归一化的罚函数法的适应度值; μ 是罚因子. 处理不可行解时, 包含了两种情况: ① 当前代的可行率为 0, 即不存在可行解, 此时的重点是找到可行域, 因此更偏向于选择约束违反度相对较小的候选解. 由于目标函数值和约束违反度均进行了归一化处理, 此时的罚因子 $\mu > 1$.
② 当前代的可行率介于 0∼1 时, 即同时存在可行解与不可行解, 那么更重要的是探索优质的可行域, 因此更偏向于选择约束违反度不大, 但目标函数值也相对较小的候选解, 此时罚因子 $\mu \leqslant 1$.

为了更具体地展示归一化的罚函数法在上述两种情况下选择不可行解的情况, 这里给出了一个具体的示例, 如图 4.21 和图 4.22 所示. 在图 4.21 中, 左边的是原始数据, 标有 "red" 的四组数据对应了图 4.22 的红色圆点, 标有 "blue" 的两组数据对应了图 4.22 的蓝色圆点, 标有 "green" 的三组数据对应了图 4.22 的绿色圆点; 右边的两个表格是在不同罚因子下的适应度函数值, 红色的数据表示其对应的个体将会被选中. μ_1 和 μ_2 是两个罚因子, 且 $\mu_1 > \mu_2$. 图 4.22 可以更直观地看出, 在罚因子较大的情况下, 更偏向于选择约束违反度较小的候选解, 因此更容易进入可行域; 在罚因子较小的情况下, 将偏向于选择目标函数值较小且约束违反度较小的个体, 以探索更优质的可行域.

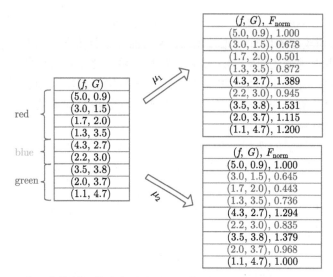

图 4.21   归一化的罚函数法在不同罚因子作用下的原始数据与处理后的数据

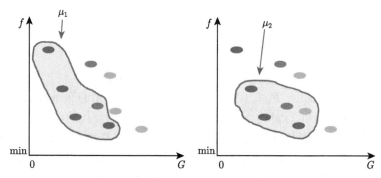

图 4.22   归一化的罚函数法在不同罚因子作用下选择的候选解
对应目标函数值与约束违反度的示意图

4) 算法流程与实验结果

所提的基于档案袋的约束状态转移算法 (EA-CSTA) 的流程图如图 4.23 所示, 值得注意的是, 在所提算法中, 平移变换算子作为一个独立的搜索算子来产生候选解. 为了验证所提算法的有效性, 在 10 个标准测试函数上 (见本章附录约束优化问题标准测试函数) 的结果如表 4.11 所示, 表中的结果均是独立运行 30 次的统计值, 每一次独立实验的迭代次数是 2000 次. 评价指标分别为目标函数的最优值 (Best), 中间值 (Median), 均值 (Mean), 最差值 (Worst) 以及方差 (Std.dev), 其中 Best 和 Worst 反映了 EA-CSTA 算法的全局搜索能力, Median, Mean 和 Std.dev 反映了 EA-CSTA 算法的稳定性, Optimal 是已知的全局最优值.

图 4.23 基于档案袋的约束状态转移算法 (EA-CSTA) 的流程图

表 4.11 EA-CSTA 在 10 个标准测试函数下与最优值的对比实验结果

Func	Optimal	Best	Median	Mean	Worst	Std.dev
G01	−15.0000	**−15.0000**	**−15.0000**	**−15.0000**	**−15.0000**	8.9926e−07
G03	−1.0005	**−1.0005**	**−1.0005**	**−1.0005**	**−1.0005**	1.0104e−07
G04	−30665.5538	**−30665.5538**	**−30665.5538**	**−30665.5538**	−30665.5537	2.4317e−04
G06	−6961.8139	**−6961.8139**	**−6961.8139**	−6961.8138	−6961.8135	1.0476e−04
G08	−0.0958	**−0.0958**	**−0.0958**	**−0.0958**	**−0.0958**	1.7681e−04
G09	680.6300	680.6301	680.6310	680.6310	680.6322	5.3803e−04
G11	0.7499	**0.7499**	**0.7499**	**0.7499**	**0.7499**	3.3850e−09
G12	−1.0000	**−1.0000**	**−1.0000**	**−1.0000**	**−1.0000**	1.0819e−15
G13	0.0539	**0.0539**	**0.0539**	**0.0539**	**0.0539**	3.0054e−10
G23	−400.0550	−399.9998	−399.9980	−399.9977	−399.9912	1.7320e−03

3. 快速约束状态转移算法

在实际工业过程中求解约束优化问题时, 既要满足可行性和最优性, 又要满足快速性. 然而, 现有的大多数元启发式算法在寻找最优解时速度较慢. 其中一个原因是算法产生和选择候选解比较耗时. 另一个原因是在迭代后期难以产生更有潜力的候选解或者没有选择出有潜力的候选解以帮助收敛. 针对上述问题, 我们设计了一种快速约束状态转换算法. 首先, 对基本状态转移算法的算子选择进行了分析, 并从中选择部分变换算子用于快速产生优质候选解, 并通过参数自适应调解, 调整不同阶段的搜索范围, 以较大概率产生优质候选解, 从而有助于找到最优解. 其次, 提出了分支筛选约束处理技术, 不仅分别考虑目标函数值和约束违反度, 还考虑候选解之间的差异性, 避免了相似候选解被选入, 从而避免在相同区域进行重复搜索. 最后, 在快速约束状态转移算法中引入了序列二次规划, 以一定的周期使用序列二次规划算法, 可以进一步加快收敛速度, 提升快速性.

1) 精简状态变换算子及参数调优

在 STA 中, 有四个操作算子用于产生候选解, 即伸缩、旋转、平移和轴向变换算子. 具体的表达式及其作用已在 4.2 节进行了阐述, 其中伸缩和平移变换算子分别用于全局和局部搜索, 而旋转和轴向变换算子的目的是从不同的方面来提高由伸缩变换算子和平移变换算子产生的候选解的多样性. 例如, 旋转变换算子是在一个可控的超球体内采样, 超球体的中心是上一次的最好解, 以最好解为中心呈扩散式搜索; 而轴向算子则是在不同的维度上调整决策变量的取值, 以增强采样解的多样性.

在快速状态转移算法中, 主要研究三个算子, 即旋转、平移和轴向变换算子. 由于这些算子的可控性, 它们有助于在局部空间中探索可行域, 并进一步地协助找到约束优化问题的最优解; 而伸缩变换算子是在整个空间中生成候选解, 由于约束优化问题的可行域通常只占整个空间一部分, 因此伸缩变换算子在不可行区域的采样概率较大, 从而不仅可能会导致许多的评估次数被浪费, 而且对寻找约束优化问题可行域的优势不明显.

在旋转变换算子和轴向搜索算子中, 有两个参数 (α 和 δ) 用来控制搜索范围. 在快速状态转移算法中, 设计了一种简单的自适应参数调节策略来平衡全局搜索和局部搜索.

在迭代前期, 参数的调优过程如下

$$\alpha = \begin{cases} \alpha_{\max 2}, & \alpha \leqslant \alpha_{\max 1}, \\ \alpha/\mathrm{fc}, & \text{否则} \end{cases} \tag{4.21}$$

$$\delta = \begin{cases} \delta_{\max 2}, & \delta \leqslant \delta_{\max 1}, \\ \delta/\mathrm{fc}, & \text{否则} \end{cases} \tag{4.22}$$

其中 fc 为衰减因子, 它以指数函数的形式缩小旋转和轴向变换算子的搜索范围; α 设置的范围为 $[\alpha_{\max 1}, \alpha_{\max 2}]$, 这有助于旋转变换算子在一个可控的解空间中进行搜索. 相比之下, δ 设置的范围为 $[\delta_{\max 1}, \delta_{\max 2}]$, 有助于在各个维度上进行搜索. 当 α 和 δ 的取值较大时, 它们均可以从全局范围内探索解空间中的可行域.

在迭代后期, 参数的调优过程将改为如下

$$\alpha = \begin{cases} \alpha_{\max 1}, & \alpha \leqslant \alpha_{\min}, \\ \alpha/\mathrm{fc}, & \text{否则} \end{cases} \tag{4.23}$$

$$\delta = \begin{cases} \delta_{\max 1}, & \delta \leqslant \delta_{\min}, \\ \delta/\mathrm{fc}, & \text{否则} \end{cases} \tag{4.24}$$

其中 α 的取值范围为 $[\alpha_{\min}, \alpha_{\max 1}]$, δ 的取值范围为 $[\delta_{\min}, \delta_{\max 1}]$, 在这个阶段, 旋转和平移变换算子主要充当局部搜索算子, 用于探索新的可行域及可行域内部的最优解.

2) 分支筛选约束处理策略

在约束状态转移算法中, 利用约束处理策略从候选解集中选择潜力解. 通常, 在单一约束处理策略中, 主要考虑最优性, 如罚函数法和可行性优先法. 在混合约束处理策略中, 则会从最优性和多样性这两个角度来选择候选解, 以产生能落在可行域内的多个较优解, 如多目标法. 然而, 混合约束处理策略在不同的迭代阶段使用不同的策略来选择候选解, 可能会耗费大量的计算资源. 因此, 我们提出了一种新的约束处理策略, 即分支筛选约束处理策略, 同时兼顾了最优性、多样性和快速性. 该策略的示意图可如图 4.24 所示.

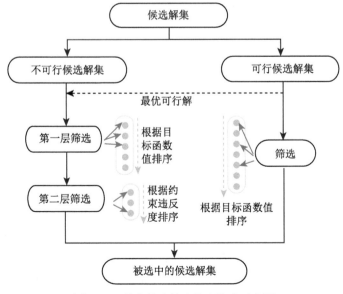

图 4.24 分支筛选约束处理策略示意图

可以看出, 候选解集被分为两类 (可行解集和不可行解集). 然后根据目标函数值和约束违反度, 对不同类别的候选解集进行筛选, 从而获得更有潜力的候选解.

在可行解集中选择候选解时, 将候选解集的目标函数值按升序排序, 从图 4.24 的右分支可以看出, 目标值最小的可行解将会被优先选择. 然后, 可行解集中的其余候选解将根据如下公式进行筛选:

$$S = \|x_k - x_{\text{Best}}\|_2 - \xi \tag{4.25}$$

$$\xi = \frac{c \cdot (U - L)}{\left(\dfrac{\text{FEs}}{\text{Thre\_1}} + 1\right)} \tag{4.26}$$

其中 c 和 Thre_1 是两个常数; U 和 L 是决策变量的上下界; FEs 表示迭代过程中当前的评估次数; x_k 是当前的候选解; x_{Best} 是具有最优目标函数值的解. 如果 $S > 0$, 则选择 x_k. 上述公式描述了通过计算 x_k 和 x_{Best} 之间的距离来反映被选解与最优解之间的差异性, 其中 ξ 反映了它们之间的差异程度. 因此, 利用筛选策略从可行解集中选择更优质候选解, 维持了被选候选解的最优性, 同时利用被选候选解之间的差异性避免了在同一个区域内进行过多的搜索, 维持了多样性. ξ 随评估次数 FEs 变化的迭代曲线示意图如图 4.25 所示, 可以看出, 随着评估次数增加, ξ 以反比例函数的形式下降. 在迭代前期, ξ 较大, 有助于全局搜索, 而在迭代后期, ξ 较小, 有助于局部搜索.

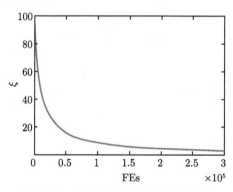

图 4.25　ξ 随评估次数的迭代曲线图

对不可行解集中候选解的筛选可如图 4.24 的左半边所示. 首先将不可行解的目标函数值与可行解集中的最优解 x_{Best} 的目标函数值进行比较, 然后保留目标值较小的不可行解进行第二次筛选. 在第二次筛选中, 先根据约束违反度从小到大的顺序排列, 约束违反度最小的候选解将优先被选择, 其余的不可行解将同样按照式 (4.23) 进行筛选.

上述分支筛选策略考虑了最优性和多样性, 同时保留了可行解和不可行解, 使约束状态转移算法能从不同方向上快速收敛. 一方面, 在可行解集中的比较, 通过选择目标函数值较小的解, 可以使选择的候选解越来越靠近最优解, 并以较快速度寻得最优解. 另一方面, 式 (4.23) 的筛选方式增加了可行解的多样性, 在局部搜索, 如逐步二次规划 (sequential quadratic programming, SQP) 和平移算子的作用下, 能够快速找到当前可行域内的最优解; 而维持不可行解集的多样性可以起引导作用, 在迭代过程中搜索到更优的可行域, 以找到目标函数值比当前最优解 x_{Best} 更好的解.

3) 序列二次规划算法

与随机性智能优化算法相比, 确定型约束优化算法, 如 SQP, 有很强的局部搜索能力和很快的收敛速度. 因此将 SQP 嵌入到约束状态转移算法中, 以增强算法的局部搜索能力和提升算法的快速性. SQP 只有在满足一定条件时才会运行, 即被选出的解集中存在可行解作为 SQP 的初始解, 且满足一定的周期间隔. 在 SQP 的协助下, 使得快速状态转移算法 (FCSTA) 的收敛速度进一步提升.

FCSTA 的流程图可如图 4.26 所示.

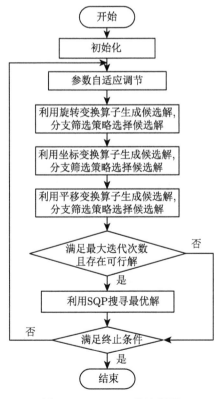

图 4.26 FCSTA 的流程图

如图 4.26 所示, 在初始化的步骤中, 对改进的 STA 和分支筛选策略中的参数进行赋值. 随后进行参数调节, 旋转、轴向和平移算子分别用于产生候选解, 而分支筛选策略用于选择更有潜力的候选解. 在满足一定的条件下, 执行 SQP, 进行局部搜索. 重复以上步骤, 直到满足终止条件.

4.4.5　算法的测试及对比

快速约束状态转移算法 (FCSTA) 是两阶段约束状态转移算法和基于外部档案袋的约束状态转移算法的提升版, 其稳定性、最优性和快速性都比另外两个算法好. 为了验证快速约束状态转移算法的相关性能, 将与几个优秀的约束优化算法进行比较, 包括 TLBO, CTSA 和 DEEM (详见参考文献 [10]). 我们将使用三个工程优化问题, 包括焊接梁设计、拉压 (拉伸/压缩) 弹簧设计和压力容器设计问题, 对 FCSTA 的性能进行研究. FCSTA 的参数设置如表 4.12 所示.

表 4.12　FCSTA 的参数设置

参数	取值	参数	取值	参数	取值
max_FEs	3e5	fc	2	$\alpha_{\min}$	1e−4
max_T	0.5s	c	0.01	$\delta_{\max 1}$	3
Thre_1	1e4	$\alpha_{\max 1}$	2	$\delta_{\max 2}$	30
SE	40	$\alpha_{\max 2}$	20	$\delta_{\min}$	1e−4

1. 焊接梁设计优化问题

$$\min \quad f(X) = 1.10471x_1^2 x_2 + 0.04811 x_3 x_4 (14 + x_2)$$

$$\text{s.t.} \begin{cases} g_1(X) = \tau(X) - \tau_{\max} \leqslant 0, \\ g_2(X) = \sigma(X) - \sigma_{\max} \leqslant 0, \\ g_3(X) = x_1 - x_4 \leqslant 0, \\ g_4(X) = 0.125 - x_1 \leqslant 0, \\ g_5(X) = \delta(X) - 0.25 \leqslant 0, \\ g_6(X) = P - P_c(X) \leqslant 0, \\ g_7(X) = 0.10471 x_1^2 + 0.04811 x_3 x_4 (14 + x_2) - 5 \leqslant 0 \end{cases}$$

其中

$$0.1 \leqslant x_1, x_4 \leqslant 2, \quad 0.1 \leqslant x_2, x_3 \leqslant 10$$

$$\tau(X) = \sqrt{\tau_1^2 + 2\tau_1\tau_2 \left(\frac{x_2}{2R}\right) + \tau_2^2}$$

$$\tau_1 = \frac{P}{\sqrt{2}x_1 x_2}, \quad \tau_2 = \frac{MR}{J}$$

$$M = P\left(L + \frac{x_2}{2}\right), \quad J = 2\left\{\sqrt{2}x_1 x_2 \left[\frac{x_2^2}{4} + \left(\frac{x_1 + x_3}{2}\right)^2\right]\right\}$$

$$P_c(X) = \frac{4.013E\sqrt{\dfrac{x_3^2 x_4^6}{36}}}{L^2}\left(1 - \frac{x_3}{2L}\sqrt{\frac{E}{4G}}\right)$$

$$R = \sqrt{\frac{x_2^2}{4} + \left(\frac{x_1 + x_3}{2}\right)^2}, \quad \sigma(X) = \frac{6PL}{x_4 x_3^2}, \quad \delta(X) = \frac{6PL^3}{Ex_3^3 x_4}$$

$$G = 12 \times 10^6 \text{ppsi}, \quad E = 30 \times 10^6 \text{ppsi}, \quad P = 6000 \text{lb}, \quad L = 14 \text{in}$$

其中, 1ppsi = 6.895kPa, 1lb = 0.45359kg, 1in = 2.54cm.

2. 拉伸/压缩弹簧设计优化问题

$$\min \quad f(X) = (x_3 + 2)x_2 x_1^2$$

$$\text{s.t.} \begin{cases} g_1(X) = 1 - \dfrac{x_2^3 x_3}{71785 x_1^4} \leqslant 0, \\[3mm] g_2(X) = \dfrac{4x_2^2 - x_1 x_2}{12566(x_2 x_1^3 - x_1^4)} + \dfrac{1}{5108 x_1^2} - 1 \leqslant 0, \\[3mm] g_3(X) = 1 - \dfrac{140.45 x_1}{x_2^2 x_3} \leqslant 0, \\[3mm] g_4(X) = \dfrac{x_1 + x_2}{1.5} - 1 \leqslant 0 \end{cases}$$

其中 $0.05 \leqslant x_1 \leqslant 2$, $0.25 \leqslant x_2 \leqslant 1.3$, $2 \leqslant x_3 \leqslant 15$.

3. 压力容器设计优化问题

$$\min \quad f(X) = 0.6224 x_1 x_3 x_4 + 1.7781 x_2 x_3^2 + 3.1661 x_1^2 x_4 + 19.84 x_1^2 x_3$$

$$\text{s.t.} \begin{cases} g_1(X) = -x_1 + 0.0193 x_3 \leqslant 0, \\[2mm] g_2(X) = -x_2 + 0.00954 x_3 \leqslant 0, \\[2mm] g_3(X) = \pi x_3^2 x_4 - \dfrac{4}{3}\pi x_3^3 + 1296000 \leqslant 0, \\[2mm] g_4(X) = x_4 - 240 \leqslant 0 \end{cases}$$

其中 $0.0625 \leqslant x_1, x_2 \leqslant 6.1875$, $10 \leqslant x_3, x_4 \leqslant 200$.

我们设计了两组实验来充分研究所提方法在这三个工程优化问题中的表现, 并与其他三种算法进行了性能比较. 第一个实验是将终止条件设为固定的评价次数, 即 3e5 次. 相应的统计结果如表 4.13 和图 4.27 所示. 第二个实验是将终止条件设置为一个固定的时间, 即 0.5s. 实验结果如表 4.14 所示. 表 4.13 和表 4.14 的统计结果都是基于这三个问题的 30 次独立运行实验, 并以最好 (Best)、平

均 (Mean)、最差目标函数值 (Worst)、目标函数值的标准差 (Std.dev)、平均时间 (T_ave) 作为评价指标.

表 4.13　FCSTA 在 3 个工程测试函数上与其他三个算法的相同评估次数的对比实验结果

问题	算法	Best	Mean	Worst	Std.dev	T_ave/s
焊接梁设计	FCSTA	1.70	1.70	1.70	0.00	0.82
	TLBO	1.70	1.70	1.70	0.00	24.79
	CTSA	1.70	1.70	1.70	0.00	15.74
	DEEM	1.70	1.70	1.70	0.00	6.38
拉压弹簧设计	FCSTA	0.01	0.01	0.01	0.00	0.86
	TLBO	0.01	0.01	0.01	0.00	20.47
	CTSA	0.01	0.01	0.01	0.00	13.49
	DEEM	0.01	0.01	0.01	0.00	6.17
压力容器设计	FCSTA	5885.33	5885.33	5885.33	0.00	0.80
	TLBO	5885.53	5885.57	5885.92	0.11	21.08
	CTSA	5897.08	5951.99	6074.05	40.91	13.45
	DEEM	5885.33	5885.33	5885.33	0.00	6.71

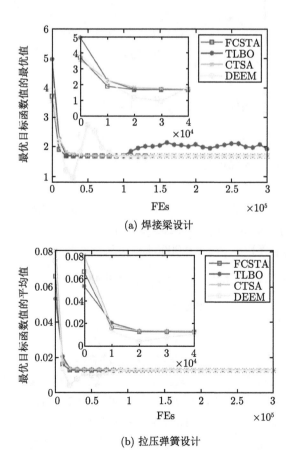

(a) 焊接梁设计

(b) 拉压弹簧设计

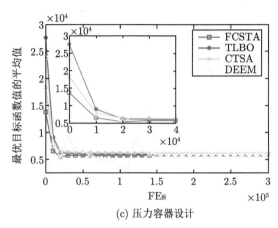

(c) 压力容器设计

图 4.27　FCSTA 在 3 个工程测试函数上与其他三个算法的相同评估次数的收敛图

第一个实验采用固定的评估次数 (3e5), 结果如表 4.13 和图 4.27 所示. 在表 4.13 中, 实验结果根据给出的五个指标, 包括最好、平均、最差的目标函数值、目标函数值的标准差和平均时间. 实验结果表明, FCSTA 在大多数工程优化问题上具有较好的最优性、稳定性和快速性. 最好和最差的指标反映了最优性, 值越小, 性能越好. 与 TLBO 和 CTSA 相比, FCSTA 在压力容器设计问题上的最好值和最差值都较小, 在其他两个问题上的最好值和最差值相同. 此外, 可以利用均值和标准差对算法的稳定性进行评估. 结果表明, FCSTA 具有良好的稳定性. 根据平均时间 (T_ave(s)), FCSTA 优于 TLBO, 在所有被测试的工程应用优化问题中, FCSTA 比这些算法的速度快 7 倍以上. 因此, FCSTA 在这三个工程优化问题上的表现优于其他方法.

表 4.14　FCSTA 与其他几种算法在相同评估时间 (0.5s) 的对比实验结果

问题	算法	Best	Mean	Worst	Std.dev
焊接梁设计	FCSTA	1.70	1.70	1.70	0.00
	TLBO	1.77	1.96	2.32	0.12
	CTSA	1.73	1.84	2.04	0.07
	DEEM	1.78	1.90	2.14	0.08
拉压弹簧设计	FCSTA	0.01	0.01	0.01	0.00
	TLBO	0.01	0.01	0.01	0.00
	CTSA	0.01	0.01	0.01	0.00
	DEEM	0.01	0.01	0.02	0.00
压力容器设计	FCSTA	5885.33	5885.33	5885.33	0.00
	TLBO	6048.00	6404.96	7201.90	276.11
	CTSA	6195.50	6630.63	7153.19	243.36
	DEEM	6419.55	6993.19	7593.50	328.47

图 4.27 给出了四种算法在三个工程问题上的收敛曲线. 从图中可以看出, FCSTA 在这三个工程优化问题上的收敛速度是最快的. FCSTA 具有良好的寻优能力. 在优化过程中, DEEM 和 TLBO 这两种算法的收敛曲线是振荡的.

第二组实验是在固定的运行时间 (0.5s) 下独立进行的. 结果如表 4.14 所示, 该表显示 FSCTA 在所有指标值上都优于其他三种方法. 首先, 最好值和最差值表明, FCSTA 在焊接梁设计、压力容器设计问题上的最优性优于其他方法, 而在拉压弹簧设计方面的最优性与其他方法相同. 其次, 通过比较目标函数的平均值和标准差, 可以看出 FCSTA 在稳定性方面的优势.

综上所述, 所提出的快速约束状态转移算法 (FCSTA) 在最优性、稳定性和快速性能等方面均有较好的效果.

4.5　连续多目标状态转移算法

前面介绍的状态转移算法主要针对单目标优化问题, 本小节介绍两种连续多目标状态转移算法, 一种基于 Pareto 占优的多目标状态转移算法 (Pareto-based multi-objective state transition algorithm, MOSTA/P), 在该算法中, 为了减少候选解比较的时间复杂度, 在比较过程中, 提出了基于计算资源动态分配的非支配排序策略. 另外一种是基于分解的多目标状态转移算法 (MOSTA/D), 该方法的思想是将多目标优化问题转化为多个等价的单目标优化子问题进行求解, 每一个单目标优化子问题的最优解都对应原问题的一个 Pareto 最优解, 最终获得多目标优化问题的 Pareto 最优解集. 所设计的这两种算法可以快速有效地求解多目标优化问题, 得到 Pareto 最优解集, 且具有良好的收敛性和分布性, 下面一一介绍.

4.5.1　多目标优化概述

1. 连续多目标优化问题数学模型

连续变量多目标优化问题的数学模型如下

$$\min \quad F(x) = [f_1(x), f_2(x), \cdots, f_m(x)]$$
$$\text{s.t.} \quad x \in \Omega \subseteq \mathbb{R}^n \tag{4.27}$$

其中 $x = (x_1, x_2, \cdots, x_n)$ 是 n 维决策变量, 是连续变量; Ω 是决策变量的寻优范围. $f_1(x), f_2(x), \cdots, f_m(x)$ 是 m 个待优化的目标函数, 是关于 x 的连续函数.

2. 连续多目标优化问题难点初步探讨

例 4.5.1　设计问题. 国防部门设计某种导弹时, 考虑如下两个目标函数：重量要最轻, 用 $f_1(x)$ 表示; 消耗燃料要最省, 用 $f_2(x)$ 表示. 标记为 A—G 的圆圈代表 7 个方案, 图 4.28 中表示了这些方案在目标函数空间内的位置.

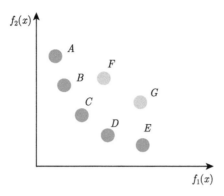

图 4.28 设计导弹的各方案在目标函数空间内的分布图

在图 4.28 中, 就方案 C 和方案 G 来说, 可以看出方案 C 的两个目标函数均小于候选解 G 的. 但是, 就方案 A 和 B 来说, 方案 A 的第一个目标函数值 $f_1(x)$ 比方案 B 小, 但其对应的第二个目标函数值 $f_2(x)$ 比方案 B 大, 因此, 无法确定这两种方案孰优孰劣. 与单目标优化问题不同, 多目标优化问题的多个目标之间是相互冲突的, 因而这些目标不能同时达到最优, 即不存在一个候选解使得所有的目标达到最优. 一个候选解可能在其中一个目标函数上较好, 而在另一个目标函数上较差.

同时, 在候选解的比较过程中, NSGA[14] 设计了一种非支配排序机制, 该机制的时间复杂度为 $O(MN^3)$, 空间复杂度为 $O(N)$. 此非支配排序方法计算量大, 种群数量越大时, 该支配方法的时间复杂度越大. 为了减少比较次数, 从而减少时间复杂度, 在 NSGA-II[15] 算法中, 提出了快速非支配排序的机制, 使得算法时间复杂度降低至 $O(MN^2)$. 但该方法牺牲了空间复杂度, 利用大量的空间存储变量, 空间复杂度较高. Jensen 等提出一种基于递归的 Jensen 排序方法[16], 对于两目标优化问题, 时间复杂度降低至 $O(MN \log N)$, 对多于两目标的优化问题, 其求解的时间复杂度为 $O(N \log^{M-1} N)$, 该方法将随着目标函数个数的增多, 时间复杂度呈指数性逐渐增长. 所以候选解的比较过程中会消耗大量的计算资源, 致使求解时间过长.

对以上的分析中至少揭示了两方面的问题: ① 候选解之间在全部的目标函数上难以比较; ② 如何快速求解多目标优化问题?

为了解决候选解在多个目标上的比较问题, 引入了 Pareto 支配的概念, 下面给出了几个与 Pareto 支配[17−18] 相关的定义.

定义 4.5.1 Pareto 支配 (占优) 对于任意的两个候选解 x_a, x_b, 当且仅当下式成立:

$$\forall i \in (1, 2, \cdots, m), f_i(x_a) \leqslant f_i(x_b), \quad \text{且} \ \exists j \in (1, 2, \cdots, m), f_j(x_a) < f_j(x_b)$$

$$(4.28)$$

则称 x_a 支配 (占优) x_b, 记作 $x_a \prec x_b$, 即候选解 x_a 的目标函数值全部小于等于 x_b 的目标函数值, 且 x_a 至少存在一个目标函数值小于 x_b 的目标函数值.

定义 4.5.2 Pareto 最优解 x^* 为 Pareto 最优解 (或非支配解, 或非占优解), 当且仅当在决策空间内, 不存在其他候选解 x 支配它, 其数学表达式如下

$$\neg \exists x \in \Omega : x \prec x^* \tag{4.29}$$

定义 4.5.3 Pareto 最优解集   所有 Pareto 最优解 x^* 构成的集合 PS 为 Pareto 最优解集, 定义如下

$$\text{PS} = \{x^* \in \Omega | \neg \exists x \in \Omega : x \prec x^*\} \tag{4.30}$$

定义 4.5.4 Pareto 前沿   Pareto 最优解集中所有 Pareto 最优解在目标空间的映射形成的解集, 组成 Pareto 最优解的目标向量值集合 PF. 该集合为 Pareto 最优前沿, 定义如下

$$\text{PF} = \{F(x) | x \in \text{PS}\} \tag{4.31}$$

简而言之, Pareto 最优解集是非支配解的集合, 而 Pareto 最优前沿是 Pareto 最优解集对应目标函数值组成的集合.

例 4.5.2   用图 4.29 对 Pareto 占优等相关概念进行更加直观化的阐述.

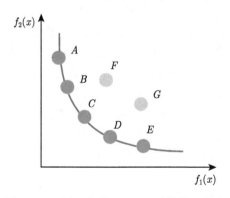

图 4.29   两个目标的 Pareto 最优前沿曲线

标记为 A—G 的圆圈代表 7 个候选解, 图 4.29 中表示了这些解在目标函数空间内的位置. 以候选解 A 和 B 为例, 可以看出候选解 A 的第一个目标函数值小于候选解 B 的, 而其另一个目标函数值大于候选解 B 的, 故 A, B 不能直接比较, A 和 B 是相互不占优的. 针对候选解 C 和 G, 可以看出候选解 C 的两个目

标函数值均小于候选解 G 的, 满足 Pareto 占优的概念, 故候选解 C 是支配候选解 G 的; 若在整个搜索空间内, 没有任何解支配候选解 A, B, C, D, E, 则候选解 A, B, C, D, E 称为 Pareto 最优解, 他们共同组成了 Pareto 最优解集, 其目标函数的集合 $F(A), F(B), F(C), F(D), F(E)$ 形成了 Pareto 前沿.

智能优化算法在求解多目标优化问题上, 易于实现且操作性强, 已经成为求解多目标优化问题的一种重要的方法, 如何快速地找到均匀分布在 Pareto 最优前沿的解是多目标智能优化算法设计上的难点. 为了解决以上问题, 下面将介绍两种多目标优化算法的框架, 用于求解多目标优化问题.

4.5.2 基于 Pareto 占优的多目标状态转移算法

本节提出的 MOSTA/P[19] 利用状态转移算子在决策空间内进行搜索, 采用基于计算资源动态分配的高效非支配排序策略 (ENS-DRA) 对候选解进行前沿等级划分, 利用拥挤距离算子计算候选解的拥挤距离, 根据候选解的前沿等级和拥挤距离选择出比较优的解, 作为下一代的父代种群, 并迭代上述过程直至达到算法终止条件. 下面对 MOSTA/P 的算法流程和设计思想进行阐述.

1. 候选解产生方式

采用平移变换算子和轴向搜索算子产生候选解集, 候选解的产生方式可以用图 4.30 来说明, 选择非支配候选解集中的一个初始解, 通过状态转移变换算子的作用, 在决策空间进行采样, 生成多个候选解, 所有初始解的共同作用, 最终生成候选解集. 之后对于超过决策变量范围的解, 进行一定的修正, 使其映射到边界上, 或者随机产生新的候选解, 使得生成的候选解完全在决策空间内. 在候选解产生方式上, 沿用了单目标状态转移算法中基于采样的思想, 即一个初始解, 通过状态转移算子变换, 在其搜索空间内采样一定个数的解, 由一个初始解产生多个候选解.

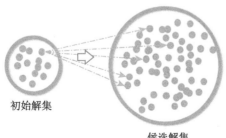

初始解集

候选解集

图 4.30　候选解产生方式

2. 基于计算资源动态分配的高效非支配排序策略

基于 Pareto 占优框架的多目标优化算法中, 一个重要的研究内容就是研究如何在候选解比较过程中, 减少时间复杂度, 快速得到候选解的 Pareto 占优等级及非占优解. 在此方面, Zhang 等[20] 提出一种高效非支配排序策略 (ENS), 该策略的时间复杂度在最好情况下为 $O(MN \log N)$, 最差情况下为 $O(MN^2)$, 空间复杂度为 $O(1)$, 比 NSGA-II 中提出的快速非支配排序策略的时间复杂度和空间复杂度都有一定程度的减少. MOSTA/P 中, 引进 ENS 策略的同时, 考虑了候选解比较过程中计算资源分配的情况, 引入了基于分解和计算资源动态分配的多目标进化算法 (multi-objective evolutionary algorithm based on decomposition with dynamical resource allocation, MOEA/D-DRA) 中计算资源动态分配的思想, 采用基于计算资源动态分配的高效非支配排序策略 (ENS-DRA), 进一步减少了非支配排序过程中的比较次数.

1) 计算资源动态分配策略 (DRA)

所有的智能随机优化算法, 无论是单目标优化算法还是多目标优化算法, 都存在一个共同的缺陷, 且这个缺陷是智能随机优化算法设计思想本身决定的, 是不可避免的. 那就是智能随机优化算法的候选解都是通过算子随机搜索产生的, 不能保证新产生的候选解就优于原来的候选解; 在多目标优化算法中, 这个缺陷的影响尤为严重. 因为多目标优化算法的目标是获得优化问题的非支配解集, 在比较过程中, 就需要知道新产生的候选解和当前候选解集中所有候选解的支配关系, 如果产生的新候选解目标函数都比当前候选解集中解的目标函数大, 则与其他候选解比较与选择之后, 并没有使候选解集朝向 Pareto 最优解集的方向进化, 此时就造成了计算资源的浪费. 为了尽可能减少诸如上述情况的存在, 采用计算资源动态分配策略, 在比较中尽可能地节约计算资源.

假设 P 是父代解集, 解集内的解 $P^{(i)}$ 通过随机搜索算子产生了一个候选解 $Q^{(i)}$, 新产生的候选解组成子代集合 Q, 对于每一个子代 $Q^{(i)}$ 定义一个资源配置值 $\pi^{(i)}$, 其计算方式如下

$$\pi^{(i)} = \begin{cases} 1, & \Delta > 0.001, \\ \left(0.95 + 0.05 \times \dfrac{\Delta^{(i)}}{0.0001}\right)\pi^{(i)}, & \text{否则} \end{cases} \tag{4.32}$$

其中 $\Delta^{(i)} = \left(\displaystyle\sum_{j=1}^{M} f^{(j)}(P^{(i)}) - \sum_{j=1}^{M} f^{(j)}(Q^{(i)})\right) \bigg/ \sum_{j=1}^{M} f^{(j)}(P^{(i)})$.

$\Delta^{(i)}$ 利用新产生候选解 $Q^{(i)}$ 的目标函数之和与初始解 $P^{(i)}$ 目标函数之和之间的关系, 对候选解 $Q^{(i)}$ 是否优于 $P^{(i)}$ 进行初步判断, $\Delta^{(i)}$ 表示候选解目标函数

之和的减小率. 当 $\Delta^{(i)} > 0$ 时, 表明新产生的候选解 $Q^{(i)}$ 至少存在一个目标函数比 $P^{(i)}$ 小, 即 $Q^{(i)}$ 占优; 当 $\Delta^{(i)} > 0.001$ 时, $\Delta^{(i)}$ 越大, $\pi^{(i)}$ 越大, 表明新产生的 $Q^{(i)}$ 资源配置值越高. 在后续非支配排序过程中, 选择资源配置值高的解, 进行比较, 即为资源配置值高的解, 分配计算资源, 这样就减少了候选解的比较次数. 在初始化阶段, $\Delta^{(i)}$ 的初始值设置为 1.

2) 高效非支配排序策略 (ENS)

非支配排序策略通过深入分析候选解之间比较的各种情况, 充分考虑了非支配排序过程中存在的候选解重复排序的情况; 利用比较过程中的信息, 减少候选解之间的比较次数. 对于没有划分前沿等级的候选解, 仅仅和已经分配前沿的解进行比较, 大大地减少了比较次数, 提高了算法的执行效率.

例 4.5.3 图 4.31 对候选解之间相互比较时可能存在的情况进行说明.

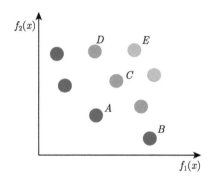

图 4.31   候选解比较情况示意图

图中红色的点表示处于第一前沿等级的解, 图中蓝色的点表示处于第二前沿等级的解, 图中黄色的点表示处于第三前沿等级的解. 由图 4.31 可见候选解之间比较时, 存在如下几种情况:

(1) 候选解和候选解之间相互不占优, 且处于同一前沿, 如候选解 A 和候选解 B 所示;

(2) 候选解和候选解之间相互不占优, 但是处于不同前沿, 如候选解 B 和候选解 C 所示;

(3) 候选解和候选解之间存在占优关系, 如候选解 A 和候选解 D 所示.

情况 (2) 中, 虽然候选解 B 和候选解 C 相互不占优, 但是与候选解 B 处于同一前沿的候选解 A, 对于候选解 C 是占优的, 候选解 B 和候选解 C 处于不同前沿. 由此可得结论, 如果一个解和另一个解互不支配, 但是存在与另一个解处于同一前沿等级的解支配该解, 则这两个解处于不同前沿, 且无需再与该候选解其他前沿比较. ENS 策略充分利用上述结论, 候选解与已知前沿等级的候选解进行比较, 避免了重复与大量多次的比较.

　　ENS 策略中, 最开始的一步也是较为关键的一步是按照单个目标函数从小到大对候选解依次排序, 使得排在后面的解至少有一个目标函数大于或等于排在前面的解. 因此, 排在后面的解与排在前面的解只存在两种关系:

　　(1) 排在前面的解其目标函数都小于排在后面的解, 即排在前面的解占优排在后面的解.

　　(2) 排在前面的解其目标函数有的小于排在后面的解, 排在前面的解其目标函数有的大于排在后面的解, 即排在前面的解与排在后面的解相互不占优.

　　鉴于此, 候选解只用和排在前面的解进行比较, 排在后面的解只可能与排在前面的解处于同一前沿等级或者处于当前前沿等级的下一等级. 这样就可以尽可能地减少比较次数, 得知自身所处的占优等级. 当已知其处于前沿等级的候选解个数大于所需要的个数的时候, 算法终止, 其算法流程如算法 4.5.1 所示.

算法 4.5.1　$F \leftarrow \text{ENS}(P, F, N)$

1.　　　输入: 候选解 P, 前沿集合 F, 种群大小 N
2.　　　输出: 前沿集合 F
3.　　　$P \leftarrow \text{sort}(F(P))$ 依次按照单个目标函数值大小从小到大对候选解集进行 P 排序
4.　　　$\tilde{N} = \text{size}(P)$
5.　　　$k = 1$
6.　　　**for** $i \leftarrow 1$ **to** $\tilde{N}$ **do**
7.　　　　　$x \leftarrow \text{size}(F)$ 记录已知前沿等级的个数
8.　　　　　**while true do**
9.　　　　　　　将 $P^{(i)}$ 与处于前沿集合 $F^{(k)}$ 的所有解进行比较
10.　　　　　　**if** $F^{(k)}$ 中的解与 $P^{(i)}$ 相互不占优 **then**
11.　　　　　　　　$F^{(i)} = k$ ($P^{(i)}$ 处于第 k 前沿中)
12.　　　　　　**else**
13.　　　　　　　　$k{+}{+}$
14.　　　　　　　　**if** $k > x$ **then**
15.　　　　　　　　　　$F^{(i)} = x + 1$ ($F^{(k)}$ 处于第 $x + 1$ 前沿中)
16.　　　　　　　　　　**break**
17.　　　　　　　　**end if**
18.　　　　　　**end if**
19.　　　　　**end while**
20.　　　　　**if** $\sum_{i=1}^{k} |F^{(i)}| \geqslant N$ **then**
21.　　　　　　**break**
22.　　　　　**end if**
23.　　　**end for**
24.　　　**return** F

---

3) ENS-DRA 流程

本小节主要对计算资源动态分配的高效非支配排序策略 (ENS-DRA) 的主要流程进行阐述和分析; 该策略首先通过计算候选解的资源配置值, 将资源配置值由大到小排列, 选择出处于前 R 个的候选解, 基于 Pareto 占优的概念, 利用高效非支配排序策略, 得知每个候选解与其他候选解相比的占优情况和非占优情况, 为每个候选解分配非支配等级. ENS-DRA 算法流程如下所示.

算法 4.5.2 ENS-DRA(P, Q, R, N)

1. 输入: 父代种群 P, 子代种群 Q, 分配计算资源候选解个数 R, 种群大小 N
2. 输出: 前沿集合 F
3. $\tilde{N} = \text{size}(P)$
4. **for** $i \leftarrow 1$ **to** $\tilde{N}$ **do**
5.   计算每个 $Q^{(i)}$ 的资源分配值 $\pi^{(i)}$
6. **end for**
7. $\text{sort}(\pi^{(i)})$, $\pi^{(i)}$ 由大到小进行排序
8. $\tilde{Q} = \{\tilde{Q}^{(r_1)}, \tilde{Q}^{(r_2)}, \cdots, \tilde{Q}^{(r_R)}\}$, 其中 $\tilde{Q}^{(r_1)}, \tilde{Q}^{(r_2)}, \cdots, \tilde{Q}^{(r_R)}$ 是 $\pi^{(i)}$ 最大的 R 个候选解
9. $P \leftarrow \{P, \tilde{Q}\}$
10. $F \leftarrow \text{ENS}\{P, F, N\}$

例 4.5.4 以图 4.32 为例, 较为形象地说明 ENS-DRA 流程.

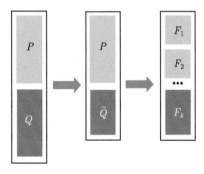

图 4.32 ENS-DRA 流程

首先计算种群 Q 的资源分配值, 选择 R 个解组成候选解集 $\tilde{Q}$, 之后对 $\tilde{Q}$ 和 P 内的所有解进行非支配排序, 获取每一个解的前沿等级值. 在 ENS-DRA 流程中, 节约比较次数和比较时间的主要步骤在于两点. 一是通过计算资源分配值, 选择了 R 个候选解和当前父代种群合并, 而不是全部子代种群中的全部解都和父代种群合并, 减少了比较的候选解数量. 二是通过 ENS 策略, 候选解仅仅和已经分配前沿等级的候选解进行比较, 大大减少了比较次数, 减少了时间复杂度.

3. 拥挤距离的多样性维护策略

基于 Pareto 占优框架的算法需要设计一定的多样性维护策略来保证候选解集在目标函数空间内的分布较为均匀. 在 MOSTA/P 中采用 NSGA-II 提出的拥挤距离的多样性维护策略来保证解集分布的均匀性. 对于一个候选解, 若其某个目标函数值是当前种群最大或者最小的值, 则其相对拥挤距离设定为最大值 ∞. 对于其他解而言, 拥挤距离等于解在各个目标函数的方向上的前后两个目标函数差的绝对值并进行归一化. 如果一个候选解与其邻近解在某个目标函数上相距较大, 就会对总距离的大小有很大程度的影响. 因此, 在计算拥挤距离的时候, 就需要对距离进行归一化. 拥挤距离的多样性维护策略的算法流程如下所示.

算法 4.5.3 $D \leftarrow \text{Crowedistance}(P)$

1.	输入: 候选解集 P
2.	输出: 拥挤距离 D
3.	$l = |P|$
4.	**for** $i \leftarrow 1$ to N **do**
5.	$D(i) = 0$
6.	**end for**
7.	**for** $m \leftarrow 1$ to M **do**
8.	$P = \text{sort}(P, m)$
9.	$D(1) = D(l) = \infty$
10.	**for** $i \leftarrow 2$ to $l-1$ **do**
11.	$D(i) = D(i) + (D(i+1)_m - D(i-1)_m)/(f_m^{\max} - f_m^{\min})$
12.	**end for**
13.	**end for**
14.	**return** D

---

4. 算法更新方式

下面对 MOSTA/P 的更新过程做出详细描述, 算法更新过程综合使用上述基于计算资源动态分配的高效非支配排序策略与拥挤距离多样性维护策略, 对候选解集进行更新, 使得候选解集朝着 Pareto 最优解集进化.

在此, 需要对计算资源动态分配的高效非支配排序策略 (ENS-DRA) 与拥挤距离多样性维护策略在选择候选解时的作用进一步说明. ENS-DRA 主要用于划分候选解集的前沿等级, 拥挤距离多样性维护策略主要对候选解的分布性进行评估, 若候选解处于较为密集的区域, 其拥挤距离较小. 相反地, 若其处于较为稀疏的区域, 其拥挤距离较大. 在此, 进行如下规定, 若候选解 $x^{(1)}$ 与候选解 $x^{(2)}$ 处于同一前沿等级, 则其根据拥挤距离判断候选解的优劣, 拥挤距离大的解更优. 若候

选解 $x^{(1)}$ 与候选解 $x^{(2)}$ 处于不同的前沿等级, 则处于前沿等级高的候选解更优. MOSTA/P 的更新方式如算法 4.5.4 所示.

算法 4.5.4 $P \leftarrow \text{UpdatePopulation}(P, Q, R, N)$

1. 输入: 父代解集 P, 子代解集 Q, 分配计算资源候选解个数 R, 种群大小 N
2. 输出: 已更新的解集 P
3. $F \leftarrow \text{ENS-DRA}(P, Q, R, N)$
4. $t \leftarrow \text{size}(F)$
5. $P \leftarrow \{P(F^{(1)}), \cdots, P(F^{(t-1)})\}$ 将前沿等级 $t-1$ 的解放入 P_{new}
6. $D \leftarrow \text{Crowedistance}(P(F^{(t)}))$
7. $\text{sort}(D)$ (按照拥挤距离从大到小排序)
8. $P_{\text{temp}} \leftarrow \{P(F_{r1}^{(t)}), P(F_{r2}^{(t)}), \cdots, P(F_{N\text{-size}(P)})\}$ (储存拥挤距离较大的前 $N - \text{size}(P_{\text{new}})$ 个解)
9. $P \leftarrow \{P_{\text{new}}, P_{\text{temp}}\}$
10. **return** P

5. 算法整体框架与流程

综合 MOSTA/P 的主要组成部分, 下面详细讲述 MOSTA/P 的主要框架. 首先, 初始化候选解集, 利用 ENS-DRA 策略为候选解集中的解划分前沿等级. 然后, 根据前沿等级及拥挤距离比较候选解, 选择较优的一部分解作为父代种群, 利用平移变换和轴向搜索变换产生新的候选解集, 继续迭代, 直至算法迭代终止条件满足, 算法输出获得的最优解集. 在迭代过程中, 平移变换和轴向搜索变换算子参数在迭代过程中一直处于动态变化中. 这两个算子分别以 fc_T, fc_A 的速率逐渐减少, 到达参数值下界后, 取参数上界并继续动态变化. MOSTA/P 的详细流程框架如下所示.

算法 4.5.5 MOSTA/P 的流程框架

1. 种群大小 N, 状态转移算子参数 β, δ, 采样个数 T, 资源分配个数 R, 状态转移算子参数上下界 $\beta_{\max}, \beta_{\min}, \delta_{\max}, \delta_{\min}$
2. 初始化候选解种群 $P \leftarrow \{x^{(1)}, x^{(2)}, \cdots, x^{(N)}\}$ 计算其目标函数 $\text{FP} \leftarrow \{F(x^{(1)}), F(x^{(2)}), \cdots, F(x^{(N)})\}$
3. **while** 终止条件不满足
4. **if** $\beta < \beta_{\min}$
5. $\beta = \beta_{\max}$
6. **end if**
7. **if** $\delta < \delta_{\min}$
8. $\delta < \delta_{\max}$
9. **end if**
10. 从 P 中随机选择一些解作为候选解产生的初始解集 X

11.　　　$P \leftarrow \text{GeneratePopulation}(X, T, \beta, \delta)$
12.　　　$P \leftarrow \text{UpdatePopulation}(P, Q, R, N)$
13.　　　$\beta < \beta/\text{fc}_T$
14.　　　$\delta < \delta/\text{fc}_A$
15.　　**end while**
16.　　**return** P

MOSTA/P 的流程图如图 4.33 所示.

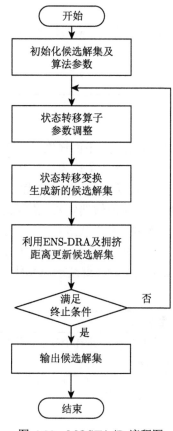

图 4.33　MOSTA/P 流程图

例 4.5.5　利用基于 Pareto 占优的多目标状态转移算法求解下列多目标优化问题

$$\begin{aligned} \min \quad &f_1(x) = x_1 \\ &f_2(x) = g(x)(1 - \sqrt{f_1/g(x)}) \end{aligned}$$

其中 $g(x) = 1 + 9 \sum_{i=2}^{n} x_i/(n-1), n = 30, x_i \in [0,1], i = 1, \cdots, n.$

设定状态转移算法参数: 搜索力度为 200, 问题维数为 30, 最大迭代次数为 500, 解的上下界范围为 $[0, 1]$, 并在该范围内随机产生初始点, 运行程序, 得到结果如图 4.34 所示.

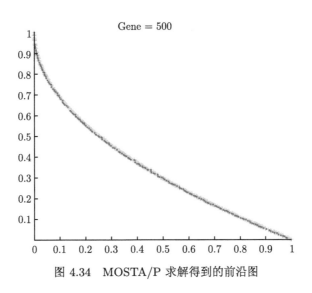

图 4.34 MOSTA/P 求解得到的前沿图

图 4.34 中, 较粗的绿线为真实的 Pareto 最优前沿, 较细的黑线为基于 Pareto 占优的多目标状态转移算法求得的 Pareto 最优前沿, 可以看出该算法收敛性和分布性的性能较优.

4.5.3 基于分解的多目标状态转移算法

基于 Pareto 占优框架的多目标优化算法是解决多目标优化问题的一种方式, 除此框架外, 众多学者还提出基于分解的多目标优化算法[15], 将多目标优化问题转化成多个等价的单目标优化子问题进行求解, 每一个单目标优化子问题的最优解都对应原问题的一个 Pareto 最优解, 最终获得多目标优化问题的 Pareto 最优解集. 基于分解框架的多目标优化算法逐渐成为多目标智能优化算法领域热门的一个研究方向. 本小节提出了基于分解框架的多目标状态转移算法 MOSTA/D, 并通过分析现有聚合函数设计中存在的不足, 提出了一种基于匹配度的修正切比雪夫聚合函数. MOSTA/D 采用基于匹配度的修正切比雪夫函数, 将多目标优化问题分解为若干个单目标优化问题进行优化. 下面将对 MOSTA/D 的主要内容和流程进行阐述, 并对算法做测试和对比.

1. MOSTA/D 主要内容

基于分解的多目标状态转移算法主要包括权重向量的产生与邻域确定、候选解产生、聚合函数设计和种群更新方式等主要内容, 下面将对这些内容进行阐述.

1) 权重向量的产生与邻域确定

基于分解框架的多目标优化算法利用权重向量和聚合函数将多目标的优化问题转化为多个单目标优化问题进行求解, 其产生方式对后续候选解的选择和分布有着较大影响. 权重向量邻域的范围与权重向量的分布有关, 邻域的确定决定了候选解能否均匀分布. 本部分主要介绍 MOSTA/D 中的权重向量产生方式及如何通过权重向量或其他方法确定权重向量邻域.

MOSTA/D 中, 权重向量通过在单维超平面采样产生; 当目标函数的个数为 m 时, 需要在 $m-1$ 维的区间 $[0,1]$ 内以间隔 $1/H$ 进行采样, 最终获得 $N = \mathrm{C}_{H+m-1}^{m-1}$ 个权重向量. 对于权重向量 $\lambda = (\lambda_1, \lambda_2, \cdots, \lambda_m)$ 而言, 其每个元素 λ_i, $i \in \{1, 2, \cdots, m\}$ 的值在采样集合 $\{0, 1/H, 2/H, \cdots, H/H\}$ 中, 且各个元素之和要为 1. 下面以 $H=4$ 为例, 对权重向量的产生进行说明.

如图 4.35 所示, 在区间 $[0,1]$ 内, 每一维采样 $H+1=5$ 个点, 则每一维度可以取值的集合为 $\{0, 0.25, 0.5, 0.75, 1\}$, 权重向量 $\lambda = (\lambda_1, \lambda_2, \cdots, \lambda_m)$ 每一维度的取值是集合元素的组合, 且满足元素之和为 1 的约束条件. 通过计算, 当 $H=4$, $m=3$ 时, 共计得到 15 个权重向量, 这些权重向量显示在图 4.35 中.

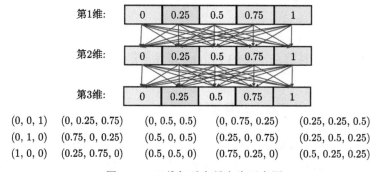

图 4.35   三维权重向量产生示意图

权重向量邻域大小是指一个候选解可以匹配权重向量的个数, 设候选解 x 的更新邻域大小为 T, 即候选解 x 至多和 T 个权重向量进行匹配; 权重向量的初始邻域通过权重向量之间的欧氏几何距离确定. 具体来说, 对于候选解 x 来说, 对应一个权重向量 λ, 距离 λ 几何距离最近的 T 个权重向量组成权重向量 λ 的邻域, 候选解 x 在选择过程中, 和这 T 个权重向量进行匹配. MOSTA/D 过程中, 采用动态权重向量邻域机制, 随机产生一个随机数 r: 当 $r < 0.5$ 时, 邻域确定方式如上所述; 当 $r \geqslant 0.5$ 时, 权重向量 λ 的邻域是随机从权重向量中选择 T 个权重向

量组成的, 使用动态权重向量邻域机制从全局加快了算法收敛进程, 加快了算法收敛速度.

2) 候选解的产生

多目标优化算法要求最终获得的候选解具有较好的分布性, 要均匀分布在最优 Pareto 前沿上, 这对于算法的搜索能力相比于单目标优化算法而言, 有了更高的要求. 从基于分解的多目标状态转移算法实际设计过程中发现, 产生的候选解是否均匀分布在整个搜索空间, 对于实验结果有着较大的影响. 现有的状态变换算子, 如旋转变换算子、伸缩变换算子、平移变换算子产生的候选解与初始解相差较大; 而轴向变换算子新产生的候选解与初始解仅有一维不同, 从而过于相似; 在算法搜索过程中, 既希望通过状态变换产生的新候选解与原候选解有一定的相似性, 又希望候选解与初始解相比, 有一定的不同, 故基于状态转移框架, 提出一种新的状态转换算子——同化状态变换算子, 并利用此算子结合原有状态转移算子, 完成基于分解的状态转移算法的搜索过程.

同化状态变换 (assimilation transformation) 算子的描述如下

$$x_{k+1} = R_s x_k^{(1)} + B_s x_k^{(2)} \tag{4.33}$$

其中, $x_k^{(1)}, x_k^{(2)}$, 是当前候选解集中的两个解, 其维度为 n, 是一个 $n \times 1$ 的列向量; R_s 是一个 $n \times n$ 的对角矩阵, 除第 r 个对角元素为 0 外, 其他元素均为 1; B_s 也是一个 $n \times n$ 的对角矩阵, 除第 r 个对角元素为 1 外, 其他元素均为 0, r 是 1 至 n 的任意一个值; 通过同化状态转移算子的变换, 新产生的候选解 x_{k+1} 的 $n-1$ 个元素和 $x_k^{(1)}$ 相同, 其 1 个元素与 $x_k^{(2)}$ 相同, 即 x_{k+1} 是 $x_k^{(1)}$ 和 $x_k^{(2)}$ 同化的结果.

在 MOSTA/D 中, 同化算子的使用方式表述如下: 对于种群大小为 N 的初始解, 首先从当前候选解集 P 中随机选择 t 个解作为初始解集 X, $t = N/T$, T 是人为设定的采样个数, 对初始解集 X 复制 T 个, 使其规模与 P 相同, 初始解 X 和当前种群 P 中的每一个解在同化算子的作用下, 产生了新的种群 P'. 下面以候选解变量维数为三维的候选解, 对同化算子的作用进行说明.

图 4.36 和图 4.37 显示了大小为 200 个的种群在同化变换算子前和同化变换算子后的比较示意图. 图 4.36 中 5 个绿色五角星表示从当前候选解集中随机选取的 5 个解, 采样个数 $T = 40$, 其他圆点表示当前候选解集; 经过同化算子的变换, 候选解集中的解在某一维度上的取值与随机选取 5 个解中的某个在同一维度上的取值相同, 新产生的候选解被 5 个候选解分为 5 组, 在图 4.37 中用不同的颜色表示; 原来无序的候选解集转换为较为有序的候选解集, 这样使得在某一维度值固定时可以进行较为深度的搜索. 在 MOSTA/D 中, 同化算子的使用与迭代过程的进展有关, 分别在迭代初期和迭代后期使用: 在迭代初期使用使得可以快速获得某一维度下的较优解集, 在迭代后期使用使得候选解在某一维度进行更细致

的搜索. 在此之间, 采用旋转变换算子进行搜索. 除此之外, MOSTA/D 在产生候选解时, 也使用了平移变换算子和轴向变换算子, 之后采用旋转变换算子进行修正的方式.

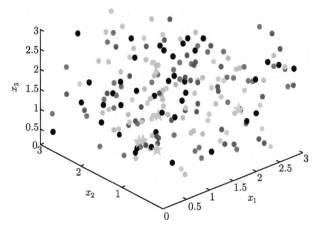

图 4.36　同化变换前的种群

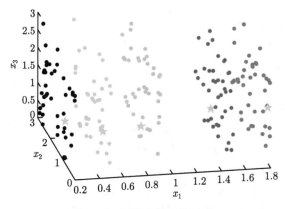

图 4.37　同化变换后的种群

MOSTA/D 采用两种产生候选解集的方式, 一种利用同化变换算子和旋转变换算子产生不同的解, 另一种利用平移变换算子和轴向搜索变换算子共同产生候选解集, 最后使用旋转变换算子对每一个候选解进行修正. 在算法实际使用中, 两种方式交替使用, 使得算法具有较强的搜索性能, 其搜索空间更加广泛. 具体产生候选解的主要算法如下.

算法 4.5.6 $P \leftarrow \text{GeneratePopulation1}(X, T, \alpha, \text{gen}, X_{\max}, X_{\min})$

1.　　输入: 大小 N, 初始解集 X, 采样个数 T, 状态转移算子参数 α, 前迭代次数 gen 决策变量的下界 $X_{\min}$, 决策变量的上界 $X_{\max}$

2.　　输出：候选解集 P

3.　　从 X 中随机选择 N/T 个候选解作为初始解集 X'

4.　　**if** gen < gen$_1$ || gen > gen$_2$ **do**

5.　　　　$P \leftarrow$ Assimilation(X', T, X)

6.　　**else**

7.　　　　$P \leftarrow$ Rotation(P, T, α)

8.　　**end if**

9.　　$P \leftarrow$ bound$(P, X_{\min}, X_{\max})$

10.　　**return** P

算法 4.5.7　$P \leftarrow$ GeneratePopulation2$(X, T, \alpha, \beta, \delta, X_{\max}, X_{\min})$

1.　　输入：初始解集 X, 采样个数 T, 状态转移算子参数 α, β, δ, 决策变量的下界 $X_{\min}$, 决策变量的上界 $X_{\max}$

2.　　输出：候选解集 P

3.　　从 X 中随机选择 N/T 个候选解作为初始解集 X'

4.　　$P_1 \leftarrow$ Transation(X', T, β)

5.　　$P_2 \leftarrow$ Axesion(X', T, δ)

6.　　$P \leftarrow \{P_1, P_2\}$

7.　　$P \leftarrow$ Rotation$(P, 1, \alpha)$

8.　　$P \leftarrow$ bound$(P, X_{\min}, X_{\max})$

9.　　**return** P

---

3) 聚合函数设计

聚合函数的设计基于分解框架算法的核心, 是权重向量 λ, 理想参考点 z^*, 候选解 x 的函数, 其中, $\lambda = (\lambda_1, \lambda_2, \cdots, \lambda_M)$, $z^* = (z_1^*, z_2^*, \cdots, z_M^*)$ 为已知候选解各个目标的最小值, 最为典型的几种聚合函数如下.

(1) 权重求和法：

$$\max \quad g^{\mathrm{ws}}(x, \lambda) = \sum_{i=1}^{M} \lambda_i f_i(x) \tag{4.34}$$

权重求和法是对每一个目标函数施加一个权重, 对所有的目标函数求权重和, 多组权重向量就构成多个单目标优化问题; 权重求和方法具有明确的几何意义, 其函数值等于候选解目标函数向量在权重方向上的投影.

(2) 切比雪夫法：

$$\min \quad g^{\mathrm{tc}}(x | \lambda, z^*) = \max_{1 \leqslant i \leqslant M} \{\lambda_i | f_i(x) - z_i^* |\} \tag{4.35}$$

切比雪夫法利用参考点和权重向量, 通过最小化单个目标在权重下与理想点之间的差距, 使得候选解不断进化. 其他使用较多的切比雪夫分解方法变种表示如下

$$\min_{x\in\Omega}\quad g(F(x)|\lambda, z^*) = \max_{1\leqslant i\leqslant m}\left\{\frac{f_i(x) - z_i^*}{\lambda_i}\right\} \tag{4.36}$$

(3) 惩罚边界法:

$$\min\quad g^{\mathrm{PBI}}(x, \lambda, z^*) = d_1 + \theta d_2 \tag{4.37}$$

其中, $d_1 = \left\|(z^* - F(x))^{\mathrm{T}}\lambda\right\|/\|\lambda\|$, $d_2 = \|F(x) - (z^* - d_1\lambda)\|$, 惩罚边界法包含一个参数 θ, d_1 用来表征候选解的目标函数与理想参考点组成的向量在权重向量上的投影距离, d_1 越小, 表明候选解越接近 Pareto 前沿; d_2 表示候选解目标函数组成的点, 到权重与理想参考点组成直线的垂直距离, 其值越小, 说明该候选解与理想参考点组成的向量与权重向量的夹角越小; θ 的取值决定算法更偏向收敛性还是更偏向分布性; 一般而言, $\theta = 5$ 较为合适. θ 的取值对算法的收敛性和分布性有较大的影响, 一些专家学者提出自适应 θ 参数的基于惩罚的边界交叉 (penalty-based boundary intersection, PBI) 聚合函数分解策略.

根据聚合函数的目标函数值, 对候选解进行比较, 是基于分解框架的多目标优化算法在选择过程中的关键一步. 聚合函数的目标函数值是否可以反映候选解的支配关系, 决定了算法能否选择出非支配解, 能否成功收敛于真实的前沿. 本小节通过分析现有聚合函数设计中存在的不足, 提出一种基于匹配度的修正切比雪夫聚合函数; 可以证明, 本小节提出的聚合函数分解方法与传统的切比雪夫聚合函数的最优值是一致的.

(1) 现有聚合函数的缺点分析.

加权聚合函数具有明显的几何意义, 其目标函数就是候选解目标函数值与理想参考点组成的向量在权重向量上的投影长度. 鉴于加权聚合函数这一突出的特点, 本小节以加权聚合函数为例, 对采用该函数进行候选解选择时的过程进行阐述, 表明权重向量与候选解的匹配关系在设计聚合函数时的重要性.

如图 4.38 加权聚合函数选择过程示意图, 其中 x_1 是原始种群的解之一, x_2 是新种群的解之一. $F(x_1)$ 和 $F(x_2)$ 分别是 x_1 和 x_2 的目标函数; λ_1 和 λ_2 是两个不同的权重向量. $g_j^{(i)}$ 代表的是 x_i 与权重向量 λ_j 计算出的目标函数值; 由于采用加权聚合函数, 故目标函数值的大小可以在图中明显地表示出来. 图 4.38 中, 红线的长度表示候选解 x_1 的聚合函数的目标值, 绿线的长度表示候选解 x_2 的聚合函数的目标值.

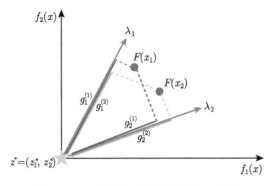

图 4.38 加权聚合函数选择过程示意图

从图 4.38 可以看出, 如果 x_1 和 x_2 与权重向量 λ_1 匹配, 则 $g_1^{(1)}$ 大于 $g_1^{(2)}$, 那么在更新过程中, x_1 优于 x_2, x_1 不会被 x_2 替换; 但是, x_1 和 x_2 与权重向量 λ_2 匹配, 则 $g_2^{(2)}$ 大于 $g_2^{(1)}$, x_2 优于 x_1, 那么在更新过程中, x_1 则被 x_2 替换. 因此, 候选解与不同的权重向量进行匹配, 对更新过程种群的进化有着很大的影响. 同一个候选解与不同的权重向量匹配, 更新过程的结果不同.

因此, 在使用聚合函数对候选解进行选择的过程中, 应仔细考虑解与权重向量的匹配程度, 然而, 目前的聚合函数分解方法并没有明确强调权重向量和候选解之间的匹配关系, 这在一定程度上影响了较优候选解在迭代过程中的保留.

(2) 基于匹配度的修正切比雪夫聚合函数.

如前所述, 在基于分解的算法中, 权重向量与候选解的匹配程度是选择的关键. 然而, 目前的分解方法并没有明确强调权重向量和候选解之间的匹配关系. 本节提出了一种基于匹配度的分解方法, 综合考虑了切比雪夫方法、权重向量与候选解的关系. 可以证明, 本节提出的聚合函数分解方法获得的最优解与切比雪夫方法是等价的.

首先给出切比雪夫聚合函数相关定理. 切比雪夫聚合函数表述如式 (4.38) 所示, 当权重向量、理想参考点确定之后, 切比雪夫函数是以候选解的目标函数为自变量的函数, 因目标函数的变化而变化. 式 (4.35) 中, $\lambda = (\lambda_1, \lambda_2, \cdots, \lambda_M)$, $z^* = (z_1^*, z_2^*, \cdots, z_M^*)$ 为已知候选解各个目标的最小值

$$\min \quad g^{\text{te}}(x|\lambda, z^*) = \max_{1 \leqslant i \leqslant M} \{\lambda_i |f_i(x) - z_i^*|\} \tag{4.38}$$

关于切比雪夫聚合函数, 有定理 4.5.1[22].

定理 4.5.1 假设多目标优化问题的 Pareto 前沿是分段连续的. 如果直线 L_1 与 Pareto 前沿存在一个交点, 则该交点是标量问题 Q_1 的最优点, 其中, Q_1 即

为式 (4.38) 所示的问题; 直线 L_1 表达式如下

$$\frac{f_1 - z_1^*}{1/\lambda_1} = \frac{f_2 - z_2^*}{1/\lambda_2} = \cdots = \frac{f_M - z_M^*}{1/\lambda_M} \quad (\lambda_i \neq 0, i = 1, 2, \cdots, M) \qquad (4.39)$$

其中 λ_i 是权重向量各个维度的数值, z_i^* 是第 i 维目标函数的理想值.

　　以两目标优化问题为例, 通过如下所示的图 4.39, 对上述定理给予解释. 图中红色的线表示权重向量 $\lambda = (\lambda_1, \lambda_2)$, 该问题的直线 L_1 可表示为

$$\frac{f_1 - z_1^*}{1/\lambda_1} = \frac{f_2 - z_2^*}{1/\lambda_2} \quad (\lambda_i \neq 0) \qquad (4.40)$$

　　与 Pareto 最优曲线的交点是权重向量 λ 下的切比雪夫函数的最优值, 即图中红点表示权重向量 λ 聚合函数的最优解.

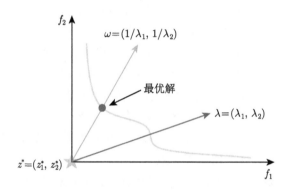

图 4.39　针对两目标优化问题的定理 4.5.1 示意图

　　定理 4.5.1 表明, 一个解如果在直线 L_1 与 Pareto 前沿的交点上, 那么该解一定是一个权重向量下的切比雪夫函数的最优解. 定理 4.5.1 的逆否命题也成立, 即一个解如果不是某个权重向量下的切比雪夫函数的最优解, 则该点不是直线 L_1 与 Pareto 前沿的交点. 那么, 这个点的位置就要分两种情况考虑, 一种是在直线上, 另一种不在直线上. 判断该点是否在直线上, 可以引用数学中向量夹角余弦值的概念.

　　定义 4.5.5 向量夹角余弦值　对于向量 u 和向量 v, 其夹角的余弦值 $\cos(u, v)$ 定义为

$$\cos(u, v) = \frac{u \cdot v}{\|u\| \cdot \|v\|} \qquad (4.41)$$

其中 $\|\cdot\|$ 表示一个向量的范数. 若向量 u 和向量 v 处于一条直线上, 则 $\cos(u, v) = \pm 1$. 若 $\cos(u, v) \neq \pm 1$, 则向量 u 和向量 v 不在一条直线上.

　　基于向量夹角余弦值的概念, 在此, 提出权重向量与候选解匹配度的概念.

定义 4.5.6 匹配度 权重向量 λ 与候选解 x 匹配度 φ 定义为

$$\varphi = h(x|\lambda, z^*) = \left| \frac{(F(x) - z^*)^{\mathrm{T}}\omega}{\|F(x) - z^*\|\,\|\omega\|} - 1 \right| \tag{4.42}$$

其中 $\omega = (1/\lambda_1, 1/\lambda_2, \cdots, 1/\lambda_M)^{\mathrm{T}}$, z^* 为理想参考点.

从定义中可以看出, 若候选解目标函数与理想参考点组成的向量与 ω 方向一致, φ 为 0; 候选解目标函数值与理想参考点组成的向量与权重向量的方向越接近, 说明候选解与权重向量越匹配, φ 越小; 反之, 方向越远, 两者越不匹配, φ 越大. 因此, 在设计聚合函数时, 可以加入匹配度的信息, 将候选解与权重向量的匹配程度考虑进去, 使得选择过程更加合理.

基于上述对于候选解与权重向量匹配度的分析, 在本节提出基于匹配度的修正切比雪夫函数, 作为基于分解的多目标状态转移算法中的分解方法. 基于匹配度的修正切比雪夫函数表述如下

$$\min \quad g^{\mathrm{tmd}}(x|\lambda, z^*) = g^{\mathrm{te}}(x|\lambda, z^*) \cdot (1 + h(x|\lambda, z^*)) \tag{4.43}$$

其中 $g^{\mathrm{te}}(x|\lambda, z^*)$ 为一般定义下的切比雪夫聚合函数, $h(x|\lambda, z^*)$ 为候选解和权重向量之间的匹配度. 可以证明, 基于匹配度的修正切比雪夫聚合函数与原切比雪夫聚合函数 $g^{\mathrm{te}}(x|\lambda, z^*)$ 的最优解是一致的.

定理 4.5.2 若 $g^{\mathrm{te}}(x|\lambda, z^*)$ 的最优解是 x_1^*, $g^{\mathrm{tmd}}(x|\lambda, z^*)$ 的最优解是 x_2^*, 则 $x_1^* = x_2^*$.

证明 在 λ, z^* 一定时, $g^{\mathrm{te}}(x|\lambda, z^*)$ 的最优解是 x_1^*, $g^{\mathrm{tmd}}(x|\lambda, z^*)$ 的最优解是 x_2^*, 那么由 $g^{\mathrm{te}}(x|\lambda, z^*)$ 和 $g^{\mathrm{tmd}}(x|\lambda, z^*)$ 的函数构造可知, $h(x|\lambda, z^*) \geqslant 0$, 故 $g^{\mathrm{tmd}}(x|\lambda, z^*) \geqslant g^{\mathrm{te}}(x|\lambda, z^*)$. 所以 $g^{\mathrm{tmd}}(x|\lambda, z^*)$ 是有下界的, 且当 $h(x|\lambda, z^*) = 0$ 时, $g^{\mathrm{tmd}}(x|\lambda, z^*)$ 函数取得最小值; 当 $h(x|\lambda, z^*) = 0$ 时, 说明候选解的目标函数与理想参考点组成的向量与 $\omega = (1/\lambda_1, 1/\lambda_2, \cdots, 1/\lambda_M)$ 是共线的, 由定理 4.5.1 知, 此时 $x = x_1^*$; 当 $x = x_1^*$ 时, $h(x|\lambda, z^*) = 0$, $g^{\mathrm{tmd}}(x|\lambda, z^*) = g^{\mathrm{te}}(x|\lambda, z^*)$, $g^{\mathrm{tmd}}(x|\lambda, z^*)$ 取得最小值, 即 x_1^* 为 $g^{\mathrm{tmd}}(x|\lambda, z^*)$ 的最优解, 故 $x_1^* = x_2^*$. 证毕.

由上述证明得知, 本小节提出的基于匹配度的修正切比雪夫聚合函数与原切比雪夫函数的最优值和最优解是一致等价的.

在采用基于匹配度的修正切比雪夫聚合函数作为多目标优化的分解方式时, 在选择过程中, 不仅考虑了目标函数与权重向量分量之间的乘积大小, 还考虑了候选解与权重向量的匹配关系, 减少了因权重向量不匹配问题造成的较好候选解没有被选择的不足.

4) 种群更新方式

MOSTA/D 中, 候选解的比较采用基于匹配度的切比雪夫函数, 在选择的同时也加强了搜索过程. 具体来说, MOSTA/D 的更新过程如算法 4.5.3 所示, 通过

事先根据权重向量邻域确定的候选解更新邻域 B, 在候选解更新邻域内通过利用 $g^{\mathrm{tmd}}(x|\lambda, z^*)$ 函数, 对父代候选解集和子代候选解集进行比较时, 若父代候选解劣于子代候选解, 则利用父代候选解和子代候选解作为初始解, 通过平移变换算子产生新的候选解, 继续进行比较, 根据比较结果, 更新父代候选解, 保证父代中的候选解是当前找到的最优的候选解.

算法 4.5.8　UpdatePopulation

1.　　**for** $i \leftarrow 1$ to N **do**
2.　　　**for** $j \leftarrow 1$ to T **do**
3.　　　　**if** $g^{\mathrm{tmd}}(x^{B(j)}|\lambda^{B(j)}, z^*) > g^{\mathrm{tmd}}(y^{(i)}|\lambda^{B(j)}, z^*)$ **then**
4.　　　　　$v \leftarrow \mathrm{translate}(x^{E(j)}, y^{(i)}, \beta)$
5.　　　　　**if** $g^{\mathrm{tmd}}(y^{(i)}|\lambda^{B(j)}, z^*) > g^{\mathrm{tmd}}(v|\lambda^{B(j)}, z^*)$ **then**
6.　　　　　　$x^{E(j)} \leftarrow v$
7.　　　　　**else**
8.　　　　　　$x^{E(j)} \leftarrow y^i$
9.　　　　　**end if**
10.　　　　**end if**
11.　　　**end for**
12.　　**end for**
13.　　**return** P

2. 算法整体框架

本小节对 MOSTA/D 的主要框架进行介绍. MOSTA/D 的整个算法流程中, 通过状态转移算子在整个决策空间内进行搜索, 利用权重向量, 采用基于匹配度的修正切比雪夫函数对候选解进行选择. 最终获得优化问题的近似最优解集. 更详细地, MOSTA/D 首先进行初始化, 设置算法相关参数, 产生权重向量, 并确定候选解的更新邻域; 之后是迭代更新过程, 利用状态转移算子产生子代解集, 在候选解更新邻域内利用基于匹配度的修正切比雪夫进行比较. 值得注意的是, 候选解更新邻域在算法中是动态变化的, 使得候选解既可以在确定邻域更新, 也可以与其他候选解进行比较更新, 使得候选解集更新范围更广泛. 此外, 如果经过比较, 发现了更优的解, 则利用状态转移算子进行二次搜索, 再进行选择过程. 旋转变换算子及平移变换算子的参数在迭代过程中, 一直处于有规律的动态变化之中. 这三个算子分别以 fc_R, fc_T 的速率逐渐减少, 到达参数值下界后, 取参数上界并继续动态变化. MOSTA/D 的流程框架及流程图分别如算法 4.5.9 和图 4.40 所示.

算法 4.5.9 MOSTA/D 的流程框架

1. 初始化权重向量集合 $\lambda = (\lambda_1, \lambda_2, \cdots, \lambda_m)$ 及算法参数 $N, T, \alpha, \beta, \delta$, 状态转移算子参数上下界 $\alpha_{\max}, \alpha_{\min}, \delta_{\max}, \delta_{\min}$

2. 初始化候选解种群 $P \leftarrow (x_1, x_2, \cdots, x_n)$, 计算其目标函数

   $\text{FP} \leftarrow (F(x_1), F(x_2), \cdots, F(x_n))$

3. 初始化理想参考点 $z^* \leftarrow \{z_1^*, z_2^*, \cdots, z_m^*\}$

4. **for** $i \leftarrow 1$ **to** N **do**

5. $B^i \leftarrow \{i_1, i_2, \cdots, i_T\}$, 其中 $\lambda^{(i_1)}, \lambda^{(i_2)}, \cdots, \lambda^{(i_T)}$ 是距离 $\lambda^{(i)}$ 欧氏距离最近的 T 个权重向量

6. **end for**

7. **while** 终止条件不满足

8.   **if** $\alpha < \alpha_{\min}$

9. $\alpha = \alpha_{\max}$

10.   **end if**

11.   **if** $\delta < \delta_{\min}$

12. $\delta = \delta_{\max}$

13.   **end if**

14.   随机从 P 中选择 N/T 个解作为初始解集 X

15.   交替使用 GeneratePopulation1 和 GeneratePopulation2 产生子代种群 Q

16.   **for** $i \leftarrow 1$ **to** N **do**

17.   **if** rand() $< r$ **then**

18. $R \leftarrow \{r_1, r_2, \cdots, r_T\}$, 其中 $\{r_1, r_2, \cdots, r_T\}$ 是 $\{1, 2, \cdots, N\}$ 中随机选择的 T 个数

19.   **end if**

20. $z^* \leftarrow \min(z^*, F(Q))$

21. $P \leftarrow \text{UpdatePopulation}(PQ, z^*, B, \lambda, \beta)$

22.   **end for**

23. $\delta = \delta/\text{fc}_T$

24. $\alpha = \alpha/\text{fc}_R$

25.   **end while**

26.   **return** P

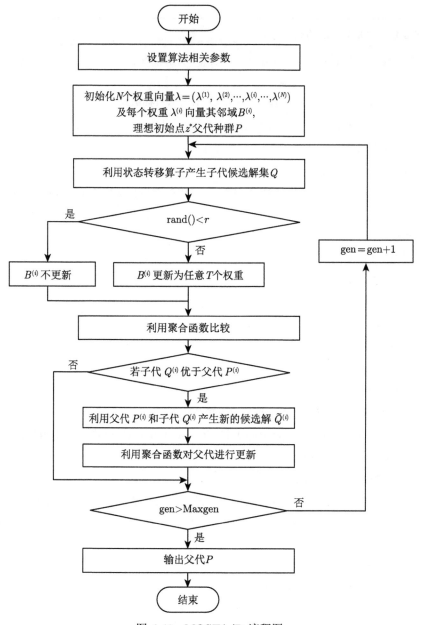

图 4.40　MOSTA/D 流程图

4.5.4　算法的测试及对比

本节实验在 PlatEMO 平台[23] 上进行, PlatEMO 是由田野等学者在 MAT-LAB 环境下, 开发的多目标优化算法综合实验平台. 该平台包含数十种多目标算法及数百种多目标优化测试问题, 为多目标优化算法的对比实验操作提供了便利和支持.

1. 基于 Pareto 占优的多目标状态转移算法测试及对比

在本小节算法实验对比时, 采用基于局部搜索的多目标优化算法 (nondominated sorting and local search, NSLS)[24], 基于分解的多目标差分进化算法 (MOEA/D based on different evolution, MOEA/D-DE)[25], 快速非支配排序遗传算法 (nondominated sorting genetic algorithm Ⅱ, NSGA-Ⅱ)[26] 三种算法进行比较, 其算法参数为 PlatEMO 实验平台提供的默认参数.

1) 实验设置

在本次实验中, MOSTA/P 参数的设置如下: 最大迭代次数 Maxgen = 500 次, 种群大小 N 为 200 个, 采样个数 T 为 10 个, 资源分配个数 $R = 3N/4$.

本小节所使用的测试函数为 MOP1-MOP4 及具有复杂前沿的 F1—F6 标准测试函数 (见本章附录多目标测试函数). 不同算法在不同测试函数上, 独立运行 30 次之后, 利用已知的标准前沿, 对多目标算法的反向世代距离 (inverted generational distance, IGD) 指标和超体积 (hypervolume, HV) 指标进行统计, 来表征算法获得最优解集的分布性和收敛性. 统计结果包括最大值、最小值、平均值及标准差. 其中, IGD 指标可以同时对收敛性和分布性进行评估, 其值越小, 表示算法的收敛性和分布性越好; HV 指标更加侧重于算法的分布性, 算法获得前沿解分布越广泛, HV 值越大, 其算法的分布性越好. 本次测试对比中, HV 指标参考点取标准前沿的 1.2 倍.

2) 对比实验结果及分析

本小节对四种算法在 10 种测试问题上得到的最优解集的前沿图及 IGD 指标和 HV 指标的相关统计结果如图 4.41—图 4.50、表 4.15、表 4.16 所示. 从前沿图与性能指标的统计结果看, MOSTA/P 可以有效解决多目标优化问题, 尤其面对低维问题, 与其他算法相比, 其收敛性和分布性的性能更优.

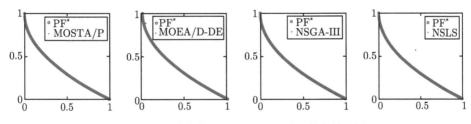

图 4.41　四种算法求解 MOP1 测试函数的前沿图

从 MOP1 的标准 Pareto 最优解来看, 其决策变量的第一维为 0 或 1, 决策变量的其他维为 $x_j = \sin(0.5\pi x_1)$; 变量之间具有强烈的耦合, 因此该问题是较难求解的. 从四种算法求解 MOP1 测试问题获得的前沿图看, 四种算法都没有完整获得 MOP1 测试问题的最优前沿, 但都找到了前沿的边界点 $(1,0)$ 和 $(0,1)$, 其中 MOSTA/P 得到的前沿解的分布最广泛; 就 IGD 指标的平均值来说, MOEA/D-DE 取得的平均值最优. 从 IGD 指标的最大值看, MOSTA/P 最小, 说明 MOSTA/P 可以在一定程度上获得最优前沿, 观察 IGD 指标的标准差及最大最小值来看, 四种算法在求解 MOP1 问题时都不稳定, 这也是算法需要改进的地方. 从 HV 指标上看 MOSTA/P 的平均值最大, 说明平均来看 MOSTA/P 获得的最优解集的分布性最好.

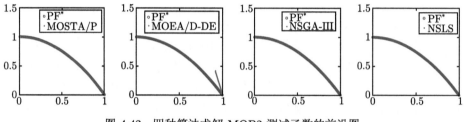

图 4.42   四种算法求解 MOP2 测试函数的前沿图

MOP2 测试问题的标准 Pareto 最优解与 MOP1 测试问题的最优解一致, 因此也是较难求解的. 从四种算法所获得 MOP2 测试问题的前沿图来看, MOSTA/P 可以找到测试问题的全部前沿解, 而 MOEA/D-DE 找到了边界 Pareto 最优解, 算法获得的其他解并未收敛至 Pareto 最优解集, 其他两种算法仅仅找到了边界 Pareto 最优解. 从 IGD 指标和 HV 指标的平均值看, MOSTA/P 与其他算法相比展现出了绝对的优势.

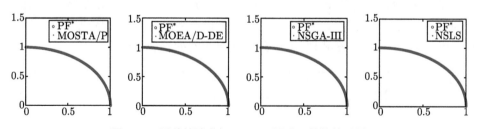

图 4.43   四种算法求解 MOP3 测试函数的前沿图

在求解 MOP3 测试问题时, MOSTA/P 获得的 Pareto 最优解集覆盖了整个标准前沿, 其他算法获得的解都处于边界上或者并未收敛至 Pareto 最优解集中. 从 IGD 和 HV 指标上看, MOSTA/P 无论是指标的最大值、平均值还是标准差, 都是最好的, 说明算法在求解 MOP3 测试问题时稳定且最优.

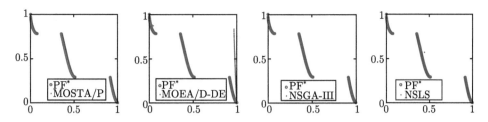

图 4.44　四种算法求解 MOP4 测试函数的前沿图

MOP4 测试问题的 Pareto 最优前沿是分 3 部分的, 每部分目标函数的区间都较小, Pareto 前沿较为狭长. 从四种算法求解 MOP4 问题的前沿图上看, MOSTA/P 获得的最优解集覆盖了整个 Pareto 前沿解, MOEA/D-DE 找到了一小部分解, 大多数的解还未收敛到 Pareto 最优解集上. 其他两个算法也仅仅找到了其中一小部分. 从 IGD 和 HV 指标上看, MOSTA/P 的 IGD 指标最小, HV 指标最大, 两个指标的标准差也小, 说明 MOSTA/P 在求解 MOP4 问题时, 在四个算法中是较为稳定且最优的.

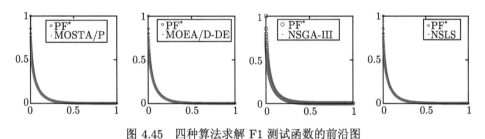

图 4.45　四种算法求解 F1 测试函数的前沿图

F1 测试问题是一种低维问题, 其标准 Pareto 前沿解之间的目标函数差距较小, Pareto 前沿整体变换较为平缓, 且 Pareto 前沿的形状是非凸的; 从四种算法求解 F1 测试问题所获得的前沿看, MOSTA/P 和 NSLS 获得的最优解集分布较为广泛, MOEA/D-DE 和 NSGA-III 获得的前沿解都没有完全覆盖最优前沿的尾部. 从 IGD 和 HV 指标上看, MOSTA/P 的 IGD 平均值最小, HV 平均值最大, 与其他算法相比, 获得了较好的收敛性和分布性.

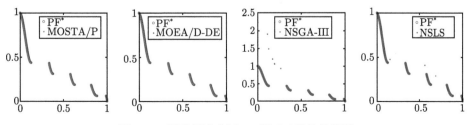

图 4.46　四种算法求解 F2 测试函数的前沿图

F2 测试问题的 Pareto 前沿面是分段不连续的, 且是多模态的一个测试问题. 其前沿一共分为 5 段, 且长度不等. 从四个算法求解 F2 测试问题所获得的前沿图来看, MOSTA/P 和 MOEA/D-DE 获得了较优的前沿曲线. NGSA-III 在算法终止时, 得到的解集并没有完全收敛到 Pareto 最优解上, NSLS 算法得到的最优解有一部分在 Pareto 标准前沿解上, 分布在标准前沿上的解较少. 从指标的统计结果上看, MOSTA/P 的 IGD 指标和 HV 指标都是四个算法之中最优的.

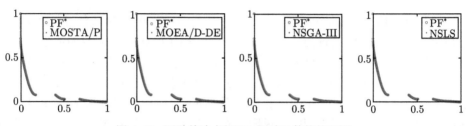

图 4.47   四种算法求解 F3 测试函数的前沿图

同样地, F3 测试函数的 Pareto 前沿也是多模态分段不连续的, 与 F1 测试函数类似, 从单个目标函数来看, 其每一支 Pareto 前沿上的单个目标函数变化趋势也较为平稳. 从四种算法得到的 Pareto 前沿图上看, 除 MOSTA/P 外, 其他函数获得的前沿与标准前沿相比, 都有一定的损失. 从指标上看, MOSTA/P 的 IGD 指标最小, HV 指标最大, 是四个算法中获得最优解集分布性和收敛性最好的算法.

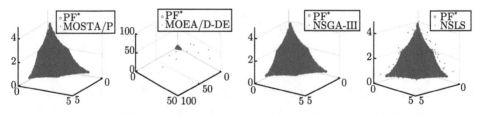

图 4.48   四种算法求解 F4 测试函数的前沿图

F4 测试函数是具有三个目标的非多模态测试问题, 从四种算法求解该问题获得的前沿图上看, MOSTA/P 和 NSGA-III 得到的解都分布在标准 Pareto 前沿上, NSLS 获得的解集并没有完全收敛至最优 Pareto 前沿解上, 而 MOEA/D-DE 部分解与 Pareto 前沿解相差巨大. 通过指标来看, MOEA/D-DE 的 IGD 指标最小, 表明其收敛性和分布性较好, 而从获得的前沿图说明收敛性并不好, 这两者是相互矛盾的. 究其原因, 是因为 IGD 指标的定义的局限性; 由于 IGD 指标的定义为距离标准前沿值的平均最小距离, 导致远离 Pareto 前沿的解的距离并未考虑进去, 所以, MOEA/D-DE 虽然获得的前沿不是 Pareto 最优前沿, 其 IGD 也较小; 对于 HV 指标, 参考点设定为标准前沿解各个目标函数最大值的 1.2 倍, 对于目标值大于参考点的, 不进行计算, MOEA/D-DE 参与 HV 指标计算的解较少, 这也是其 HV 指标最小的原因之一. 整体说来, 在求解 F4 测试问题上, NSLS 和 MOSTA/P 都取得了不错的效果, 这两种算法获得的最优前沿的收敛性和分布性都较好.

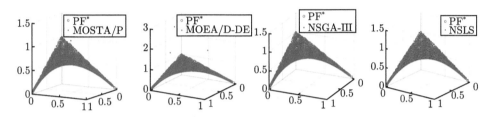

图 4.49　四种算法求解 F5 测试函数的前沿图

F5 测试函数是三目标优化问题, 该问题的决策变量之间相互耦合, 难以求解. 从四种算法求解该问题获得的前沿图来看, MOEA/D-DE 获得的最优解集并未全部收敛至标准最优前沿上. MOSTA/P 有极个别点未收敛至 Pareto 前沿上, NSGA-III 和 NSLS 在求解该问题获得的前沿较好; 从 IGD 指标和 HV 指标上看, 最好的算法是 NSGA-III.

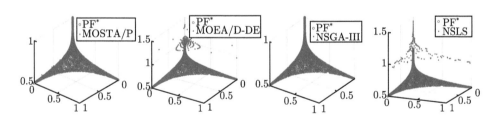

图 4.50　四种算法求解 F6 测试函数的前沿图

F6 测试函数是三目标的非多模态测试问题. 从四种算法获得的最优前沿上看, NSGA-III 获得的前沿完全分布在标准 Pareto 前沿上, MOSTA/P 有少量解没有收敛至标准 Pareto 前沿上, MOEA/D-DE 获得的解集收敛较差, NSLS 算法得到了标准 Pareto 前沿的形状, 但是没有收敛至最优前沿. 从指标上看, 平均来说, MOSTA/P 的 IGD 指标较小, HV 指标较大, 算法获得最优前沿的收敛性和分布性较好.

表 4.15　四种算法求解测试函数的 IGD 统计结果

测试函数	算法	最大值	平均值	最小值	标准差
MOP1	MOSTA/P	**0.3062**	0.2648	0.2196	**0.0227**
	MOEA/D-DE	0.3523	**0.2600**	**0.1291**	0.0728
	NSGA-III	0.3540	0.3446	0.3357	0.0043
	NSLS	0.3591	0.2599	0.1774	0.0639
MOP2	MOSTA/P	**0.0027**	**0.0023**	**0.0021**	0.001
	MOEA/D-DE	0.3546	0.2503	0.1861	0.0521
	NSGA-III	0.3546	0.3546	0.3546	**5.5511e−17**
	NSLS	0.3546	0.3546	0.3546	5.6460e−17
MOP3	MOSTA/P	**0.0030**	**0.0024**	**0.0023**	**0.0002**
	MOEA/D-DE	0.5278	0.4569	0.2367	0.0511
	NSGA-III	0.5327	0.4795	0.4117	0.0309
	NSLS	0.4805	0.3809	0.2186	0.0684
MOP4	MOSTA/P	**0.1530**	**0.1529**	**0.1528**	**2.7852e−5**
	MOEA/D-DE	0.4035	0.2380	0.2021	0.0340
	NSGA-III	0.4217	0.4072	0.3802	0.0138
	NSLS	0.4197	0.4136	0.3924	0.0053
F1	MOSTA/P	**0.0032**	0.0028	0.0025	0.0002
	MOEA/D-DE	0.1327	0.0855	0.0473	0.0370
	NSGA-III	0.0507	0.0479	0.0292	0.0038
	NSLS	0.0034	**0.0026**	**0.0022**	**3.2828e−4**
F2	MOSTA/P	**0.0777**	**0.0776**	**0.0075**	**0.0001**
	MOEA/D-DE	0.6577	0.0983	0.0790	0.1056
	NSGA-III	0.5073	0.3632	0.2063	0.0865
	NSLS	0.2573	0.1452	0.1049	0.0371
F3	MOSTA/P	**0.0253**	**0.0251**	**0.0249**	0.0001
	MOEA/D-DE	0.0295	0.0292	0.0290	**9.9140e−5**
	NSGA-III	0.0322	0.0290	0.0279	9.7428e−4
	NSLS	0.0608	0.0373	0.0259	0.0091
F4	MOSTA/P	0.2402	0.1802	0.1547	0.0170
	MOEA/D-DE	0.1415	0.1372	0.1351	**0.0017**
	NSGA-III	**0.1132**	**0.1097**	**0.1043**	0.0018
	NSLS	0.2716	0.2197	0.1658	0.0297
F5	MOSTA/P	0.0362	0.0297	0.0238	0.0026
	MOEA/D-DE	0.0305	0.0301	0.0297	**2.0795e−4**
	NSGA-III	**0.0209**	**0.0201**	**0.0192**	3.5569e−4
	NSLS	0.0256	0.0239	0.0217	9.3525e−4
F6	MOSTA/P	**0.0331**	**0.0253**	**0.0180**	0.0034
	MOEA/D-DE	0.4536	0.3706	0.2218	0.0466
	NSGA-III	0.0390	0.0332	0.0313	**0.0013**
	NSLS	0.3623	0.3053	0.1899	0.0414

表 4.16 四种算法求解测试函数的 HV 统计结果

测试函数	算法	最大值	平均值	最小值	标准差
MOP1	MOSTA/P	0.7845	**0.7244**	0.6503	0.0391
	MOEA/D-DE	0.9400	0.7022	0.5403	0.1330
	NSGA-III	0.5869	0.5657	0.5442	0.0098
	NSLS	0.7975	0.6766	0.5285	0.0931
MOP2	MOSTA/P	**0.7708**	**0.7706**	**0.7699**	1.6425e−4
	MOEA/D-DE	0.5681	0.4980	0.4400	0.0416
	NSGA-III	0.4400	0.4400	0.4400	**2.7775e−16**
	NSLS	0.4400	0.4400	0.4400	2.8230e−16
MOP3	MOSTA/P	**0.6525**	**0.6523**	**0.6520**	1.3214e−4
	MOEA/D-DE	0.3905	0.2494	0.2400	0.0315
	NSGA-III	0.2991	0.2420	0.2400	0.0108
	NSLS	0.3061	0.2510	0.2400	0.0251
MOP4	MOSTA/P	**0.9569**	**0.9569**	**0.9567**	4.8632e−5
	MOEA/D-DE	0.6526	0.6078	0.5740	0.0207
	NSGA-III	0.6082	0.5781	0.5575	0.0114
	NSLS	0.5717	0.5599	0.5491	0.0059
F1	MOSTA/P	**1.3914**	**1.3912**	**1.3909**	1.1832e−4
	MOEA/D-DE	1.3901	1.3897	1.3893	3.5046e−4
	NSGA-III	1.3908	1.3901	1.3899	1.8628e−4
	NSLS	1.3911	1.3906	1.3898	3.0957e−4
F2	MOSTA/P	**1.1203**	**1.1202**	**1.1201**	4.7343e−5
	MOEA/D-DE	1.1200	1.0906	0.2400	0.1607
	NSGA-III	0.8283	0.4556	0.2400	0.1647
	NSLS	1.0086	1.0226	0.9286	0.0470
F3	MOSTA/P	**1.3588**	**1.3587**	**1.3586**	3.9926e−5
	MOEA/D-DE	1.3578	1.3575	1.3573	1.3452e−4
	NSGA-III	1.3583	1.3578	1.3575	**1.8546e−6**
	NSLS	1.3579	1.3560	1.3496	0.0017
F4	MOSTA/P	86.1943	85.5546	83.7451	0.4832
	MOEA/D-DE	85.7035	85.3821	84.9053	0.1949
	NSGA-III	**87.0399**	**87.0119**	**86.9814**	**0.0160**
	NSLS	83.5883	82.4864	80.9858	0.7654
F5	MOSTA/P	1.2612	1.2526	1.2408	0.0038
	MOEA/D-DE	1.2545	1.2528	1.2508	**7.9247e−4**
	NSGA-III	**1.2661**	**1.2633**	1.2610	0.0011
	NSLS	1.2521	1.2481	**1.2423**	0.0023
F6	MOSTA/P	0.9949	0.9924	0.9896	0.0012

续表

测试函数	算法	最大值	平均值	最小值	标准差
	MOEA/D-DE	0.6018	0.3541	0.0025	0.0752
F6	NSGA-III	**0.9977**	**0.9976**	0.9975	**4.3259e−5**
	NSLS	0.6752	0.4600	0.0032	0.0692

2. 基于分解的多目标状态转移算法测试及对比

此部分利用 IGD 指标和 HV 指标, 利用复杂前沿的 F1—F4 测试函数和 MOP1—MOP4 测试函数, 通过和三种经典算法进行对比, 对前文提出的 MOSTA/D 的性能进行评估. 此外, 为了验证前文提出的基于匹配度的修正切比雪夫函数的有效性, 在算法其他部分与 MOSTA/D 保持一致的前提下, 设计了一种采用常规切比雪夫法的多目标状态转移算法进行比较. 为了区别这两种算法, 将常规切比雪夫法的多目标状态转移算法标记为 MOSTA/D-CHE, 实验结果和分析如图 4.51—图 4.58 所示.

1) 实验设置

在进行本部分的算法实验对比时, 采用 NSLS, MOEA/D-DE, NSGA-III 这三种算法进行比较, 其算法参数为 PlatEMO 实验平台提供的默认参数.

在本次实验中, MOSTA/D 参数的设置如下: 最大迭代次数 Maxgen 设置为 500 次, 目标函数最大计算次数为 10^5 次, 种群大小 N 为 200 个, 采样个数 T 为 20 个, α 初始值为 4, δ 初始值设置为 1, β 初始值设置为 10, $\delta_{\max} = 1$, $\alpha_{\max}$ 与优化问题的维度相关, $\alpha_{\max} = 0.75D$, 其中 D 是多目标优化问题决策变量的维数, $\alpha_{\min} = 1$, $\delta_{\min} = 0.3$, $\mathrm{fc}_T = 1.2$, $\mathrm{fc}_R = 2$.

2) 对比实验结果及分析

本小节利用 8 种测试函数, 将 4.5.3 节中提出的算法与 4.5.2 节中提出的算法和 MOSTA/D-CHE 及 MOEA/D-DE, NSGA-III, NSLS 四种算法进行比较, 实验结果如图 4.51—图 4.58 和表 4.17、表 4.18 所示.

在求解 MOP1 测试问题时, 6 种算法都未能成功找到全部的前沿, 其中, 4.5.2 节提出的 MOSTA/P 找到的 Pareto 前沿较多, MOEA/D-DE, NSGA-III, NSLS, MOSTA/D-CHE 四种算法找到的 Pareto 前沿解大多集中在前沿两端, 中部较少, 或几乎没有. MOSTA/D 在中部有着较多的解并未收敛至 Pareto 前沿解, 但这些解的出现表明, MOSTA/D 还是有潜力求解 MOP1 测试问题的. 从 IGD 指标和 HV 指标上看, 4.5.3 节中提出的算法的平均 IGD 指标最小, HV 指标最大, 说明候选解的分布更加广泛, 收敛性也较好. MOSTA/D 的性能指标的统计结果都优于 MOSTA/D-CHE, 表明 4.5.3 节提出的基于匹配度的修正切比雪夫法是有效的.

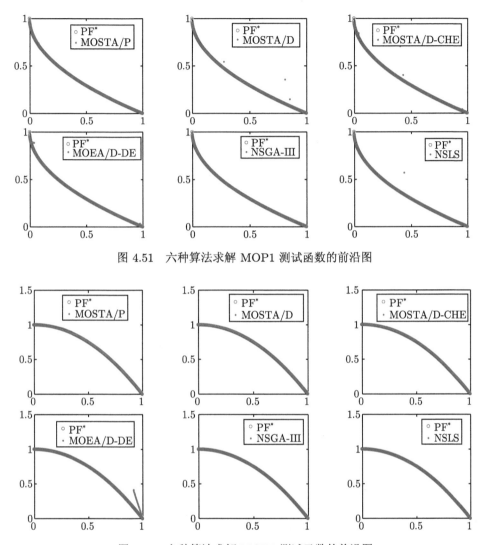

图 4.51   六种算法求解 MOP1 测试函数的前沿图

图 4.52   六种算法求解 MOP2 测试函数的前沿图

在求解 MOP2 测试问题的前沿图上看出, 本章提出的 MOSTA/P, MOSTA/D 及其变种 MOSTA/D-CHE 都可以成功解决 MOP2 测试问题, 而 MOEA/D-DE, NSGA-III 及 NSLS 未能成功解决 MOP2 测试问题, 其中, MOEA/D-DE 找到的最优解集分布较广, 但是众多候选解未能收敛至 Pareto 前沿上. NSGA-III 和 NSLS 两种算法, 仅仅找到了 Pareto 前沿的边界点. 从 IGD 和 HV 性能指标上看, 4.5.3 节提出的 MOSTA/D 与 MOSTA/D-CHE 获得的平均 IGD 指标最小, HV 指标最大, 处于第二位的是 4.5.2 节提出的 MOSTA/P, 在该测试问题上, 本节提出算法具有显著的优越性.

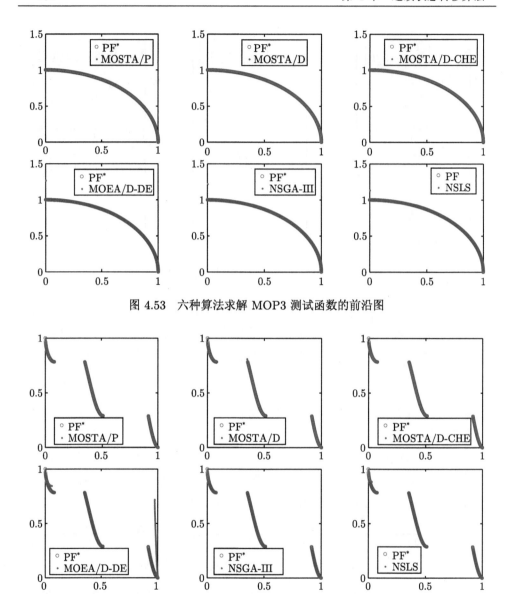

图 4.53　六种算法求解 MOP3 测试函数的前沿图

图 4.54　六种算法求解 MOP4 测试函数的前沿图

　　在求解 MOP3 问题时, 与 MOP2 测试问题的求解情况类似, 本章提出的
MOSTA/P, MOSTA/D 及其变种 MOSTA/D-CHE 可以成功求解该问题. MOEA/
D-DE, NSGA-III, NSLS 算法仅仅找到了最优前沿两端的值, 还有部分解没有收
敛至 Pareto 最优前沿中. 造成这种结果的原因是算法最终找到的候选解集各不相
同而他们的目标函数值是相同的, 继而造成 Pareto 前沿只有两端解存在的情况.
从 IGD 和 HV 指标上看, 4.5.3 节提出的算法 MOSTA/D 的 IGD 指标最小, HV

指标最大, 且指标比基于切比雪夫法的 MOSTA/D-CHE 优, 故 4.5.3 节提出的基于匹配度的修正切比雪夫聚合函数是有效的.

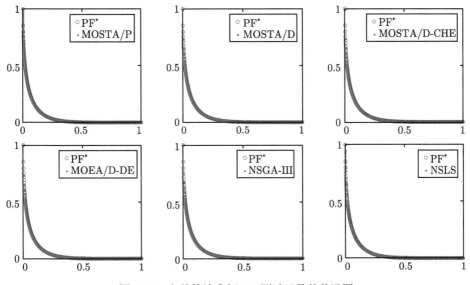

图 4.55　六种算法求解 F1 测试函数的前沿图

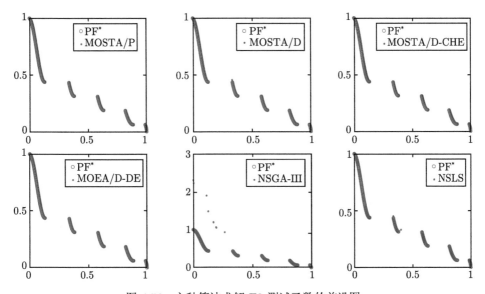

图 4.56　六种算法求解 F2 测试函数的前沿图

在求解 MOP4 测试问题上, 4.5.3 节提出的算法及其变种成功解决了该测试问题, MOEA/D-DE 找的最优解大部分没有收敛至 Pareto 最优前沿中, Pareto 前沿第一个分支找到了一部分, NSGA-III 和 NSLS 算法也仅仅找到了一部分. 从指标上看, 4.5.3 节提出的 MOSTA/D 的 IGD 指标最小, HV 指标最大, 其次是 4.5.2 节提出的 MOSTA/P, 由 MOSTA/D 的变种 MOSTA/D-CHE, 表明 4.5.2 节提出的算法及 4.5.3 节提出的聚合函数分解方法是十分有效的.

在求解 F1 测试问题时, MOSTA/D 并没有找到该测试问题的全部前沿, 究其原因是该问题属于低维问题. 在尾部, Pareto 最优解的目标函数极小, 基于权重向量的分解方法对于候选解进化引导能力减弱, 而基于 Pareto 占优方法并不存在此问题. 4.5.2 节提出的 MOSTA/P 和 NSLS 算法可以找到全部的前沿, 从指标上看, MOSTA/P 的平均 IGD 指标最小, HV 指标最大, 其次是 NSLS 算法, MOSTA/D 排在第三位.

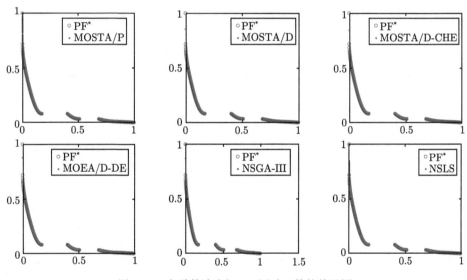

图 4.57　六种算法求解 F3 测试函数的前沿图

对于 F2 测试函数, 4.5.2 节和 4.5.3 节提出的两种算法及其变种, 以及 MOEA/D-DE 都能找到 Pareto 前沿, NSLS 算法获得了较少的 Pareto 最优解, 在前沿图中分布过于稀疏, NSGA-III 并没有完全收敛至 Pareto 前沿内. 从性能指标上来说, 排在前列的依旧是 4.5.2 节和 4.5.3 节提出的两种算法 MOSTA/P 及 MOSTA/D 及其变种, 表明本算法是有效的.

对于 F3 测试函数, 4.5.2 节和 4.5.3 节提出的两种算法及其变种, 以及其他算法都能找到 Pareto 前沿, 从性能指标上来说, 排在前列的依旧是 4.5.2 节和 4.5.3 节提出的 MOSTA/P, 表明本算法是有效的.

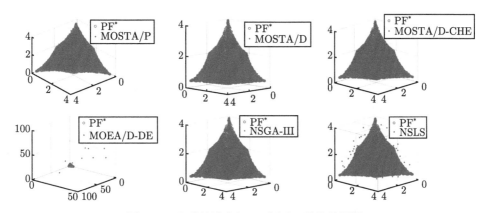

图 4.58 六种算法求解 F4 测试函数的前沿图

F4 测试函数的 Pareto 前沿面是一个曲面, 是较难求解的复杂前沿, 从算法获得的前沿图上看, 除 MOEA/D-DE 有较多的解, 距离最优 Pareto 前沿较远, 其他算法都找到了距离真实 Pareto 最优解较近的解; 从指标上看, 求解该问题最好的算法是 NSGA-III, 其 IGD 指标最小, HV 指标最大, 4.5.2 节和 4.5.3 节提出的算法的指标属于中等水平.

表 4.17 四种算法求解测试函数的 IGD 统计结果

测试函数	算法	最大值	平均值	最小值	标准差
MOP1	MOSTA/P	0.3062	0.2648	0.2196	**0.0227**
	MOSTA/D	**0.2147**	**0.1306**	**0.0665**	0.0312
	MOSTA/D-CHE	0.2830	0.1489	0.0918	0.0443
	MOEA/D-DE	0.3523	0.2600	0.1291	0.0728
	NSGA-III	0.3540	0.3446	0.3357	0.0043
	NSLS	0.3591	0.2599	0.1774	0.0639
MOP2	MOSTA/P	0.0027	0.0023	0.0021	0.001
	MOSTA/D	**0.0019**	**0.0019**	**0.0019**	6.5141e−6
	MOSTA/D-CHE	**0.0019**	**0.0019**	**0.0019**	**7.4585e−6**
	MOEA/D-DE	0.3546	0.2503	0.1861	0.0521
	NSGA-III	0.3546	0.3546	0.3546	5.5511e−17
	NSLS	0.3546	0.3546	0.3546	5.6460e−17
MOP3	MOSTA/P	0.0030	0.0024	0.0023	0.0002
	MOSTA/D	**0.0021**	**0.0021**	**0.0021**	**8.5434e−6**
	MOSTA/D-CHE	0.0021	0.0021	0.0021	1.0607e−5
	MOEA/D-DE	0.5278	0.4569	0.2367	0.0511
	NSGA-III	0.5327	0.4795	0.4117	0.0309
	NSLS	0.4805	0.3809	0.2186	0.0684
MOP4	MOSTA/P	0.1530	0.1529	0.1528	**2.7852e−5**
	MOSTA/D	**0.1497**	**0.1491**	**0.1488**	2.3020e−4
	MOSTA/D-CHE	0.1559	0.1551	0.1547	2.4981e−4
	MOEA/D-DE	0.4035	0.2380	0.2021	0.0340
	NSGA-III	0.4217	0.4072	0.3802	0.0138

续表

测试函数	算法	最大值	平均值	最小值	标准差
MOP4	NSLS	0.4197	0.4136	0.3924	0.0053
F1	MOSTA/P	**0.0032**	**0.0028**	**0.0025**	0.0002
	MOSTA/D	0.0542	0.0456	0.0444	0.0016
	MOSTA/ D-CHE	0.0538	0.0454	0.0429	0.0017
	MOEA/D-DE	0.1327	0.0855	0.0473	0.0370
	NSGA-III	0.0507	0.0479	0.0292	0.0038
	NSLS	0.0034	0.0026	0.0022	**3.2828e−4**
F2	MOSTA/P	0.0777	**0.0776**	0.0075	0.0001
	MOSTA/D	**0.0768**	**0.0766**	**0.0765**	**7.4015e−5**
	MOSTA/D-CHE	0.0789	0.0787	0.0783	1.2436e−4
	MOEA/D-DE	0.6577	0.0983	0.0790	0.1056
	NSGA-III	0.5073	0.3632	0.2063	0.0865
	NSLS	0.2573	0.1452	0.1049	0.0371
F3	MOSTA/P	**0.0253**	**0.0251**	**0.0249**	0.0001
	MOSTA/D	0.0297	0.0291	0.0286	2.9971e−4
	MOSTA/D-CHE	0.0323	0.0306	0.0290	**8.8756e−4**
	MOEA/D-DE	0.0295	0.0292	0.0290	9.9140e−5
	NSGA-III	0.0322	0.0290	0.0279	9.7428e−4
	NSLS	0.0608	0.0373	0.0259	0.0091
F4	MOSTA/P	0.2402	0.1802	0.1547	0.0170
	MOSTA/D	0.1479	0.1314	0.1215	0.0061
	MOSTA/D-CHE	0.1776	0.1411	0.1261	0.0102
	MOEA/D-DE	0.1415	0.1372	0.1351	**0.0017**
	NSGA-III	**0.1132**	**0.1097**	**0.1043**	0.0018
	NSLS	0.2716	0.2197	0.1658	0.0297

表 4.18   四种算法求解测试函数的 HV 统计结果

测试函数	算法	最大值	平均值	最小值	标准差
MOP1	MOSTA/P	0.7845	0.7244	0.6503	**0.0391**
	MOSTA/D	**1.0116**	**0.9025**	**0.7412**	0.0514
	MOSTA/D-CHE	0.9704	0.8766	0.6441	0.0750
	MOEA/D-DE	0.9400	0.7022	0.5403	0.1330
	NSGA-III	0.5869	0.5657	0.5442	0.0098
	NSLS	0.7975	0.6766	0.5285	0.0931
MOP2	MOSTA/P	0.7708	0.7706	0.7699	1.6425e−4
	MOSTA/D	**0.7709**	**0.7709**	**0.7709**	1.2901e−5
	MOSTA/D -CHE	**0.7709**	**0.7709**	**0.7709**	**1.1239e−5**
	MOEA/D-DE	0.5681	0.4980	0.4400	0.0416
	NSGA-III	0.4400	0.4400	0.4400	2.7775e−16
	NSLS	0.4400	0.4400	0.4400	2.8230e−16
MOP3	MOSTA/P	**0.6525**	0.6523	0.6520	1.3214e−4
	MOSTA/D	0.6524	**0.6524**	**0.6523**	1.7623e−5
	MOSTA/D -CHE	0.6524	0.6523	0.6523	1.9380e−5
	MOEA/D-DE	0.3905	0.2494	0.2400	0.0315
	NSGA-III	0.2991	0.2420	0.2400	0.0108

续表

测试函数	算法	最大值	平均值	最小值	标准差
MOP3	NSLS	0.3061	0.2510	0.2400	0.0251
MOP4	MOSTA/P	**0.9569**	**0.9569**	0.9567	4.8632e−5
	MOSTA/D	0.9564	0.9564	**0.9563**	**1.6514e−5**
	MOSTA/D-CHE	0.9564	0.9564	**0.9563**	2.4430e−5
	MOEA/D-DE	0.6526	0.6078	0.5740	0.0207
	NSGA-III	0.6082	0.5781	0.5575	0.0114
	NSLS	0.5717	0.5599	0.5491	0.0059
F1	MOSTA/P	**1.3914**	**1.3912**	**1.3909**	**1.1832e−4**
	MOSTA/D	1.3903	1.3903	1.3896	1.3142e−4
	MOSTA/D-CHE	1.3904	1.3903	1.3896	1.2803e−4
	MOEA/D-DE	1.3901	1.3897	1.3893	3.5046e−4
	NSGA-III	1.3908	1.3901	1.3899	1.8628e−4
	NSLS	1.3911	1.3906	1.3898	3.0957e−4
F2	MOSTA/P	**1.1203**	**1.1202**	**1.1201**	**4.7343e−5**
	MOSTA/D	1.1199	1.1197	1.1190	1.5156e−4
	MOSTA/D-CHE	1.1200	1.1198	1.1195	9.5667e−5
	MOEA/D-DE	1.1200	1.0906	0.2400	0.1607
	NSGA-III	0.8283	0.4556	0.2400	0.1647
	NSLS	1.0086	1.0226	0.9286	0.0470
F3	MOSTA/P	**1.3588**	**1.3587**	**1.3586**	**3.9926e−5**
	MOSTA/D	1.3580	1.3579	1.3568	2.1326e−4
	MOSTA/D-CHE	1.3580	1.3578	1.3570	1.6684e−4
	MOEA/D-DE	1.3578	1.3575	1.3573	1.3452e−4
	NSGA-III	1.3583	1.3578	1.3575	1.8546e−6
	NSLS	1.3579	1.3560	1.3496	0.0017
F4	MOSTA/P	86.1943	85.5546	83.7451	0.4832
	MOSTA/D	86.3345	85.9517	85.5171	0.2293
	MOSTA/D-CHE	86.6444	85.6214	84.0724	0.6086
	MOEA/D-DE	85.7035	85.3821	84.9053	0.1949
	NSGA-III	**87.0399**	**87.0119**	**86.9814**	**0.0160**
	NSLS	83.5883	82.4864	80.9858	0.7654

参 考 文 献

[1] Zhou X, Yang C, Gui W. State transition algorithm[J]. Journal of Industrial and Management Optimization, 2012, 8(4): 1039-1056.

[2] Zhou X, Yang C, Gui W. A statistical study on parameter selection of operators in continuous state transition algorithm[J]. IEEE Transactions on Cybernetics, 2019, 49(10): 3722-3730.

[3] García-Martínez C, Lozano M, Herrera F, et al. Global and local real-coded genetic algorithms based on parent-centric crossover operators[J]. European Journal of Operational Research, 2008, 185(3): 1088-1113.

[4] Liang J J, Qin A K, Suganthan P N, et al. Comprehensive learning particle swarm optimizer for global optimization of multimodal functions[J]. IEEE Transactions on

Evolutionary Computation, 2006, 10(3): 281-295.

[5] Qin A K, Huang V L, Suganthan P N. Differential evolution algorithm with strategy adaptation for global numerical optimization[J]. IEEE Transactions on Evolutionary Computation, 2009, 13(2): 398-417.

[6] Karaboga D, Basturk B. A powerful and efficient algorithm for numerical function optimization: Artificial bee colony (ABC) algorithm[J]. Journal of Global Optimization, 2007, 39(3): 459-471.

[7] Coello C. Theoretical and numerical constraint-handling techniques used with evolutionary algorithms: A survey of the state of the art[J]. Computer Methods in Applied Mechanics and Engineering, 2002, 191(11, 12):1245-1287.

[8] Mezura-Montes E, Coello C. Constraint-handling in nature-inspired numerical optimization: Past, present and future[J]. Swarm and Evolutionary Computation, 2011, 1(4):173-194.

[9] Han J, Yang C, Zhou X, et al. A two-stage state transition algorithm for constrained engineering optimization problems[J]. International Journal of Control, Automation and Systems, 2018, 16(2): 522-534.

[10] Zhou X, Long J, Xu C, et al. An external archive-based constrained state transition algorithm for optimal power dispatch[J]. Complexity, 2019: 1-11.

[11] Rao R V, Savsani V J, Vakharia D P. Teaching-learning-based optimization: A novel method for constrained mechanical design optimization problems[J]. Computer-Aided Design, 2011, 43(3): 303-315.

[12] Babalik A, Cinar A C, Kiran M S. A modification of tree-seed algorithm using Deb's rules for constrained optimization[J]. Applied Soft Computing, 2018, 63: 289-305.

[13] Wang Y, Liu H, Long H, et al. Differential evolution with a new encoding mechanism for optimizing wind farm layout[J]. IEEE Transactions on Industrial Informatics, 2018, 14(3): 1040-1054.

[14] Srinivas N, Deb K. Muiltiobjective optimization using nondominated sorting in genetic algorithms[J]. Evolutionary Computation, 1994, 2(3): 221-248.

[15] Deb K, Pratap A, Agarwal S, et al. A fast and elitist multiobjective genetic algorithm: NSGA-II[J]. IEEE Transactions on Evolutionary Computation, 2002, 6(2): 182-197.

[16] Jensen M T. Reducing the run-time complexity of multiobjective EAs: The NSGA-II and other algorithms[J]. IEEE Transactions on Evolutionary Computation, 2003, 7(5): 503-515.

[17] Coello C, Pulido G T, Lechuga M S. Handling multiple objectives with particle swarm optimization[J]. IEEE Transactions on Evolutionary Computation, 2004, 8(3): 256-279.

[18] 田红军, 汪镭, 吴启迪. 一种求解多目标优化问题的进化算法混合框架 [J]. 控制与决策, 2017, 32(10): 1729-1738.

[19] Zhou X, Zhou J, Yang C, et al. Set-point tracking and multi-objective optimization-based PID control for the goethite process[J]. IEEE Access, 2018, 6: 36683-36698.

[20] Zhang X, Tian Y, Cheng R, et al. An efficient approach to nondominated sorting for

evolutionary multiobjective optimization[J]. IEEE Transactions on Evolutionary Computation, 2015, 19(2): 201-213.

[21] Zhang Q, Li H. MOEA/D: A multiobjective evolutionary algorithm based on decomposition[J]. IEEE Transactions on Evolutionary Computation, 2007, 11(6): 712-731.

[22] Qi Y, Ma X, Liu F, et al. MOEA/D with adaptive weight adjustment[J]. Evolutionary Computation, 2014, 22(2): 231-264.

[23] Tian Y, Cheng R, Zhang X, et al. PlatEMO: A MATLAB platform for evolutionary multi-objective optimization [educational forum][J]. IEEE Computational Intelligence Magazine, 2017, 12(4): 73-87.

[24] Chen B, Zeng W, Lin Y, et al. A new local search-based multiobjective optimization algorithm[J]. IEEE Transactions on Evolutionary Computation, 2015, 19(1): 50-73.

[25] Li H, Zhang Q. Multiobjective optimization problems with complicated Pareto sets, MOEA/D and NSGA-II[J]. IEEE Transactions on Evolutionary Computation, 2009, 13(2): 284-302.

[26] Deb K, Jain H. An evolutionary many-objective optimization algorithm using reference-point-based nondominated sorting approach, part I: Solving problems with box constraints[J]. IEEE Transactions on Evolutionary Computation, 2014, 18(4): 577-601.

附 录

1. 约束优化测试函数

限于篇幅, 约束优化测试函数请参考下面文献:

Liang J J, Runarsson T P, Mezura-Montes E, et al. Problem definitions and evaluation criteria for the CEC 2006 special session on constrained real-parameter optimization[J]. Journal of Applied Mechanics, 2006, 41(8): 8-31.

2. 多目标优化测试函数

MOP 系列

MOP1
$$\begin{cases} f_1(x) = (1 + g(x))x_1, \\ f_2(x) = (1 + g(x))(1 - \sqrt{x_1}) \end{cases}$$

其中

$$g(x) = 2\sin(\pi x_1)\sum_{i=2}^{n}\left(-0.9t_i^2 + |t_i|^{0.6}\right)$$

$$t_i = x_i - \sin(0.5\pi x_1)$$

PF 是 $f_2 = 1 - \sqrt{f_1}, 0 \leqslant f_1 \leqslant 1$

PS 是 $\{(x_1, \cdots, x_n) \mid 0 < x_1 < 1, x_j = \sin(0.5\pi x_1), j = 2, \cdots, n$ 或 $x_1 = 0, 1\}$

变量范围: $[0,1]^n$; 变量个数 $=10$

MOP2　　　　　　$\begin{cases} f_1(x) = (1 + g(x))x_1, \\ f_2(x) = (1 + g(x))\left(1 - x_1^2\right) \end{cases}$

其中

$$g(x) = 10\sin\left(\pi x_1\right)\sum_{i=2}^{n}\frac{|t_i|}{1 + \mathrm{e}^{5|t_i|}}$$

$t_i = x_i - \sin\left(0.5\pi x_1\right)$

PF 是 $f_2 = 1 - f_1^2, 0 \leqslant f_1 \leqslant 1$

PS 是 $\{(x_1,\cdots,x_n) \mid 0 < x_1 < 1, x_j = \sin\left(0.5\pi x_1\right), j = 2,\cdots,n$ 或 $x_1 = 0,1\}$

变量范围: $[0,1]^n$; 变量个数 $=10$

MOP3　　　　　　$\begin{cases} f_1(x) = (1 + g(x))\cos\left(\dfrac{\pi x_1}{2}\right), \\ f_2(x) = (1 + g(x))\sin\left(\dfrac{\pi x_1}{2}\right) \end{cases}$

其中

$$g(x) = 10\sin\left(\frac{\pi x_1}{2}\right)\sum_{i=2}^{n}\frac{|t_i|}{1 + \mathrm{e}^{5|t_i|}}$$

$t_i = x_i - \sin\left(0.5\pi x_1\right)$

PF 是 $f_2 = \sqrt{1 - f_1^2}, 0 \leqslant f_1 \leqslant 1$

PS 是 $\{(x_1,\cdots,x_n) \mid 0 < x_1 \leqslant 1, x_j = \sin\left(0.5\pi x_1\right), j = 2,\cdots,n$ 或 $x_1 = 0,1\}$

变量范围: $[0,1]^n$; 变量个数 $=10$

MOP4　　　　　　$\begin{cases} f_1(x) = (1 + g(x))x_1, \\ f_2(x) = (1 + g(x))\left(1 - x_1^{0.5}\cos^2\left(2\pi x_1\right)\right) \end{cases}$

其中

$$g(x) = 10\sin\left(\pi x_1\right)\sum_{i=2}^{n}\frac{|t_i|}{1 + \mathrm{e}^{5|t_i|}}$$

$t_i = x_i - \sin\left(0.5\pi x_1\right)$

PF 是不连续的

PS 是 $\{(x_1,\cdots,x_n) \mid 0 < x_1 < 1, x_j = \sin\left(0.5\pi x_1\right), j = 2,\cdots,n$ 或 $x_1 = 0,1\}$

变量范围: $[0,1]^n$; 变量个数 $=10$

MOP5
$$\begin{cases} f_1(x) = (1 + g(x))x_1, \\ f_2(x) = (1 + g(x))(1 - \sqrt{x_1}) \end{cases}$$

其中

$$g(x) = 2\left|\cos\left(\pi x_1\right)\right| \sum_{i=2}^{n} (-0.9t_i^2 + |t_i|^{0.6})$$

$t_i = x_i - \sin\left(0.5\pi x_1\right)$

PF 是 $f_2 = 1 - \sqrt{f_1}, 0 \leqslant f_1 \leqslant 1$

PS 是 $\{(x_1, \cdots, x_n) \mid 0 \leqslant x_1 \leqslant 1, x_j = \sin\left(0.5\pi x_1\right), j = 2, \cdots, n$ 或 $x_1 = 0.5\}$

变量范围: $[0, 1]^n$; 变量个数 $= 10$

MOP6
$$\begin{cases} f_1(x) = (1 + g(x))x_1 x_2, \\ f_2(x) = (1 + g(x))x_1\left(1 - x_2\right), \\ f_3(x) = (1 + g(x))\left(1 - x_1\right) \end{cases}$$

其中

$$g(x) = 2\sin\left(\pi x_1\right) \sum_{i=3}^{n} (-0.9t_i^2 + |t_i|^{0.6})$$

$t_i = x_i - x_1 x_2$

PF 是 $f_1 + f_2 + f_3 = 1, 0 \leqslant f_1, f_2, f_3 \leqslant 1$

PS 是 $\{(x_1, \cdots, x_n) \mid 0 < x_1 < 1, 0 \leqslant x_2 \leqslant 1, x_j = x_1 x_2, j = 3, \cdots, n$ 或 $x_1 = 0, 1\}$

变量范围: $[0, 1]^n$; 变量个数 $= 10$

MOP7
$$\begin{cases} f_1(x) = (1 + g(x))\cos\left(\dfrac{\pi x_1}{2}\right)\cos\left(\dfrac{\pi x_2}{2}\right), \\ f_2(x) = (1 + g(x))\cos\left(\dfrac{\pi x_1}{2}\right)\sin\left(\dfrac{\pi x_2}{2}\right), \\ f_3(x) = (1 + g(x))\sin\left(\dfrac{\pi x_1}{2}\right) \end{cases}$$

其中

$$g(x) = 2\sin\left(\pi x_1\right) \sum_{i=3}^{n} (-0.9t_i^2 + |t_i|^{0.6})$$

$t_i = x_i - x_1 x_2$

PF 是 $f_1^2 + f_2^2 + f_3^2 = 1, 0 \leqslant f_1, f_2, f_3 \leqslant 1$

PS 是 $\{(x_1, \cdots, x_n) \mid 0 < x_1 < 1, 0 \leqslant x_2 \leqslant 1, x_j = x_1 x_2, j = 3, \cdots, n$ 或 $x_1 = 0, 1\}$

变量范围: $[0, 1]^n$; 变量个数 $= 10$

F 系列

F1

$$f_1(x) = (1 + g(x))x_1$$

$$f_2(x) = (1 + g(x))(1 - \sqrt{x_1})^5$$

$$g(x) = 2\sin(0.5\pi x_1)\left(n - 1 + \sum_{i=2}^{n}\left(y_i^2 - \cos(2\pi y_i)\right)\right)$$

其中

$$y_{i=2:n} = x_i - \sin(0.5\pi x_i)$$

PF 是 $f_2 = (1 - \sqrt{f_1})^5$

PS 是 $x_i = \sin(0.5\pi x_i), i = 2, \cdots, n$

变量范围: $[0,1]^n$; 变量个数 $= 30$

F2

$$f_1(x) = (1 + g(x))(1 - x_1)$$

$$f_2(x) = \frac{1}{2}(1 + g(x))\left(x_1 + \sqrt{x_1}\cos^2(4\pi x_1)\right)$$

$$g(x) = 2\sin(0.5\pi x_1)\left(n - 1 + \sum_{i=2}^{n}\left(y_i^2 - \cos(2\pi y_i)\right)\right)$$

其中

$$y_{i=2:n} = x_i - \sin(0.5\pi x_i)$$

PF 是 $f_2 = \frac{1}{2}\left(1 - f_1 + \sqrt{1 - f_1}\cos^2(4\pi(1 - f_1))\right)$

PS 是 $x_i = \sin(0.5\pi x_i), i = 2, \cdots, n$

变量范围: $[0,1]^n$; 变量个数 $= 30$

F3

$$f_1(x) = (1 + g(x))x_1$$

$$f_2(x) = \frac{1}{2}(1 + g(x))\left(1 - x_1^{0.1} + (1 - \sqrt{x_1})^2\cos^2(3\pi x_1)\right)$$

$$g(x) = 2\sin(0.5\pi x_1)\left(n - 1 + \sum_{i=2}^{n}\left(y_i^2 - \cos(2\pi y_i)\right)\right)$$

其中

$$y_{i=2:n} = x_i - \sin\left(0.5\pi x_i\right)$$

PF 是 $f_2 = \dfrac{1}{2}\left(1 - f_1^{0.1} + (1 - \sqrt{f_1})^2 \cos^2\left(3\pi f_1\right)\right)$

PS 是 $x_i = \sin\left(0.5\pi x_i\right), \forall_i \in \{2, 3, \cdots, n\}$

变量范围: $[0, 1]^n$;　变量个数 $= 30$

F4

$$f_1(x) = (1 + g(x))\left(\frac{x_1}{\sqrt{x_2 x_3}}\right)$$
$$f_2(x) = (1 + g(x))\left(\frac{x_2}{\sqrt{x_1 x_3}}\right)$$
$$f_3(x) = (1 + g(x))\left(\frac{x_3}{\sqrt{x_1 x_2}}\right)$$

其中

$$g(x) = \sum_{i=4}^{n} (x_i - 2)^2$$

PF 是 $f_1 f_2 f_3 = 1$

PS 是 $x_i = 2, i = 3, \cdots, n$

变量范围: $[1, 4]^n$;　变量个数 $= 30$

F5

$$f_1(x) = (1 + g(x))\left((1 - x_1)x_2\right)$$
$$f_2(x) = (1 + g(x))\left(x_1(1 - x_2)\right)$$
$$f_3(x) = (1 + g(x))\left(1 - x_1 - x_2 + 2x_1 x_2\right)^6$$

其中

$$g(x) = \sum_{i=3}^{n} (x_i - 0.5)^2$$

PF 是 $f_3 = (1 - f_1 - f_2)^6$

PS 是 $x_i = 0.5, i = 3, \cdots, n$

变量范围: $[0, 1]^n$;　变量个数 $= 30$

F6

$$f_1(x) = \cos^4\left(0.5\pi x_1\right)\cos^4\left(0.5\pi x_2\right)$$

$$f_2(x) = \cos^4\left(0.5\pi x_1\right)\sin^4\left(0.5\pi x_2\right)$$

$$f_3(x) = \left(\frac{1 + g(x)}{1 + \cos^2\left(0.5\pi x_1\right)}\right)^{\frac{1}{1+g(x)}}$$

其中

$$g(x) = \frac{1}{10}\sum_{i=3}^{n}\left(1 + x_i^2 - \cos\left(2\pi x_i\right)\right)$$

PF 是 $f_3(1 + \sqrt{f_1} + \sqrt{f_2}) = 1$

PS 是 $x_i = 0, i = 3, \cdots, n$

变量范围: $[0,1]^n$;　变量个数 $= 30$

第 5 章　离散状态转移算法

与连续状态转移算法类似, 离散状态转移算法也是以全局性、最优性、快速性、收敛性、可控性为五大核心结构要素. 为了实现全局性和最优性, 本章设计了全局和局部搜索算子、二次状态转移和停止回溯策略等; 为了实现快速性和可控性, 在解的表示和离散状态变换算子等方面进行了特殊的设计; 为了实现收敛性, 同时采用了贪婪选择机制和冒险与恢复策略. 围绕上述核心要素, 本章重点介绍了无约束、约束及多目标离散状态转移算法的原理与实现.

5.1　离散状态转移算法的基本原理

与连续状态转移算法不同, 离散状态转移算法中每个状态分量的取值不是连续的, 而是取有限集合的某个元素, 这对离散状态变换算子提出了更高的要求, 即对于某个给定离散状态, 在离散状态变换算子的作用下, 产生的候选解也是离散的. 另外, 对给定的一个状态实施某种离散状态变换算子, 产生的全体候选解所形成的 "邻域" 不像连续状态转移算法那样具有特定几何形状. 为此, 在离散状态转移算法中设计了具有特定几何功能的算子, 包括交换、平移、对称和替代算子, 使得离散状态转移算法可以处理一般的离散优化问题.

本节首先考虑如下的无约束离散优化问题

$$\min \quad f(x) \tag{5.1}$$

其中 $x = (x_1, x_2, \cdots, x_n)^{\mathrm{T}}$, $x_i \in K = \{\kappa_1, \kappa_2, \cdots \kappa_m\}$. 这表明每个 x_i 的取值是离散的, 只能取有限集合 K 的某个元素. 从排列组合的角度上看, x 取值的所有可能组合数是 m^n, 这个组合数爆炸式的增长使得完全求解一般中等规模离散优化问题也成为天方夜谭.

例 5.1.1　假定某台计算机的运算速度为每秒 1 万亿次, 对于 $(n, m) = (20, 20)$ 和 $(n, m) = (30, 30)$ 的离散优化问题, 采用完全枚举的方法, 需要的时间分别为

$$\frac{20^{20}}{10^{12} \times 365 \times 24 \times 3600} \approx \frac{1.0486\mathrm{e}^{26}}{3.1536\mathrm{e}^{19}} \approx 3.3251\mathrm{e}^6 (\text{年})$$

$$\frac{30^{30}}{10^{12} \times 365 \times 24 \times 3600} \approx \frac{2.0589\mathrm{e}^{44}}{3.1536\mathrm{e}^{19}} \approx 6.5287\mathrm{e}^{24} (\text{年})$$

5.1.1　离散状态转移算法的框架

与连续状态转移算法类似, 借助状态空间表达式, 离散状态转移算法中产生候选解的基本框架[1] 可描述如下

$$x_{k+1} = A_k x_k \oplus B_k u_k \tag{5.2}$$

其中 $x_k \in \mathbb{Z}^n$ 代表当前状态, 对应着离散最优化问题的一个解; $A_k, B_k \in \mathbb{Z}^{n \times n}$ 为状态转移矩阵, 可看成最优化算法中的算子, 一般为随机置换矩阵, 用于保证产生的候选解也是离散的; $\oplus$ 是运算符, 用于将两种状态联系在一起; u_k 是关于当前状态和历史状态的函数.

5.1.2　基本离散状态转移算法的实现

同样地, 为了使离散状态转移算法在尽可能短的时间内找到最优化问题的全局最优解或近似最优解, 离散状态转移算法也包括: 解的表示、局部和全局搜索、采样机制、自学习与间歇性交流、动态反馈调整五个实现要素. 本节中介绍的基本离散状态转移算法主要从解的表示、局部和全局搜索算子两方面进行阐述.

1. 解的表示

解的表示采用下标表示法, 解的表示形式为 $x = [x_1, x_2, \cdots, x_n], x_i \in \{1, 2, \cdots, m\}$, 即将原始解 $x_i \in \{\kappa_1, \kappa_2, \cdots, \kappa_m\}$ 的下标提取出来, 建立下标解与原始解一一对应的关系.

例 5.1.2　设某含有五个变量的离散优化问题, $x = \{x_1, x_2, x_3, x_4, x_5\}$, $x_i \in \{0.1, 0.3, 0.5, 0.7, 0.9\}$, 假定采用离散状态转移算法求得的下标解为 $\{3, 4, 1, 5, 1\}$, 则该问题的原始解为 $\{0.5, 0.7, 0.1, 0.9, 0.1\}$, 如图 5.1 所示.

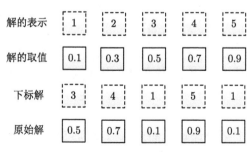

图 5.1　解的下标表示法示意图

2. 局部搜索和全局搜索

与连续状态转移算法不同, 由于离散最优化问题结构的特殊性, 很难设计与连续状态转移算法中功能类似的局部与全局搜索算子. 为此, 特地将局部算子定

义为对当前解有较小改动的算子, 而将全局算子定义为对当前解有较大改动的算子. 同样地, 为了产生具有特定几何功能的算子, 或者说形成满足某些特定几何性质的 "邻域", 在离散状态转移算法中, 主要设计了交换、移动、对称和替代变换四个交换算子来实现局部与全局搜索功能.

1) 交换变换算子

$$x_{k+1} = A_k^{\mathrm{swap}} x_k \tag{5.3}$$

其中, $A_k^{\mathrm{swap}} \in \mathbb{Z}^{n \times n}$ 称为交换变换矩阵, 是一个带有交换变换功能的随机 0-1 矩阵. 该算子具有交换当前最优解中随机两个位置元素的能力.

程序 5.1.1　　用交换变换算子 (简称交换算子) 产生 SE 个候选解集的 MAT-LAB 程序如下.

```
% 离散状态转移算法——交换变换算子程序op_swap.m
function State = op_swap(Best,SE,n)
State = zeros(SE,n);
for i = 1:SE
  temp = Best;
  R = randperm(n);
  T = R(1:2);
  S = fliplr(T);
  temp(T) = temp(S);
  State(i,:) = temp;
end
```

例 5.1.3　　假设当前最好解 $\mathrm{Best}_k = [1, 2, 3, 4, 5, 6]$, 搜索力度 SE = 5, 则当前最好解经交换变换算子产生 SE 个候选解集 State 的 MATLAB 代码为:

```
>> Best = [1,2,3,4,5,6];
>> SE = 5;
>> State = op_swap(Best,SE,n) %调用交换变换算子
    State =
          1     5     3     4     2     6
          5     2     3     4     1     6
          1     2     3     5     4     6
          1     2     4     3     5     6
          1     2     3     6     5     4
```

当前最好解通过交换变换算子得到上述候选解集中第一个解生成过程示意图如图 5.2 所示.

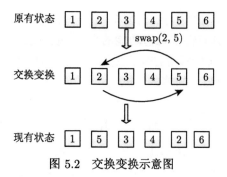

图 5.2 交换变换示意图

2) 移动变换算子

$$x_{k+1} = A_k^{\text{shift}} x_k \tag{5.4}$$

其中 $A_k^{\text{shift}} \in \mathbb{Z}^{n \times n}$ 称为移动变换矩阵, 是一个带有移动变换功能的随机 0-1 矩阵, 该算子具有将当前最优解中某个随机位置的元素移动到另一个随机位置后面的能力.

程序 5.1.2 用移动变换算子 (简称移动算子) 产生 SE 个候选解集的 MAT-LAB 程序如下.

```
% 离散状态转移算法——移动变换算子程序op_shift.m
function State = op_shift(Best,SE,n)
State = zeros(SE,n);
for i = 1:SE
  temp = Best;
  a = ceil(1+(n-1)*rand);
  b = ceil(1+(n-1)*rand);
  if a < b
      temp(a:b) = temp([a+1:b,a]);
  else
      temp(b:a) = temp([b+1:a,b]);
end
  State(i,:) = temp;
end
```

例 5.1.4 假设当前最好解 $Best_k = [1,2,3,4,5,6]$, 搜索力度 SE = 5, 则当前最好解经移动变换产生 SE 个候选解 State 的 MATLAB 代码为:

```
>> Best = [1,2,3,4,5,6];
>> SE = 5;
>> State = op_shift(Best,SE,n)%调用移动变换算子
```

```
State =
1    2    4    5    3    6
2    3    4    5    1    6
1    2    3    5    4    6
1    2    4    3    5    6
1    2    3    5    6    4
```

当前最好解通过移动变换算子得到上述候选解集中第一个解生成过程示意图如图 5.3 所示

图 5.3　移动变换示意图

3) 对称变换算子

$$x_{k+1} = A_k^{\mathrm{sym}} x_k \tag{5.5}$$

其中 $A_k^{\mathrm{sym}} \in \mathbb{Z}^{n \times n}$ 称为移动变换矩阵, 是一个带有对称变换功能的随机 0-1 矩阵, 该算子具有将当前最优解中某两个随机位置之间所有元素对称或倒置的能力.

程序 5.1.3　用对称变换算子 (简称对称算子) 产生 SE 个候选解集的 MAT-LAB 程序如下.

```matlab
% 离散状态转移算法——对称变换算子程序op_symmetry.m
function State = op_symmetry(Best,SE,n)
State = zeros(SE,n);
for i = 1:SE
  temp = Best;
  R = randperm(n);
  a = R(1);
  b = R(2);
  if a < b
    temp(a:b) = Best(b:-1:a);
  else
    temp(b:a) = Best(a:-1:b);
```

```
end
  State(i,:) = temp;
end
```

例 5.1.5　假设当前最好解 $\text{Best}_k = [1, 2, 3, 4, 5, 6]$, 搜索力度 $\text{SE} = 5$, 则当前最好解经对称动变换产生 SE 个候选解 State 的 MATLAB 代码为:

```
>>Best = [1,2,3,4,5,6];
>>SE = 5;
>> State = op_symmetry(Best,SE,n)%调用对称变换算子
State =
         1      5      4      3      2      6
         1      4      3      2      5      6
         1      2      5      4      3      6
         1      2      6      5      4      3
         6      5      4      3      2      1
```

当前最好解通过对称变换算子得到上述候选解集中第一个解生成过程示意图如图 5.4 所示

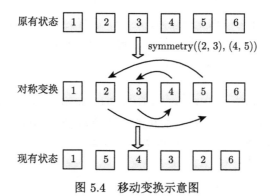

图 5.4　移动变换示意图

4) 替代变换算子

$$x_{k+1} = A_k^{\text{sub}} x_k + B_k^{\text{sub}} u_k \tag{5.6}$$

其中 $A_k^{\text{sub}}, B_k^{\text{sub}} \in \mathbb{Z}^{n \times n}$ 共同组成对称变换算子, 它们之和组成一个随机 0-1 矩阵. 该算子具有使当前最优解中某个随机位置元素值被替换成其他值的能力.

程序 5.1.4　用替代变换算子 (简称替代算子) 产生 SE 个候选解集的 MAT-LAB 程序如下.

```
% 离散状态转移算法——替代变换算子程序
function State = op_substitute(Best,SE,n,set)
State = zeros(SE,n);
for i = 1:SE
  temp = Best;
  r1 = ceil(n*rand);
  newset = setdiff(set,temp(r1));
  r2 = ceil((m-1)*rand);
  temp(r1) = newset(r2);
  State(i,:) = temp;
end
```

例 5.1.6 假设当前最好解 $\text{Best}_k = [1,2,3,4,5,6]$, 搜索力度 $\text{SE} = 5$, 则当前最好解经替代变换产生 SE 个候选解 State 的 MATLAB 代码为:

```
>>Best = [1,2,3,4,5];
>>SE = 5;
>> set = [1,2,3,4,5,6]
>> State = op_substitute(Best,SE,n,set)%调用替代变换算子
State =
     1     2     3     4     3     6
     1     2     2     4     5     6
     3     2     3     4     5     6
     1     2     6     4     5     6
     1     2     3     3     5     6
```

当前最好解通过替代变换算子得到上述候选解集中第一个解生成过程示意图如图 5.5 所示。

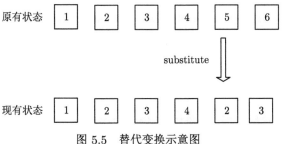

图 5.5 替代变换示意图

并非全部的算子都适用于所有的离散优化问题, 比如优化问题的决策变量是一个置换, 不需要使用替代算子, 另外也可以根据问题知识构建新的算子.

5.1.3　基本离散状态转移算法的流程

基本离散状态转移算法由以上介绍的四种离散状态转移算子、采样机制和更新策略组成, 其算法流程如下:

步骤 1: 随机产生一个初始可行解, 设置算法参数 SE,MaxIter, 令 $k = 0$.

步骤 2: 基于当前最好解, 利用交换算子产生 SE 个样本, 并利用选择和更新策略更新当前最好解.

步骤 3: 基于当前最好解, 使用某种离散状态变换算子产生 SE 个样本, 并利用选择和更新策略更新当前最好解.

步骤 4: 基于当前最好解, 交替使用其他离散状态变换算子产生 SE 个样本, 并利用选择和更新策略更新当前最好解.

步骤 5: 置 $k = k + 1$, 若 $k > \text{MaxIter}$, 则算法停止, 否则重返步骤 3.

注: 不是所有的离散问题都需要全部使用这四种算子, 根据问题的需要而定, 比如采用基本状态转移算法求解旅行商问题时, 则不需要使用替代变换算子.

程序 5.1.5　基本离散状态转移算法的 MATLAB 程序如下.

```
% 基本离散状态转移算法Discrete_STA.m
function [Best,fBest,history] = Discrete_STA(funfcn,SE,n,set,
    Interations)
% initiation
State = initiation(SE,n,set);
[Best,fBest] = selection(State,funfcn,SE);
history = zeros(Interations,1);
% iterations
for i=1:Interations
    [Best,fBest] = swap(funfcn,Best,fBest,SE,n);
    [Best,fBest] = shift(funfcn,Best,fBest,SE,n);
    [Best,fBest] = symmetry(funfcn,Best,fBest,SE,n);
    [Best,fBest] = substitute(funfcn,Best,fBest,SE,n,set);
    history(i) = fBest;
end
```

程序 5.1.6　基本离散状态转移算法 MATLAB 程序中的交换变换算子的具体实现如下, 其他三种变换操作的实现稍做改变即可.

```
% 离散状态转移算法——交换变换算法swap.m
function [Best,fBest]=swap(funfcn,Best,fBest,SE,n)
```

```
%function[Best,fBest]=shift(funfcn,Best,fBest,SE,n);
   %移动变换
%function[Best,fBest]=symmetry(funfcn,Best,fBest,SE,n);
   %对称变换
%function[Best,fBest]=substitute(funfcn,Best,fBest,SE,n,set);
   %替代变换
State=op_swap(Best,SE,n);
%State=op_shift(Best,SE,n);%移动变换算子
%State=op_symmetry(Best,SE,n);%对称变换算子
%State=op_substitute(Best,SE,n,set);%替代变换算子
[newBest,fGBest] = selection(State,funfcn,SE);
if fGBest < fBest
   Best=newBest;
   fBest=fGBest;
end
```

例 5.1.7 考虑如下的无约束离散优化问题

$$\min \quad f_{\text{Rosenbrock}} = \sum_{i=1}^{N-1} \left[(x_i - 1)^2 + 100(x_{i+1} - x_i^2)^2 \right]$$

$$x_i \in \{-2, -1, 0, 1, 2\}$$

设定状态转移算法参数: 搜索力度为 30, 问题维数为 50, 最大迭代次数为 1000, 每个元素取自集合 $\{-2, -1, 0, 1, 2\}$, 并在该范围内随机产生可行初始点, 运行程序得到结果如下 (图 5.6).

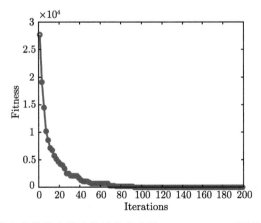

图 5.6 基本离散状态转移算法优化离散 Rosenbrock 函数迭代曲线图

```
时间已过 0.639122 秒.
Best =
  1    1    1    1    1    1    1    1    1    1    1    1
  1    1    1    1    1    1    1    1    1    1    1    1
  1    1    1    1    1    1    1    1    1    1    1    1
  1    1    1    1    1    1    1    1    1    1    1    1
  1    1
fBest =
  0
```

程序 5.1.7   利用基本离散状态转移算法求解例 5.1.7 中优化问题的 MAT-
LAB 程序如下.

```
%基本离散状态转移算法测试算法Test.m
clear all; clc
set = [-2:2];
m = length(set);
n = 50;
SE = 20;
Interations = 2e2;
tic
[Best,fBest,history] = Discrete_STA(@frosenbrock,SE,n,set,
    Interations);
toc
Best
fBest
t = 1:Interations;
plot(t(1:2:end),history(1:2:end),'b-o','LineWidth',3)
xlabel('Iterations');
ylabel('Fitness');
```

5.2   离散状态转移算法的参数设置以及提升

5.1 节介绍的基本离散状态转移算法中的算子不再具有控制参数, 设计了四种
具有特定几何功能的离散状态变换算子, 包括交换、平移、对称和替代算子. 在此
之前, 在原始的离散状态转移算法中, 可以通过改变参数来控制每种算子产生邻
域的大小, 本节通过仿真实验发现, 随着参数的增大, 离散状态转移算法性能呈退
化趋势, 从侧面验证了标准离散状态转移算法的简洁性. 本节提出了离散状态转

移算法性能提升的新机制, 即二次状态转移和停止回溯机制, 为状态转移算法的深入发展注入了新活力.

5.2.1　原始离散状态转移算法的参数设置

原始离散状态变换算子的参数是控制变化元素的个数. 当离散状态变换算子的参数确定, 产生的邻域大小也就随之确定了, 下面以旅行商问题为例, 研究参数变化对离散状态转移算法求解旅行商问题性能的影响[2,3]. 旅行商问题 (traveling salesman problem, TSP) 又称为货郎担问题, 是指一个商品推销员打算从其驻地出发去往其他 $n-1$ 个城市销售产品, 要求推销员对每个城市都访问一次, 最后还要返回其出发的驻地城市, 问如何规划推销员对上述城市的访问顺序, 以便其找到最短的访问路线. 作为典型的 NP 难问题, TSP 问题一直受到国内外学者的极大关注和广泛研究, 它的数学描述如下

$$\min \quad d_{\pi(n),\,\pi(1)} + \sum_{i=1}^{n-1} d_{\pi(i),\,\pi(i+1)}$$

其中 n 表示城市的个数; π 为决策变量, 是 $1,\ 2,\ \cdots,n$ 的一个排列, 表示推销员访问城市的顺序和路径; $d_{\pi(i),\,\pi(j)}$ 表示城市 $\pi(i)$, $\pi(j)$ 之间的距离.

1. 交换变换因子

交换变换因子 m_a, 用来控制交换元素的最大个数. 比如, 当 $m_a = 2$, 解的维数 $n = 5$ 时, 可以使 5 个元素中最多 2 个元素发生交换, 如图 5.7(a) 所示; 当 $m_a = 3$, 解的维数 $n = 5$ 时, 可以使 5 个元素中最多 3 个元素发生交换, 如图 5.7(b) 所示.

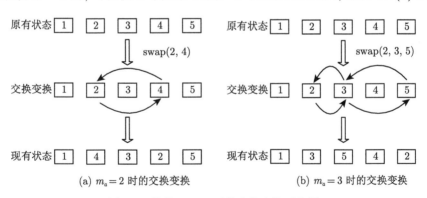

(a) $m_a = 2$ 时的交换变换　　　　　　　(b) $m_a = 3$ 时的交换变换

图 5.7　维数 $n = 5$ 时的交换变换示意图

2. 移动变换因子

移动变换因子 m_b, 用来控制可移动元素的最大个数. 比如, 当 $m_b = 1$, 解的维数 $n = 5$ 时, 可以使从随机位置 2 开始的一个连续元素移动到随机位置 4 的后

面, 如图 5.8(a) 所示; 当 $m_b = 2$, 解的维数 $n = 5$ 时, 可以使从随机位置 2 开始的两个连续元素移动到随机位置 4 的后面, 如图 5.8(b) 所示.

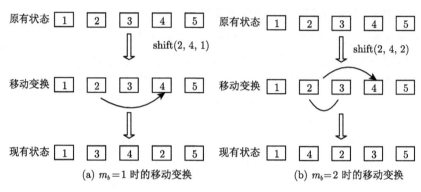

(a) $m_b = 1$ 时的移动变换   (b) $m_b = 2$ 时的移动变换

图 5.8   维数 $n = 5$ 时的移动变换示意图

下面以旅行商问题为例, 分析研究原始离散状态转移算法的参数对其性能的影响. 研究问题的数据均来自 TSPLIB 数据集[①], 采用单因素分析法, 即固定其他变量不变, 观察单一变量变化时对算法性能的影响, 独立运行 20 次, 得到的实验结果如表 5.1—表 5.3 所示. 可以看出, 随着 m_a, m_b 值的增大, 原始离散状态转移算法的性能呈退化趋势. 通过统计结果观察, 可以发现 $m_a = 2$, $m_b = 1$ 是离散状态转移算法较好的参数设置. 需要指出的是, 接下来要介绍的二次状态转移正是为了解决离散状态转移算法的参数设置提出的, 比如 $m_a = 4$ 时的参数设置, 相当于是 $m_a = 2$ 并结合二次状态转移的效果. 为了简洁明了和使用方便, 在后文中, 默认的离散状态转移算法的变换算子中不再考虑参数设置, 正如 5.1 节中所介绍的各种离散状态变换算子中没有参数一样.

表 5.1   原始离散状态转移算法求解 ulysses16.tsp 问题的参数分析

m_a	统计量	m_b		
		1	2	3
2	最好值	73.9876	73.9876	73.9876
	平均值	74.0779	74.5528	74.6858
	标准差	0.1626	0.4306	0.5464
3	最好值	73.9876	73.9876	73.9876
	平均值	74.2369	74.3590	74.4254
	标准差	0.2766	0.4362	0.4575
4	最好值	73.9876	73.9998	73.9876
	平均值	74.3344	74.3893	74.3427
	标准差	0.4287	0.4421	0.4521

---

① http://comopt.ifi.uni-heidelberg.de/software/TSPLIB95/.

表 5.2 原始离散状态转移算法求解 att48.tsp 问题的参数分析

m_a	统计量	m_b		
		1	2	3
2	最好值	3.3724e4	3.4787e4	3.4557e4
	平均值	3.4872e4	3.5707e4	3.6137e4
	标准差	668.7553	640.9893	910.9418
3	最好值	3.4337e4	3.4763e4	3.5193e4
	平均值	3.5459e4	3.6392e4	3.6521e4
	标准差	902.6357	965.4966	933.0365
4	最好值	3.4695e4	3.5131e4	3.5384e4
	平均值	3.6040e4	3.7340e4	3.7242e4
	标准差	1.0757e3	1.2148e3	1.3545e3

表 5.3 原始离散状态转移算法求解 berlin52.tsp 问题的参数分析

m_a	统计量	m_b		
		1	2	3
2	最好值	7.5444e3	7.8739e3	8.0072e3
	平均值	8.2472e3	8.5904e3	8.588e3
	标准差	273.4509	259.1225	326.3186
3	最好值	7.7934e3	8.1545e3	8.3861e3
	平均值	8.4674e3	8.6732e3	8.8258e3
	标准差	320.0697	294.7743	275.5957
4	最好值	8.0510e3	8.3657e3	8.4120e3
	平均值	8.5308e3	8.9084e3	8.9106e3
	标准差	253.1811	343.2800	358.0091

5.2.2 二次状态转移及停止回溯策略

1. 二次状态转移

在离散状态转移算法中, 不论是采用何种算子, 基于当前解产生的所有候选解形成的邻域大小是有限的. 为了扩大候选解集的范围, 基于当前最优解执行一次状态变换算子生成候选解的过程称为一次状态转移, 在生成候选解的基础上, 再执行一次状态变换算子的过程, 称为二次状态转移.

以候选解 $[1,3,2,5,4]$ 为例, 利用交换变换算子进行二次状态转移, 得到所有可能的候选解如图 5.9 所示. 不难发现, 若存在一个 n 维的离散优化问题, 采用交换变换算子, 则当前解经过一次状态转移后, 会有最多 C_n^2 种可能候选解, 经过二次状态转移后, 会有最多 $C_n^2 C_n^2$ 种可能候选解. 由此可知, 二次状态转移可以扩大搜索空间.

不难理解, 引入二次状态转移可以扩大候选解集的生成空间, 而且二次状态转移可以是同质的, 也可以是异质的, 即当前候选解可以通过某种离散变换算子进行一次状态转移, 再通过同种离散变换算子再进行一次状态转移 (同质状态转移), 也可以再通过不同种离散变换算子再进行一次状态转移 (异质状态转移). 需要指出的是, 二次状态转移的概念可以很容易推广到三次或者多次状态转移.

$$[3,1,2,5,4] \Rightarrow \begin{pmatrix} [1,3,2,5,4] & [2,1,3,5,4] & [5,1,2,3,4] & [4,1,2,5,3] & [3,2,1,5,4] \\ [3,5,2,1,4] & [3,4,2,5,1] & [3,1,5,2,4] & [3,1,4,5,2] & [3,1,2,4,5] \end{pmatrix}$$

$$[2,3,1,5,4] \Rightarrow \begin{pmatrix} [3,2,1,5,4] & [1,3,2,5,4] & [5,3,1,2,4] & [4,3,1,5,2] & [2,1,3,5,4] \\ [2,5,1,3,4] & [2,4,1,5,3] & [2,3,5,1,4] & [2,3,1,5,4] & [2,3,1,4,5] \end{pmatrix}$$

$$[5,3,2,1,4] \Rightarrow \begin{pmatrix} [3,5,2,1,4] & [2,3,5,1,4] & [1,3,2,5,4] & [4,3,2,1,5] & [5,2,3,1,4] \\ [5,1,2,3,4] & [5,4,2,1,3] & [5,3,1,2,4] & [5,3,4,1,2] & [5,3,2,4,1] \end{pmatrix}$$

$$[4,3,2,5,1] \Rightarrow \begin{pmatrix} [3,4,2,5,1] & [2,3,4,5,1] & [5,3,2,4,1] & [1,3,2,5,4] & [4,2,3,5,1] \\ [4,5,2,3,1] & [4,1,2,5,3] & [4,3,5,2,1] & [4,3,1,5,2] & [4,3,2,1,5] \end{pmatrix}$$

$$[1,2,3,5,4] \Rightarrow \begin{pmatrix} [3,4,2,5,1] & [2,3,4,5,1] & [5,3,2,4,1] & [1,3,2,5,4] & [4,2,3,5,1] \\ [4,5,2,3,1] & [4,1,2,5,3] & [4,3,5,2,1] & [4,3,1,5,2] & [4,3,2,1,5] \end{pmatrix}$$

$$[1,3,2,5,4] \rightarrow$$

$$[1,5,2,3,4] \Rightarrow \begin{pmatrix} [2,1,3,5,4] & [3,2,1,5,4] & [5,2,3,1,4] & [4,2,3,5,1] & [1,3,2,5,4] \\ [1,5,3,2,4] & [1,4,3,5,2] & [1,2,5,3,4] & [1,2,4,5,3] & [1,2,3,4,5] \end{pmatrix}$$

$$[1,4,2,5,3] \Rightarrow \begin{pmatrix} [4,1,2,5,3] & [2,4,1,5,3] & [5,4,2,1,3] & [3,4,2,5,1] & [1,2,4,5,3] \\ [1,5,2,4,3] & [1,3,2,5,4] & [1,4,5,2,3] & [1,4,3,5,2] & [1,4,2,3,5] \end{pmatrix}$$

$$[1,3,5,2,4] \Rightarrow \left([3,1,5,2,4] \quad [5,3,1,2,4] \quad [2,3,5,1,4] \quad [4,3,5,2,1] \quad [1,5,3,2,4]\right)$$

$$[1,3,4,5,2] \Rightarrow \begin{pmatrix} [3,1,4,5,2] & [4,3,1,5,2] & [5,3,4,1,2] & [2,3,4,5,1] & [1,4,3,5,2] \\ [1,5,4,3,2] & [1,2,4,5,3] & [1,3,5,4,2] & [1,3,2,5,4] & [1,3,4,2,5] \end{pmatrix}$$

$$[1,3,2,4,5] \Rightarrow \begin{pmatrix} [3,1,2,4,5] & [2,3,1,4,5] & [4,3,2,1,5] & [5,3,2,4,1] & [1,2,3,4,5] \\ [1,4,2,3,5] & [1,5,2,4,3] & [1,3,4,2,5] & [1,3,5,4,2] & [1,3,2,5,4] \end{pmatrix}$$

图 5.9 二次状态转移所有可能的候选解

2. 停滞回溯策略

求解复杂离散优化问题时, 基本离散状态转移算法即使增大迭代次数, 也无法跳出局部极值点, 针对该问题, 我们提出了停滞回溯策略[4]. 在经过一定的迭代次数后, 当使用某种状态变换算子求得的解不再更新时, 统计该解出现的次数, 设定重复次数的标记值 flag, 若解的出现次数大于 flag, 则称此解为停滞解, 将满足条件的停滞解存储起来, 若当前停滞解的重复次数为 $m \times$ flag (m 为自然数), 此停滞解称为陷入解. 为了摆脱陷入局部最优的情况, 从历史停滞解中随机选择一个解作为当前最优解进入下一次迭代. 该更新策略包括两部分, 第一部分是存储满足条件的停滞解; 第二部分是更新陷入解, 如图 5.10 所示.

上述基于二次状态转移和回溯停止策略的改进离散状态转移算法流程如下:

步骤 1: 设定参数, 比如搜索力度 SE 和最大迭代次数, 随机产生一个初始候选解.

步骤 2: 以当前最优解为基础, 利用一次、二次状态转移和采样得到 SE 组候选解, 利用 "贪婪算法" 选择所有候选解中目标函数值最小的, 若该候选解对应的目标函数值小于当前最优解对应的目标函数值, 则更新当前最优解, 否则当前最优解保持不变, 同时保存不同的当前最优解, 以及累加不同的当前最优解出现次数.

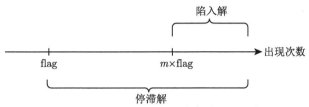

图 5.10 停滞解与陷入解的数轴表示示意图

步骤 3: 当满足停滞回溯策略执行条件后, 从所有的历史最优解中随机选择一个解更新当前最优解, 然后回到步骤 2, 直到迭代终止.

5.2.3 冒险与恢复策略

在 4.3 节动态连续状态转移算法中介绍了冒险与恢复策略, 离散状态转移算法中的冒险与恢复策略与之类似, 基于冒险与恢复策略的离散状态转移算法的伪代码如算法 5.2.1 所示, 其中, 交换变换 (swap) 操作的具体实现如子程序 5.2.1 所示. 在每一个离散变换操作内部, 所提离散状态转移算法以一定的概率接受一个较差解, 而在外部循环中, 则保留了历史最优解, 且以一定的概率恢复该历史最优解. 通过大量实验表明, 在离散状态转移算法中, 冒险与恢复概率 $(p_{rest}, p_{risk}) = (0.1, 0.1)$ 是较好的组合[5].

算法 5.2.1　基于冒险与恢复策略的离散状态转移算法

1.　　**repeat**
2.　　　　[Best, fBest] ← swap(funfcn, Best, fBest, SE, n)
3.　　　　[Best, fBest] ← shift(funfcn, Best, fBest, SE, n)
4.　　　　[Best, fBest] ← symmetry(funfcn, Best, fBest, SE, n)
5.　　　　[Best, fBest] ← substitute(funfcn, Best, fBest, SE, n)
6.　　　　**if** fBest < fBest*
7.　　　　　Best* ← Best
8.　　　　　fBest* ← fBest
9.　　　　**endif**
10.　　　**if** rand < prest
11.　　　　Best ← Best*
12.　　　　fBest ← fBest*
13.　　　**endif**
14.　　**until** 满足终止条件

子程序 5.2.1　交换变换 (swap)

1.　　**function** [Best, fBest] = swap(funfcn, Best, fBest, SE,n)
2.　　　State ← op_swap(Best, SE, n)
3.　　　[newBest, fnewBest] ← selection(funfcn, State)

```
4.        if fnewBest < fBest
5.            Best ← newBest
6.            fBest ← fnewBest
7.        else
8.            if rand < prisk
9.                Best ← newBest
10.               fBest ← fnewBest
11.           endif
12.       endif
13.   endfunction
```

5.3　离散约束状态转移算法

对于离散约束优化问题来说, 离散状态转移算法需要结合相关的约束处理机制来解决任意两个候选解的比较问题. 在连续约束状态转移算法中, 4.4 节介绍了几种经典的约束处理机制, 包括罚函数法和可行性优先法. 为简单起见, 本节主要介绍基于罚函数法的离散约束状态转移算法.

5.3.1　离散约束优化问题数学模型

一般地, 离散约束优化问题的数学模型如下

$$
\begin{aligned}
&\min \quad f(x) \\
&\text{s.t.} \quad
\begin{cases}
g_j(x) \leqslant 0 & (j = 1, 2, \cdots, J), \\
h_k(x) = 0 & (k = 1, 2, \cdots, K), \\
x = [x_1, x_2, \cdots, x_n]^{\mathrm{T}}, \\
D_i = \{d_{i1}, d_{i1}, \cdots, d_{iq}\}
\end{cases}
\end{aligned} \tag{5.7}
$$

上式中, $f(x)$ 是离散约束优化问题待优化的目标函数; $g_j(x) \leqslant 0$ 和 $h_k(x) = 0$ 分别为 j 个不等式约束和 k 个等式约束; $x = [x_1, x_2, \cdots, x_i, \cdots, x_n]^{\mathrm{T}}$ 为 n 维离散决策变量, D_i 表示 x_i 可取的离散值, q 表示 x_i 可取的离散值个数. 决策空间表示如下

$$
S = \{x \in D_i | g_j(x) \leqslant 0, h_k(x) = 0, j = 1, 2, \cdots, J, k = 1, 2, \cdots, K\} \tag{5.8}
$$

离散约束优化的目的是得到决策向量 $x^* = [x_1^*, x_2^*, \cdots, x_n^*]^{\mathrm{T}}, x_i^* \in D_i$, 使其在满足约束函数 $g_j(x^*) \leqslant 0$ 和 $h_k(x^*) = 0$ 的同时, 目标函数 $f(x^*)$ 达到最小.

5.3.2　离散约束处理机制

在基本的无约束离散状态算法中, 我们设计了具有特定几何功能的算子, 包括交换、平移、对称和替代算子, 当前最好解是离散型变量时, 采用这几种离散状

态变换算子作用后得到的候选解也是离散型变量, 直接采用目标函数值进行评价即可. 然而, 对于离散约束优化问题而言, 不仅需要评价每个离散值候选解的目标函数值, 还需要评价其对应的约束违反度.

回顾之前介绍的罚函数法的思想可知, 对于任意两个离散值候选解, 其优劣比较依据如下的增广目标函数

$$\min \quad F(x) = f(x) + \varpi_j \sum_{j=1}^{J} \max\{0, g(x_j)\}^{\kappa} + \varpi_k \sum_{k=1}^{K} |h(x_k)|^{\kappa} \tag{5.9}$$

其中 $\varpi_j, \varpi_k > 0$ 为罚因子, κ 为约束违反度指数, 在给定的罚因子下, 增广目标函数值越小的被认为越优.

5.3.3 离散约束状态转移算法流程

基于罚函数法和前面介绍的离散无约束状态转移算法及二次状态转移, 一种基于罚函数法的离散约束状态转移算法的流程可以归纳如下:

步骤 1: 随机产生一个初始可行解, 设置算法参数 SE, MaxIter, 令 $k = 0$.

步骤 2: 基于当前最好解, 使用某种状态变换算子并结合二次状态转移产生 SE 个样本, 利用罚函数法确定的增广目标函数来选择和更新当前最好解.

步骤 3: 基于当前最好解, 交替迭代使用其他状态变换算子并结合二次状态转移产生 SE 个样本, 利用罚函数法确定的增广目标函数选择和更新当前最好解.

步骤 4: 置 $k = k + 1$, 若 $k > $ MaxIter, 则算法停止, 否则重返步骤 2.

5.3.4 离散状态转移算法在背包问题中的应用

背包问题 (knapsack problem, KP) 是将一堆物品中的一部分装入具有固定容量的背包中, 以使背包中物品的总容积不超过背包的最大容量, 同时装入背包的所有物品的总价值最大[78]. 即给定 n 个物品和一个最大容量为 c 的背包, 其中, 每个物品均有其自身价值和容积 w_i, 要求找到一组合适的物品放入背包, 以这组物品的所有容积不超过背包最大容量为前提, 使背包内所有物品的总价值最大. 背包问题是运筹学中典型的优化问题, 与旅行商问题一样, 背包问题也是 NP 难问题[79].

根据背包问题的描述, 可得其数学模型如下

$$\max \quad f(x) = \sum_{i=1}^{n} p_i x_i$$

$$\text{s.t.} \quad \begin{cases} \sum_{i=1}^{n} w_i x_i \leqslant c, \\ x_i \in \{0, 1\}, \quad i = 1, 2, \cdots, n \end{cases}$$

其中 n 表示物品总数; x_i 为决策变量, 表示物品 i 的状态, 即表示是否将物品 i 放入背包中, $x_i = 1$ 表示将物品 i 放入背包中, $x_i = 0$ 表示物品 i 不放入背包中; p_i 表示物品 i 的价值; w_i 表示物品 i 的容积; c 表示背包的固定总容量.

例 5.3.1   考虑如下的背包问题

$$\max \quad f(x) = p^{\mathrm{T}} x$$

$$\text{s.t.} \quad \begin{cases} \omega^{\mathrm{T}} x \leqslant c, \\ x_i \in \{0, 1\}, \quad i = 1, 2, \cdots, n \end{cases}$$

其中 $\omega = [92, 4, 43, 83, 84, 68, 92, 82, 6, 44, 32, 18, 56, 83, 25, 96, 70, 48, 14,$ $58]$, $p = [44, 46, 90, 72, 91, 40, 75, 35, 8, 54, 78, 40, 77, 15, 61, 17, 75, 29, 75,$ $63]$, $c = 878$.

运行基于罚函数法的离散约束状态转移算法, 得到的结果如下.

```
Elapsed time is 0.245664 seconds.
Best =
1    1    1    1    1    1    1    1    1    1    1    1
1    0    1    0    1    0    1    1
f =
1024
g =
-7
```

如图 5.11 所示, 其中图 5.11(a), (b) 分别表示目标函数值、约束函数值的迭代曲线.

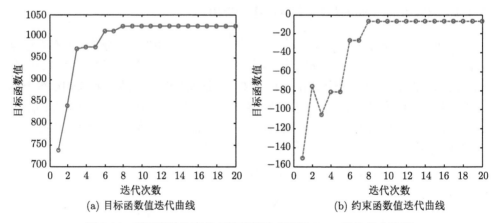

图 5.11   采用离散约束状态转移算法求解例 5.3.1 的迭代曲线图

程序 5.3.1   利用基于罚函数法的离散约束状态转移算法求解例 5.3.1 中优化问题的 MATLAB 程序如下.

```
% 基于罚函数法的离散约束状态转移算法测试算法 Test.m
clear all clc
warning off
global p w c n;
p = [44, 46, 90, 72, 91, 40, 75, 35, 8, 54, 78, 40, 77, 15,
    61, 17, 75, 29, 75, 63];
w = [92, 4, 43, 83, 84, 68, 92, 82, 6, 44, 32, 18, 56, 83, 25,
    96, 70, 48, 14, 58];
c = 878; n = 20;
SE = 20; Interations = 2e1; w1 = realmax; %罚系数
tic
[Best,fBest,history] = Boolean_CSTA(@(x) myfun(x,p,c,w),SE,n,
    Interations,w1);
toc
Best
[f,g] = myfun(Best,p,c,w);   %计算Best的目标函数值与约束函数值
f
g
```

```
t = [1:Interations]';
figure(1)
plot(t,history(:,1),'r-o','LineWidth',2)
figure(2)
plot(t,history(:,2),'b--o','LineWidth',2)
```

程序 5.3.2　上述离散约束状态转移算法中 Boolean_CSTA 函数的实现程序如下.

```
% 基于罚函数法的离散约束状态转移算法主程序 Boolean_CSTA.m
function [Best,fBest,history] = Boolean_CSTA(funfcn,SE,n,
        Interations,w1)
Best = randi([0,1],1,n);    %初始解
fBest = fitness(funfcn,Best,w1); %初始解对应的增广函数值
history = zeros(Interations,2);
% 迭代开始
for i = 1:Interations
```

```
    [Best,fBest] = shift(funfcn,Best,fBest,SE,n,w1);
    [Best,fBest] = swap(funfcn,Best,fBest,SE,n,w1);
    [Best,fBest] = symmetry(funfcn,Best,fBest,SE,n,w1);
       [Best,fBest] = substitute(funfcn,Best,fBest,SE,n,w1);
       [history(i,1), history(i,2)] = feval(funfcn,Best);
end
```

程序 5.3.3　Boolean_CSTA 函数中 fitness 子函数的具体实现程序如下.

```
% fitness函数(罚函数法)的具体实现
function fit = fitness(funfcn,State,w1)
m = size(State,1);
fit = zeros(m,1);
for i = 1:m
    [f,g] = feval(funfcn,State(i,:));
    fit(i) = f - w1*(max(0,g)^2); % 增广目标函数
end
```

程序 5.3.4　Boolean_CSTA 函数中 shift 子函数的具体实现程序如下.

```
% shift函数的具体实现
function [Best,fBest] = shift(funfcn,Best,fBest,SE,n,w1)
State = op_shift2(Best,SE,n);   %利用基于op_shift的二次状态转移
    %产生SE个解
[newBest,fGBest] = selection(funfcn,State,w1);   %从SE个解中选
    %择最佳的解
if fGBest > fBest    %比较与更新
    Best = newBest;
    fBest = fGBest;
end
```

程序 5.3.5　shift 函数中 op_shift2 和 selection 子函数的具体实现程序如下.

```
%op_shift2函数的具体实现
function State = op_shift2(Best,SE,n)
```

```
State0 = op_shift(Best,SE,n);
State1 = zeros(SE^2,n);
for i = 1:SE
  State1(SE*(i-1)+1:SE*i,:)= op_shift(State0(i,:),SE,n);
end
R=randperm(SE^2+SE);      %从二次状态转移和一次状态转移的并集随机选择
index = R(1:SE);
State2 = [State1;State0];
State = State2(index,:);
```

```
%selection函数的具体实现
function  [Best,fBest] = selection(funfcn,State,w1)
fit = fitness(funfcn,State,w1);
[fGBest,index] = max(fit);
fBest = fGBest;
Best = State(index,:);
```

5.4 离散多目标状态转移算法

当前, 多目标优化领域的主要研究对象是决策变量为连续的多目标优化问题, 然而对决策变量为离散的多目标优化问题研究较少, 但是在许多实际应用问题中常常会遇到一些决策变量取值为离散的情况, 如车间调度问题. 离散变量优化的数学模型是一个非凸规划, 无法直接使用连续变量优化方法, 当前离散优化问题在理论和应用方面还都不太成熟, 缺少有效的通用方法. 本小节介绍一种离散多目标状态转移算法[8], 所设计出的算法可以快速有效地求解离散多目标优化问题.

5.4.1 离散多目标优化问题

1. 离散多目标优化问题数学模型

离散多目标优化问题的数学模型如下

$$\min \quad F(x) = [f_1(x), f_2(x), \cdots, f_m(x)]$$

$$\text{s.t.} \quad \begin{cases} g_j(x) \leqslant 0 & (j = 1, 2, \cdots, J), \\ h_k(x) = 0 & (k = 1, 2, \cdots, K), \\ x = [x_1, x_2, \cdots, x_i, \cdots, x_n]^{\text{T}}, \\ D_i = \{d_{i1}, d_{i1}, \cdots, d_{iq}\} \end{cases} \quad (5.10)$$

上式中, $f_1(x), f_2(x), \cdots, f_m(x)$ 是 m 个待优化的目标函数, 且 m 个目标函数之间相互冲突. $g_j(x) = 0$ 和 $h_k(x) = 0$ 为约束函数, 含 J 个不等式约束和 K 个等式约束. 决策变量 x 含 n 个离散设计变量, D_i 表示对应于第 i 个设计变量 x_i 可取的离散值, q 表示第 i 个设计变量 x_i 可取的离散值个数. 决策空间表示如下

$$S = \{x \in D_i | g_j(x) \leqslant 0, h_k(x) = 0, j = 1, 2, \cdots, J; k = 1, 2, \cdots, K\} \quad (5.11)$$

2. 离散多目标优化问题难点初步探讨

例 5.4.1   在制造加工领域, 可以将具有同质材料的作业安排在一起, 以减少材料的使用量, 同时可以降低成本. 成本节约矩阵如表 5.4 所示, 例如将作业 1 和作业 2 安排在一起可节省相当于 4 个单位的成本. 此外, 根据作业的处理时间和到期日期如表 5.5 所示, 对于给定的作业顺序和作业安排对, 不仅会影响节省的总成本 C, 还影响总延误时间 T, 其计算方法为

$$T = \sum_{j=1}^{n} \max\{0, c_j - d_j\} \quad (5.12)$$

其中, d_j 为到期时间的值, c_j 为完成时间的值, 它等于累计的处理时间值, 处理时间是完成某作业的时间长度.

表 5.4   具有同质材料的五个作业的成本节约矩阵表

作业	作业 1	作业 2	作业 3	作业 4	作业 5
作业 1	0	4	2.64	4.08	3.9
作业 2	4	0	3.64	4.72	4.23
作业 3	2.64	3.64	0	2.65	2.87
作业 4	4.08	4.72	2.65	0	3.84
作业 5	3.9	4.23	2.87	3.84	0

表 5.5   五个作业的到期时间和处理时间表 (营业时间 = 每天 8 小时)

作业	到期时间 (天)	处理时间
作业 1	8	17:40
作业 2	2	24:00
作业 3	11	19:20
作业 4	3	25:00
作业 5	3	14:40

该离散多目标优化问题的目标是使总成本节约最大化, 总延误时间最小化, 采用作业配对的方法确定出最优配对序列. 设以上五个作业的序列 1 为 (2-5)-(1-4)-3, 根据表 5.4 和表 5.5 的已知数据可得到, 总延误时间为 13 天, 节省总成本为 8.31; 设作业序列 2 为 (2-4)-(5-1)-3, 总延误时间为 15 天, 节省总成本为 8.62. 可

以看出, 在第一个目标函数即总延误时间上, 序列 1 的总延误时间小于序列 2 的总延误时间, 而在第二个目标函数即节省总成本上, 序列 2 的节省总成本小于序列 1 的节省总成本, 故无法确定序列 1 和序列 2 孰优孰劣, 因此, 无法得到该问题的最优解. 为了解决候选解在多个目标上的比较问题, 引入了 Pareto 支配的概念, 下面给出了几个与 Pareto 支配相关的定义.

定义 5.4.1 Pareto 支配 存在 $x_a, x_b \in D$, 当且仅当 $i \in \{1, \cdots, m\}$ 时, $f_i(x_a) \leqslant f_i(x_b)$, 并且至少存在一个 $j \in \{1, \cdots, m\}$, 使 $f_i(x_a) < f_i(x_b)$, 这时称 x_a 支配 x_b, 记作 $x_a \prec x_b$.

$$\{\forall i \in \{1, 2, \cdots, m\} : f_i(x_a) \leqslant f_i(x_b)\} \wedge \{\exists j \in \{1, 2, \cdots, m\} : f_j(x_a) < f_j(x_b)\} \tag{5.13}$$

定义 5.4.2 Pareto 最优解 解 $x^* \in D$, 当且仅当不存在 $x \in D$, 使得 $x \prec x^*$, 这时解 x^* 被称为非支配解, 即 Pareto 最优解.

$$\neg \exists x \in D : x \prec x^* \tag{5.14}$$

定义 5.4.3 Pareto 最优解集 所有 Pareto 最优解 x^* 构成的集合 PS 为 Pareto 最优解集, 表示如下

$$\text{PS} = \{x^* \in D | \neg \exists x \in D : x \prec x^*\} \tag{5.15}$$

定义 5.4.4 Pareto 最优前沿 由 Pareto 最优解集中的解所对应的目标函数值所构成的集合 PF 被称为 Pareto 最优前沿. 表示如下

$$\text{PF} = \{F(x) | x \in \text{PS}\} \tag{5.16}$$

简而言之, Pareto 最优解集是非支配解的集合, 而 Pareto 最优前沿是 Pareto 最优解集对应目标函数值组成的集合.

因此上述离散多目标优化的目的是寻求解向量 $x^* = [x_1^*, x_2^*, \cdots, x_n^*]^{\mathrm{T}}$ 使得 $f(x^*)$ 在满足约束函数 $g_j(x^*) \leqslant 0$ 和 $h_k(x) = 0$ 的同时, 通过在 m 个待优化目标函数间进行协调权衡和折中处理, 使各个目标函数尽可能达到相对最优, 得到一组 Pareto 最优解集.

采用作业配对的方法确定出最优序列 $\{1, 2, \cdots, n\}$, 对于给定的一个序列 $s = (1, 2, \cdots, n)$:

(1) 当 $n = 3$ 时, 有两种可能的作业配对选择, 即 (1-2)-3 和 1-(2-3);

(2) 当 $n = 4$ 时, 有两种可能的作业配对选择, 即 (1-2)-(3-4) 和 1-(2-3)-4;

(3) 当 $n = 5$ 时, 有三种可能的作业配对选择, 即 (1-2)-(3-4)-5, (1-2)-3-(4-5) 和 1-(2-3)-(4-5).

设 $P_1(n)$ 表示前两个作业配对的对数, $P_2(n)$ 表示对 $P_1(n)$ 的补充作业配对的对数, 则有以下定理:

$$P_1(n+1) = P(n-1), \quad P_2(n+1) = P_1(n), \quad n \geqslant 3 \tag{5.17}$$

其中, $P(n) = P_1(n) + P_2(n)$ 表示作业配对的总对数, 例如 $P_1(2) = 1$, $P_2(2) = 0$, $P_1(3) = 1$, $P_2(3) = 1$, $P_1(4) = 1$, $P_2(4) = 1$, $P_1(5) = 2$, $P_2(5) = 1$, 可以得到 $P_1(4) = P(2)$, $P_2(4) = P_1(3)$, $P_1(5) = P(3)$, $P_2(5) = P_1(4)$.

图 5.12 表示作业对数与序列大小的增长趋势, 考虑到 $P(10) = 12 \ll 10! = 3628800$, 使用完全枚举法进行配对, 并且仅考虑序列的排列问题, 可以看出随着序列大小 n 的增长, 作业对数以指数速度迅速增加, 时间复杂度也随之增加.

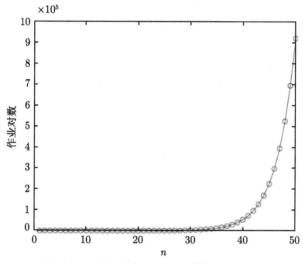

图 5.12 作业对数与序列大小的增长趋势

从上述例子可以看出, 总成本节约最大化, 总延误时间最小化, 这两个目标之间是互相联系、互相冲突的, 因此不存在一个候选解使得所有的目标达到最优, 一个候选解可能在其中一个目标函数上较好, 而在另一个目标函数上较差, 故候选解之间在全部的目标函数上难以比较. 同时, 在比较过程中也会消耗大量的计算资源, 致使求解时间过长. 离散变量优化问题实际是组合最优化问题, 即从所有可能出现的组合中寻找最优解, 设问题的设计变量数为 n, 每一设计变量可取的离散值个数为 m, 则问题的组合个数为 m^n, 是设计变量的指数函数. 随着设计变量个数的增加, 组合个数以指数速度迅速增加, 从而寻求最优解的时间也迅速增加, 因此如何快速求解离散多目标优化问题也是亟待解决的难点.

以上的分析至少揭示了两方面的问题: ① 候选解之间在全部的目标函数上难

以比较; ② 如何快速求解离散多目标优化问题? 针对这两方面的难题, 5.4.2 节设计了一种有效的离散多目标状态转移算法.

5.4.2 基本离散多目标状态转移算法

基本离散多目标状态转移算法是一种针对目标函数个数为多个的离散优化问题而设计的智能优化算法. 该算法与基本离散状态转移算法在候选解的生成、算子设计等方面大致相同, 但是由于多目标优化问题需要同时考虑多个目标函数的影响, 两类算法在算法设计上存在明显的差别. 具体而言, 这一差别主要集中在候选解的选择和档案袋的更新两个方面, 下面予以介绍.

1. 候选解的选择

对于单目标优化问题, 算法可以直接根据不同候选解所对应的目标函数值进行解的优劣比较, 而多目标优化问题包含多个目标函数, 若一个候选解在其中一个目标函数上较好, 而在另一个目标函数上较差, 则无法进行比较. 为此, 与连续多目标状态转移算法类似, 基本离散多目标状态转移算法引入了 Pareto 非支配排序策略实现多目标优化问题中候选解的比较. 一般地, 算法通过选择候选解集中被其他解支配次数最少的解来更新当前最优解.

程序 5.4.1 对于一个包含两个目标函数的多目标离散优化问题, 基本离散多目标状态转移算法中候选解的选择部分所对应的 MATLAB 程序如下.

```
%基本离散多目标状态转移算法——候选解的选择程序Select_Best.m
function (Best,fBest1,fBest2) = Select_Best(funfcn,State,SE,n)
    [fitness1, fitness2] = fitness(State,funfcn,SE);
    % Pareto非支配排序
n = zeros(SE,1);
for i = 1:SE
  for j = 1:SE
    if fitness1(j) >= fitness1(i) && fitness2(j) <= fitness2(i
      ) && (i ~= j)
      n(i) = n(i)+1;
    end
  end
end
[~,indexset] = sort(n);

    %选择最优的候选解
Best = State(indexset(1),:);
```

```
fBest1 = fitness1 (indexset(1));
fBest2 = fitness2 (indexset(1));
```

2. 档案袋的更新

多目标优化算法的最终目的是得到一组 Pareto 最优解集 ParetoSet. 为此, 基本离散多目标状态转移算法设计了一种基于档案袋策略的 Pareto 最优解集生成策略. 在算法初期, 档案袋中仅包含算法的初始解. 此后, 经过离散状态变换更新后的当前最优解 Best 将档案袋中的解进行比较, 并更新档案袋. 具体地, 算法根据当前最优解 Best 与档案袋中每个候选解个体 A_i 的相互支配占优情况对档案袋进行更新, 当 Best 占优 A_i 时, 档案袋中的个体 A_i 将被去除; 当 Best 不占优 A_i 时, 则判断 A_i 是否占优 Best; 若 A_i 不占优 Best 则将 Best 并入档案袋, 否则不进行操作, 以此实现档案袋的更新. 最后算法将输出档案袋中的所有个体作为多目标问题的 Pareto 最优解集, 其主要操作流程如图 5.13 所示.

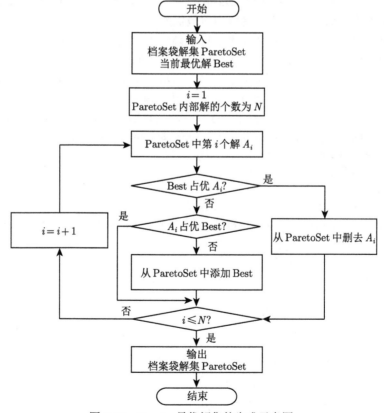

图 5.13　Pareto 最优解集的生成示意图

3. 基本离散多目标状态转移算法的步骤

基本离散多目标状态转移算法的步骤主要包括离散状态变换、候选解的选择和 Pareto 最优解集的生成, 其步骤如下:

步骤 0: 产生初始可行解, 初始档案袋, 设置算法参数, 如搜索强度 SE, 最大迭代次数 MaxIter 等, 令 $k = 0$.

步骤 1: 基于当前最优解, 利用状态变换算子 (如交换变换算子、移动变换算子等) 进行离散状态变换, 生成 SE 个样本组成的候选解集.

步骤 2: 基于候选解集, 利用 Pareto 非支配排序策略, 从候选解集中选择并更新当前最优解.

步骤 3: 基于档案袋策略, 通过比较当前最优解与档案袋内部各个候选解的质量, 更新档案袋.

步骤 4: 置 $k = k + 1$, 若 $k >$ MaxIter, 则算法停止并输出档案袋为 Pareto 最优解集, 否则重返步骤 1.

5.4.3 算法的测试及对比

为了测试离散多目标状态转移算法的性能, 使用了两个典型示例进行比较, 第一个示例如例 5.4.1 所示, 该离散多目标优化问题的目标是使总成本节约最大化, 总延误时间最小化, 考虑五个作业的最优序列, 第二个示例是将第一个例子扩展到考虑十个作业的最优序列. 在本次实验中, 算法参数的设置如下: SE $= 20$, $m_a = 2$, $m_b = 1$, $m_c = 0$, 这两个示例的最大迭代次数分别设置为 100 次和 1000 次. 表 5.4 和表 5.5 给出了第一个示例的已知数据, 表 5.6 和表 5.7 给出了第二个示例的已知数据, 两个示例的比较结果如表 5.8 和表 5.9 所示. 对比算法中, 完全枚举法和布谷鸟搜索 (CS) 算法[9] 是基于贪婪的方法, 首先选择节省成本最高的对, 然后对序列中的其余对进行重复相同的过程.

表 5.6　具有同质材料的十个作业的成本节约矩阵表

作业	作业 1	作业 2	作业 3	作业 4	作业 5	作业 6	作业 7	作业 8	作业 9	作业 10
作业 1	0	2.73	2.1	2.16	2.66	3.6	2.46	2.7	2.46	2.8
作业 2	2.73	0	2	1.6	4.3	3.69	2.3	3.5	2.76	3.6
作业 3	2.1	2	0	1.4	3.51	3.33	3.52	3.68	2.52	2.46
作业 4	2.16	1.6	1.4	0	2.17	2.32	2.72	3.04	2.04	2.97
作业 5	2.66	4.3	3.51	2.17	0	3.6	4.05	4.41	2.7	2.64
作业 6	3.6	3.69	3.33	2.32	3.6	0	2.58	4.7	3.44	2.94
作业 7	2.46	2.3	2.52	2.72	4.05	2.58	0	2.6	2.88	2.82
作业 8	2.7	3.5	3.68	3.04	4.41	4.7	2.6	0	3.64	3.57
作业 9	2.46	2.76	2.52	2.04	2.7	3.44	2.88	3.64	0	3.76
作业 10	2.8	3.6	2.46	2.97	2.64	2.94	2.82	3.57	3.76	0

表 5.7　十个作业的到期时间和处理时间表 (营业时间 = 每天 8 小时)

作业	到期时间 (天)	处理时间
作业 1	11	14:00
作业 2	2	18:00
作业 3	13	15:00
作业 4	14	8:20
作业 5	11	17:20
作业 6	9	16:00
作业 7	4	19:40
作业 8	6	23:20
作业 9	10	20:00
作业 10	10	19:20

表 5.8　五个作业的示例比较结果

算法	最优序列	总延误时间 T	节省总成本 C
完全枚举法	(2-5)-(1-4)-3	13	8.31
	(5-2)-(1-4)-3	13	8.31
	(2-5)-(4-1)-3	13	8.31
	(2-4)-(5-1)-3	15	8.62
CS 算法	(2-5)-(1-4)-3	13	8.31
	(5-2)-(1-4)-3	13	8.31
	(2-5)-(4-1)-3	13	8.31
	(2-4)-(5-1)-3	15	8.62
离散多目标状态转移算法	(5-2)-(1-4)-3	13	8.31
	(2-5)-(1-4)-3	13	8.31
	(2-5)-(4-1)-3	13	8.31
	(5-2)-(4-1)-3	13	8.31
	(2-4)-(5-1)-3	15	8.62

表 5.9　十个作业的示例比较结果

算法	最优序列	总延误时间 T	节省总成本 C
完全枚举法	(5-7)-(2-6)-(1-3)-(4-10)-(8-9)	39	16.45
	(5-7)-(2-6)-(1-3)-(4-8)-(10-9)	40	16.64
	(5-7)-(2-6)-(1-3)-(4-8)-(9-10)	40	16.64
	(5-7)-(2-6)-(1-4)-(3-8)-(10-9)	41	17.34
	(5-7)-(2-6)-(1-4)-(3-8)-(9-10)	41	17.34
	(5-2)-(7-4)-(6-1)-(3-8)-(10-9)	43	18.06
	(5-2)-(7-4)-(6-1)-(3-8)-(9-10)	43	18.06
	(2-5)-(7-4)-(6-1)-(3-8)-(10-9)	43	18.06
	(2-5)-(7-4)-(6-1)-(3-8)-(9-10)	43	18.06
CS 算法	2-(7-5)-(6-1)-3-(4-10)-(8-9)	39	14.26
	(5-7)-(2-6)-(1-3)-(4-8)-(9-10)	40	16.64
	(5-7)-(2-6)-(1-4)-(3-8)-(10-9)	41	17.34
	(2-5)-(7-4)-(6-1)-(3-8)-(10-9)	43	18.06
	(2-5)-(7-4)-(6-1)-(3-8)-(9-10)	43	18.06
	(5-2)-(7-4)-(6-1)-(3-8)-(10-9)	43	18.06
离散多目标状态转移算法	(5-7)-(2-6)-(1-3)-(4-10)-(8-9)	39	16.45
	(5-7)-(2-6)-(1-3)-(4-10)-(9-8)	39	16.45
	(5-7)-(2-6)-(1-3)-(4-8)-(10-9)	40	16.64

续表

算法	最优序列	总延误时间 T	节省总成本 C
离散多目标 状态转移算法	(5-7)-(2-6)-(1-3)-(4-8)-(9-10)	40	16.64
	(5-7)-(2-6)-(1-4)-(3-8)-(10-9)	41	17.34
	(5-7)-(2-6)-(1-4)-(3-8)-(9-10)	41	17.34
	(5-2)-(7-4)-(6-1)-(3-8)-(10-9)	43	16.08
	(5-2)-(7-4)-(6-1)-(3-8)-(9-10)	43	16.08
	(2-5)-(7-4)-(6-1)-(3-8)-(10-9)	43	16.08
	(2-5)-(7-4)-(6-1)-(3-8)-(9-10)	43	16.08

从表 5.8 可以看出, 对五个作业的示例利用完全枚举法求得了 4 个 Pateto 最优解, CS 算法得到了和完全枚举法相同的 4 个 Pateto 最优解, 离散多目标状态转移算法得到了 5 个 Pateto 最优解, 除了和对比算法得到相同的 4 个 Pateto 最优解之外, 还得到了额外的 1 个 Pateto 最优解. 从表 5.9 可以看出, 对五个作业的示例利用完全枚举法求得了 9 个 Pateto 最优解, CS 算法得到了 6 个 Pateto 最优解, 离散多目标状态转移算法得到了 10 个 Pateto 最优解, 并且离散多目标状态转移算法获得的总延误时间为 43, 总节约成本为 16.08, 所对应的 4 个 Pateto 最优解可以支配由完全枚举法和 CS 算法得到的所有 Pateto 最优解, 实验结果验证了多目标状态转移算法的有效性, 可以得到真实的 Pareto 最优解.

参 考 文 献

[1] Zhou X, Gao D Y, Yang C, et al. Discrete state transition algorithm for unconstrained integer optimization problems[J]. Neurocomputing, 2016, 173: 864-874.

[2] Yang C, Tang X, Zhou X, et al. A discrete state transition algorithm for traveling salesman problem[J]. Control Theory & Applications, 2013, 30(8): 1040-1046.

[3] Tang X, Yang C, Zhou X, et al. A discrete state transition algorithm for generalized traveling salesman problem[C]//Advances in Global Optimization. Cham: Springer, 2015, 95: 137-145.

[4] 董天雪, 阳春华, 周晓君, 等. 一种求解企业员工指派问题的离散状态转移算法 [J]. 控制理论与应用, 2016, 33(10): 1378-1388.

[5] Zhou X, Gao D Y, Simpson A R. Optimal design of water distribution networks by a discrete state transition algorithm[J]. Engineering Optimization, 2016, 48(4): 603-628.

[6] Balas E, Zemel E. An algorithm for large zero-one knapsack problems[J]. Operations Research, 1980, 28(5): 1130-1154.

[7] Pisinger D. Where are the hard knapsack problems?[J]. Computers & Operations Research, 2005, 32(9): 2271-2284.

[8] Zhou X, Hanoun S, Gao D Y, et al. A multiobjective state transition algorithm for single machine scheduling[C]//Advances in global optimization. Cham: Springer, 2015: 79-88.

[9] Hanoun S, Nahavandi S, Creighton D, et al. Solving a multiobjective job shop scheduling problem using Pareto archived cuckoo search[C]//Proceedings of 2012 IEEE 17th International Conference on Emerging Technologies & Factory Automation (ETFA 2012). IEEE, 2012: 1-8.

第 6 章 状态转移算法的工程应用

本章重点介绍状态转移算法的工程应用, 从连续状态转移算法工程应用和离散状态转移算法工程应用两方面进行阐述, 其中, 连续状态转移算法工程应用包括非线性系统辨识、工业过程优化控制等; 离散状态转移算法工程应用包括水资源网络管道设计、特征选择等. 这些具体的工程应用可以为状态转移算法在其他领域的应用提供参考.

6.1 连续状态转移算法的工程应用

6.1.1 非线性系统辨识

1. 非线性系统辨识背景及问题描述

系统辨识又叫系统建模, 是系统控制与优化的基础. 美国学者 Zadeh 曾给系统辨识作如下定义: "辨识就是在输入、输出数据的基础上, 从一组给定的模型类中, 确定一个与所测系统等价的模型". 瑞典学者 Lennart Ljung 给出了系统辨识另一个定义: "辨识有三个要素: 数据、模型和准则. 辨识就是按照一个准则在一组模型中选择一个与数据拟合得最好的模型". 值得一提的是, 中国学者丁峰[1] 认为优化方法也是系统辨识的一大要素, 提出了基于四要素的定义: 系统辨识是通过设计适当的输入信号, 利用实验的输入输出数据, 选择一类模型, 构造一误差准则函数, 用优化方法确定一个与数据拟合得最好的模型, 即系统辨识包含四大要素: 数据、模型、准则和优化方法.

具体来说, 系统模型包括模型结构和模型参数两部分, 因此, 系统辨识包含模型结构的选择和模型参数的估计. 其中, 模型结构的选择方法有: 机理建模、经验建模和混合建模.

(1) 机理模型, 又称白箱模型, 它是基于第一性原理, 包括质量平衡方程、能量平衡方程、动量平衡方程、相平衡方程以及某些物性方程、化学反应定律、电路基本定律等而获得对象或过程的数学模型, 其特点是机理模型参数具有非常明确的物理意义.

(2) 经验模型, 又称黑箱模型或数据驱动的模型, 它是针对一些内部规律还很少为人们所知的现象, 根据测量的输入、输出数据, 通过对输入、输出数据的拟合建立的数学模型, 它的主要理论基础是数学中的函数逼近论. 常见的经验模型有: 非线性带外部输入的自回归滑动平均 (autoregressive moving average with exogenous inputs, ARMAX) 模型 (或称受控自回归滑动平均模型)、神经网络、支持向量机、T-S(Takagi-Sugeno) 模糊模型以及一些模块化模型 (由一个非线性静态模型和一个线性动态模型串联而成, 比如 Hammerstein 模型、Wiener 模型等).

(3) 混合模型, 又称半经验模型, 是指建立的机理模型不准确, 存在未建模动态, 需在机理模型的基础上加入数据进行补偿修正的模型.

一方面, 不管是哪种模型, 从数学表达式的角度上看, 系统模型分为动态的微分方程或偏微分方程模型和静态的代数方程模型, 其中又包含线性和非线性两类, 如下所示

$$
数学模型
\begin{cases}
动态 \begin{cases} 线性\text{-}微分方程、偏微分方程 \\ 非线性\text{-}微分方程、偏微分方程 \end{cases} \\[2ex]
静态 \begin{cases} 线性\text{-}代数方程 \\ 非线性\text{-}代数方程 \end{cases}
\end{cases}
$$

另一方面, 不论是哪种模型, 当根据机理或经验分析得到模型结构以后, 接下来都需要进行模型参数估计. 一般的做法是依据某种准则, 将模型参数估计问题转化为最优化问题, 通过对最优化问题的求解反算出最佳模型参数[2].

所建数学模型是非线性时 (包括动态或静态的数学模型) 的系统辨识, 称为非线性系统辨识, 又叫非线性系统建模, 很多时候跟非线性回归、非线性拟合等概念本质上差不多. 由于自然界本质的非线性, 实际系统大多是非线性的, 特别是复杂工业过程存在强非线性、强耦合等特性, 不能简单进行局部线性化处理, 因此, 非线性系统辨识有着重要的实际意义, 也一直是非线性科学的重要研究方向.

2. 非线性系统辨识方法与优化模型

所谓的非线性系统辨识方法其实是一种优化建模方法, 即把模型参数估计问题转化为最优化问题的方法.

从数学模型的表达式上看, 非线性系统的模型结构可以是静态的代数方程

$$\hat{y} = f(x, \theta) \tag{6.1}$$

其中 x 是输入, $\hat{y}$ 是输出, θ 是待辨识参数; 也可以是动态的微分方程

$$\begin{cases} \dot{x}(t) = g(t, \hat{x}(t), u(t), \theta), \\ \hat{y}(t) = h(t, \hat{x}(t), u(t), \theta) \end{cases} \tag{6.2}$$

或差分方程

$$\begin{cases} \hat{x}(k+1) = g(k, \hat{x}(k), u(k), \theta), \\ \hat{y}(k) = h(k, \hat{x}(k), u(k), \theta) \end{cases} \tag{6.3}$$

其中 u 是输入、$\hat{x}$ 是状态, $\hat{y}$ 是输出, θ 是待辨识参数.

假设从对象采集的输入、输出样本数为 N, 实际对象输出和模型输出的误差为 $e = y - \hat{y}$, 当选择好模型结构后, 模型参数通过求解下列最优化问题获取

$$\arg\min_\theta L(e(\theta)) \tag{6.4}$$

其中 $L(\cdot)$ 为准则函数, 用来度量对象输出与模型输出的接近程度. 常用的准则函数包括:

(1) 最小二乘法 $\quad L(e(\theta)) = \sum_{i=1}^{N} [e_i(\theta)]^2$;

(2) 绝对值离差法 $\quad L(e(\theta)) = \sum_{i=1}^{N} |e_i(\theta)|$;

(3) 最小均方误差法 $\quad L(e(\theta)) = \dfrac{1}{N} \sum_{i=1}^{N} [e_i(\theta)]^2$;

(4) 最小均方根误差法 $\quad L(e(\theta)) = \sqrt{\dfrac{1}{N} \sum_{i=1}^{N} [e_i(\theta)]^2}$.

为了防止过拟合, 根据奥卡姆剃刀原理[3]——越简单往往越接近真理, 通常还会加一个正则项, 即求解下列带正则项的最优化问题

$$\arg\min_\theta L(e(\theta)) + \lambda R(\theta) \tag{6.5}$$

其中 $R(\theta)$ 为正则项, λ 为正则化参数. 常用的正则项包括:
(1) L_0 正则化, $R(\theta) = \|\theta\|_0$, 又叫稀疏编码;
(2) L_1 正则化, $R(\theta) = \|\theta\|_1$, 又叫 Lasso 回归;
(3) L_2 正则化, $R(\theta) = \|\theta\|_2^2$, 又叫岭回归、Tikhonov 正则化.

3. 应用举例

例 6.1.1 某研究人员欲分析某地区某种传染病的发病情况, 采集了该地 40 天的累计确诊病例数, 数据如表 6.1 所示.

确定该传染病生长模型的输入 x 代表天数, 输出 y 代表累计确诊病例数, 考虑到传染病的增长符合 S 型生长曲线, 故选择以下三种经典的 S 型曲线模型分别作为模型结构:

(1) Logistic 曲线　$y = \dfrac{\theta_1}{1 + \mathrm{e}^{(\theta_2 - \theta_3 x)}}$;

(2) Gompertz 曲线　$y = \theta_1 \mathrm{e}^{[-e(\theta_2 - \theta_3 x)]}$;

(3) Richards 曲线　$y = \dfrac{\theta_1}{[1 + \mathrm{e}^{(\theta_2 - \theta_3 x)}]^{\frac{1}{\theta_4}}}$.

表 6.1　某地区某种传染病累计确诊病例数

天数	累计确诊病例数	天数	累计确诊病例数	天数	累计确诊病例数	天数	累计确诊病例数
1	24	11	521	21	968	31	1016
2	43	12	593	22	988	32	1016
3	69	13	661	23	1001	33	1016
4	100	14	711	24	1004	34	1016
5	143	15	772	25	1006	35	1017
6	221	16	803	26	1007	36	1017
7	277	17	838	27	1008	37	1018
8	332	18	879	28	1010	38	1018
9	389	19	912	29	1011	39	1018
10	463	20	946	30	1013	40	1018

采用基本的最小二乘准则法将辨识问题转化为最优化问题, 并采用标准的状态转移算法进行求解, 利用 STA 获得三种不同模型的最优参数估计如表 6.2, 三种 S 型曲线回归的效果如图 6.1.

表 6.2　采用 STA 获得三种不同模型的最优参数估计

模型	θ_1	θ_2	θ_3	θ_4	累计误差
Logistic 曲线	1018	3.0787	0.2826	—	397.3090
Gompertz 曲线	1035.4	1.6492	0.1905	—	495.7315
Richards 曲线	1026	1.4517	0.2304	0.4440	339.7491

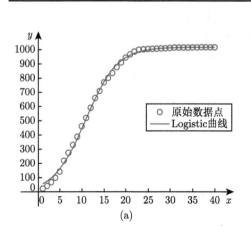

(a)

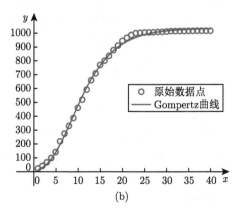

(b)

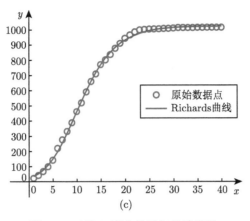

图 6.1 三种 S 型曲线回归的效果图

例 6.1.2 考虑如下的离散时间非线性系统

$$x_1(k+1) = \theta_1 x_1(k) x_2(k), \quad x_1(0) = 1$$
$$x_2(k+1) = \theta_2 x_1^2(k) + u(k), \quad x_2(0) = 1$$
$$y(k) = \theta_3 x_2(k) - \theta_4 x_1^2(k)$$

其中 θ_1, θ_2, θ_3, θ_4 为待估计的参数.

进行实验仿真时, 假设 $u(k) = 1$, $[\theta_1, \theta_2, \theta_3, \theta_4] = [0.5, 0.3, 1.8, 0.9]$, 在输出端加上一定的高斯白噪声, 获得在各个时刻采样的数据如表 6.3 所示.

表 6.3 非线性系统不同时刻采样的输出数据

时刻	输出	时刻	输出	时刻	输出	时刻	输出
0	0.9000	10	1.8000	20	1.7993	30	1.7997
1	1.7081	11	1.8003	21	1.7999	31	1.7995
2	1.7723	12	1.8011	22	1.7976	32	1.8000
3	1.7926	13	1.8006	23	1.8005	33	1.7998
4	1.7981	14	1.7982	24	1.8001	34	1.7990
5	1.7996	15	1.8007	25	1.7994	35	1.8013
6	1.8007	16	1.8008	26	1.7993	36	1.8004
7	1.7993	17	1.8006	27	1.7989	37	1.8013
8	1.7993	18	1.8013	28	1.8000	38	1.7995
9	1.7998	19	1.8003	29	1.8004	39	1.7989

采用基本的最小二乘准则法将辨识问题转化为最优化问题, 并采用标准的状态转移算法进行求解[4], 利用 STA 求解, 对应优化问题的迭代曲线如图 6.2 所示, 获得最优参数估计如表 6.4 所示, 结果表明获得的最优参数估计与理想值很接近.

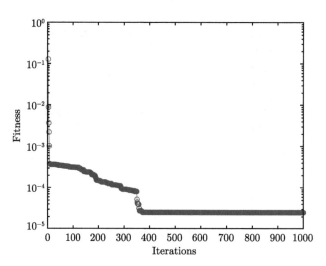

图 6.2　标准 STA 优化对应最小二次函数的迭代曲线图

表 6.4　采用 STA 获得非线性系统的最优参数估计

算法	θ_1	θ_2	θ_3	θ_4	均方误差
STA	0.5077	0.3019	1.7999	0.8999	2.4873e−5

例 6.1.3　考虑如下所示的二分类问题 (图 6.3), 其中每个样本点都是二维的, 由于数据量较多, 限于篇幅, 只用图形展示, 其中红色表示 "–1" 类, 蓝色表示 "1" 类. 为了方便, 我们用 300 个数据进行训练建模, 300 个数据进行测试.

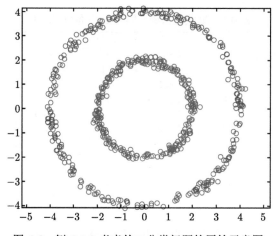

图 6.3　例 6.1.3 考虑的二分类问题的原始示意图

显然, 这是一个线性不可分的问题, 采用最小二乘支持向量机 (LSSVM)[5] 的建模方法.

$$\min_{w,b,e} \quad \frac{1}{2}\|w\|^2 + \gamma\frac{1}{2}\sum_{i=1}^{N} e_i^2$$

$$\text{s.t.} \quad y_i(w^{\mathrm{T}}\phi(x_i)+b) = 1 - e_i, i = 1, 2, \cdots, N$$

其中 $x_i \in \mathbb{R}^2$ 是输入, $y_i \in \{-1,1\}$ 是输出, w, b, e, γ 是模型参数, $\phi(x_i)$ 是非线性映射. 这个模型的含义是, 当求出最优模型参数 w^*, b^* 后, 通过决策函数 $f(x) = w^{\mathrm{T}}\phi(x) + b$, 根据输入 x 来判断输出的类别

$$y = \begin{cases} 1, & f(x) > 0, \\ -1, & f(x) < 0 \end{cases}$$

通常求解 LSSVM 模型参数的优化是采用拉格朗日对偶法的, 然而由于对偶变量的个数随样本数的增加而增加, 使得计算变得复杂. 因此, 使用直接法, 采用 STA 求解原问题的最优参数, 考虑到标准的 STA 适合求解无约束优化问题, 故使用如下的优化模型:

$$\min_{w,b} \quad \frac{1}{2}\sum_{i=1}^{N}[y_i(w^{\mathrm{T}}\phi(x_i)+b) - 1]^2 + \frac{1}{2}\lambda\|w\|^2$$

其中 λ 为正则化参数, $\phi(x_i)$ 为非线性映射函数. 考虑所作非线性映射 $\phi(x) = [x_1^2, x_2^2, x_2]$ 为向量, 我们的优化参数仅为四个参数, 即 $w \in \mathbb{R}^3, b \in \mathbb{R}$. 经过 STA 优化得到的结果是 $w^* = [0.1668, 0.1636, -0.0025]$, $b^* = -1.6540$. 由于采用的超平面已经将两类完全分开, 测试的准确率为 100%, 如图 6.4 所示.

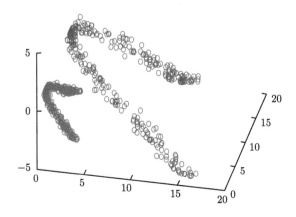

图 6.4 例 6.1.3 考虑的二分类问题经过非线性映射后的示意图

6.1.2 工业过程优化控制

1. PID 控制器设计

1) PID 控制的背景

在工业过程控制中, PID(比例-积分-微分, proportion integration differentia-tion) 控制是目前为止最常用的控制方式. 虽然从 1940 年以来, 很多的先进控制方法不断地被推出, 但 PID 控制器因为其结构简单, 对模型误差具有鲁棒性及易于操作等优点, 仍被广泛应用于石油、化工、冶金、电力、轻工等工业过程控制中, 据统计, 工业过程控制器中 PID 控制器占 90% 以上.

PID 控制器设计的关键问题是其参数的整定, 为了有效地调节 PID 控制器参数, 学者们已经提出了许多方法. 其中, Ziegler-Nichols 方法[6] 是一种实验性方法, 已被广泛使用, 然而, 这种方法需要对系统模型有一定的先验知识, 通过该方法对控制器参数进行调整, 将获得良好但并非最佳的系统响应. 为了寻找最优的 PID 控制参数, 许多计算智能技术, 如神经网络、模糊系统等, 也已广泛应用于 PID 控制器增益的调节 [7]. 除了这些方法, 以遗传算法为代表的现代智能优化算法也引起了人们的极大关注, 它们也被用于寻找 PID 控制器的最优参数[8].

2) PID 控制的原理及优化模型

PID 控制是一种基于 "过去"、"现在" 和 "未来" 的信息估计的简单有效的控制算法, 它由比例、积分、微分三种调节器以并联的形式综合在一起发挥各自的优势以达到理想的调节效果. 常规的 PID 控制系统的原理图, 如图 6.5 所示.

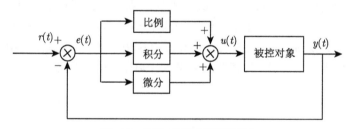

图 6.5 PID 控制系统原理图

整个控制系统主要由 PID 控制器和被控对象组成的反馈回路构成, 根据设定值 $r(t)$ 和实际输出值 $y(t)$ 构成的控制偏差 $e(t)$ 来对被控对象进行控制, 其中

$$e(t) = r(t) - y(t) \tag{6.6}$$

通过得到的偏差 $e(t)$, 按比例、积分和微分通过线性组合构成控制量 $u(t)$ 对被控对象进行控制. 控制器的输入、输出关系可描述为

$$u(t) = K_p \left[e(t) + \frac{1}{T_i} \int_0^t e(t) \mathrm{d}t + T_d + \frac{\mathrm{d}}{\mathrm{d}t} e(t) \right] \tag{6.7}$$

其中 $e(t)$ 是设定值与实际输出之间的误差, $u(t)$ 是控制器输出, K_p, T_i, T_d 分别是比例增益、积分时间常数和微分时间常数. 通过使用以下近似:

$$\int_0^t e(t)\mathrm{d}t \approx T\sum_{j=0}^k e(j), \quad \frac{\mathrm{d}}{\mathrm{d}t}e(t) \approx \frac{e(k)-e(k-1)}{T} \tag{6.8}$$

其中 T 是采样周期, 则可以将式 (6.7) 重写为

$$u(k) = K_p\left\{e(k) + \frac{T}{T_i}\sum_{j=0}^k e(j) + \frac{T_d}{T}[e(k)-e(k-1)]\right\} \tag{6.9}$$

在大多数情况下, 下面的增量式 PID 控制更为实用:

$$u(k)=u(k-1)+K_p\left\{[e(k)-e(k-1)]+\frac{T}{T_i}e(k)+\frac{T_d}{T}[e(k)-2e(k-1)+e(k-2)]\right\}$$
$$=u(k-1)+K_p\left\{[e(k)-e(k-1)]+K_ie(k)+K_d[e(k)-2e(k-1)+e(k-2)]\right\} \tag{6.10}$$

其中 K_i 和 K_d 分别是积分增益和微分增益. PID 控制器的设计框图如图 6.6 所示, 其中 $r(k)$ 是设定值, $y(k)$ 是采样点的系统输出. 采用如下的均方误差作为最优化问题的目标函数:

$$\mathrm{MSE} = \frac{1}{N}\sum_{k=1}^N e^2 = \frac{1}{N}\sum_{k=1}^N [r(k)-y(k)]^2 \tag{6.11}$$

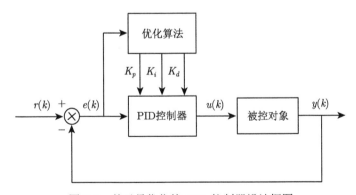

图 6.6 基于最优化的 PID 控制器设计框图

3) 基于状态转移算法的 PID 控制器参数整定

本小节采用状态转移算法对一个非线性系统的 PID 控制器参数进行整定, 并和遗传算法 (GA) 以及粒子群 (PSO) 算法作对比, 以验证所提方法的有效

性[9]. 为了进行比较, 最大迭代次数、种群规模 (搜索力度) 分别设定为 100 次和 30 次. 更具体地说, 在 PSO 中, $c_1 = c_2 = 1$, w 将从 0.9 线性减小到 0.4. 在 STA 中, 旋转因子 α 按以 1/2 为底的指数减小, 从 $\alpha_{\max} = 1$ 周期性减少到 $\alpha_{\min} = 1e^{-4}$, 平移因子、伸缩因子、轴向因子都指定为 1. 对于 GA, 我们使用了谢菲尔德大学开发的 MATLAB 遗传算法工具箱 v1.2[9].

例 6.1.4　考虑如下的非线性系统:

$$x_1(k+1) = \theta_1 x_1(k) x_2(k), \quad x_1(0) = 1$$
$$x_2(k+1) = \theta_2 x_1^2(k) + u(k), \quad x_2(0) = 1$$
$$y(k) = \theta_3 x_2(k) - \theta_4 x_1^2(k)$$

假定该系统的实际参数值为: $\theta = [\theta_1, \theta_2, \theta_3, \theta_4] = [0.5, 0.3, 1.8, 0.9]$. 在本实验中, 相关变量的范围设置为: $K_p \in [0,1]$, $K_i \in [0,1]$, $K_d \in [0,1]$, $r = 2$, $N = 50$.

考虑智能优化算法的随机性, 进行了 30 次独立实验. 同时, 一些统计数据, 如最好 (最小) 值、平均值、最差 (最大) 值、标准差等用于评估算法的性能. 表 6.5 给出了最好性能下 PID 控制器的参数, 表 6.6 给出了通过三种算法获得的详细统计结果. 与表 6.5 中的 GA 和 PSO 相比, 很明显发现 STA 能够以更大的概率找到最小的均方误差 (MSE), 这表明 STA 更适合求解该问题.

表 6.5　几种智能优化算法获得 PID 控制器的最佳参数

算法	K_p	K_i	K_d
GA	0.1459	0.3410	0.0908
PSO	0.1447	0.3407	0.0919
STA	0.1445	0.3410	0.0922

表 6.6　几种智能优化算法整定 PID 控制器参数的性能比较

算法	最小值	平均值	最大值	标准差
GA	0.1000	0.1002	0.1013	0.0017
PSO	0.1000	0.1127	0.3089	0.1986
STA	0.1000	0.1000	0.1000	1.41e−10

图 6.7 说明了采用 STA 在最佳 MSE 下 PID 控制器参数的收敛过程以及状态和输出的变化, 输出变化表明在所整定的 PID 控制器下非线性系统的稳定性好、收敛速度快. 更具体地说, 对于该非线性系统, 可以发现 x_1 稳定在 0, x_2 稳定在 1.1111, y 最终稳定在 2.

2. 分数阶 PID 控制器

1) 分数阶 $\text{PI}^\lambda \text{D}^\mu$ 控制的背景及数学模型

目前, 大部分以微分方程描述的控制系统, 其微分均考虑为整数阶. 事实上,

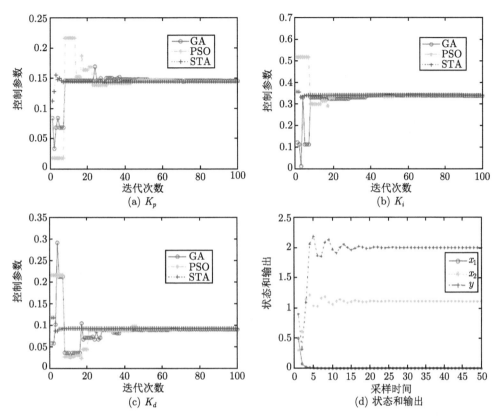

图 6.7　PID 控制器参数在不同算法下的收敛性及 STA 在最佳参数下的状态和输出变化图

(a), (b), (c) 描绘了 PID 控制器参数在不同算法下的收敛性;

(d) 显示了例 6.1.4 的 STA 在最佳参数下的状态和输出变化

许多实际物理系统因其特殊的材料、化学特性而展现出分数阶动力学行为. 因此, 采用分数阶描述那些本身带有分数阶特性的对象时, 比整数阶模型更为精确, 能更好地揭示对象的本质特性及其行为[10]. 为了得到更好的控制效果, 将控制器的阶次扩展到分数阶得到分数阶 $PI^\lambda D^\mu$ 控制器模型. 与传统的整数阶 PID 相比, 分数阶 $PI^\lambda D^\mu$ 控制器对外部干扰的敏感性更低, 通过将分数阶 $PI^\lambda D^\mu$ 应用于控制系统, 可以获得更好的跟踪精度、动态特性以及更高的鲁棒性[11].

分数阶 $PI^\lambda D^\mu$ 控制器的传递函数为

$$G_c(s) = K_p + K_i s^{-\lambda} + K_d s^\mu \tag{6.12}$$

其中 K_p, K_i 和 K_d 分别代表比例、积分和微分增益, 积分阶次 λ、微分阶次 μ 是大于 0 的任意实数.

可以看出, 分数阶 $PI^\lambda D^\mu$ 控制器是整数阶 PID 控制器的一般化. 整数阶 PID

控制器是分数阶 PID 控制器在 $\lambda = 1$ 和 $\mu = 1$ 时的特殊情况. 与整数阶 PID 控制器相比, 分数 $\mathrm{PI}^\lambda \mathrm{D}^\mu$ 控制器多了两个可调参数, 通过合理地选择参数, 分数阶 $\mathrm{PI}^\lambda \mathrm{D}^\mu$ 控制器可以提高系统的控制效果.

2) 分数阶 $\mathrm{PI}^\lambda \mathrm{D}^\mu$ 控制器参数整定的优化建模

分数阶 $\mathrm{PI}^\lambda \mathrm{D}^\mu$ 控制器比整数阶 PID 控制器多了两个可调参数, 即积分阶次 λ 和微分阶次 μ, 控制器参数的整定范围变大, 控制器能够更灵活地控制受控对象, 但是控制器参数的增多也使得参数的整定变得复杂.

图 6.8 是带有分数阶 $\mathrm{PI}^\lambda \mathrm{D}^\mu$ 控制器的系统框图, 其闭环系统的传递函数为

$$G_s(s) = \frac{Y(s)}{Y_r(s)} = \frac{G_c(s)G_p(s)}{1 + G_c(s)G_p(s)} \tag{6.13}$$

其中 $Y_r(s)$ 和 $Y(s)$ 分别代表系统的输入和输出, $G_c(s) = \dfrac{U(s)}{E(s)} = K_p + K_i s^{-\lambda} + K_d s^{\mu}$ 是系统的控制器, $G_p(s)$ 是被控对象的传递函数.

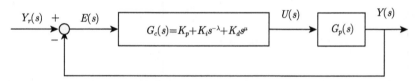

图 6.8 带有分数阶 $\mathrm{PI}^\lambda \mathrm{D}^\mu$ 控制器的系统框图.

由式 (6.13) 可知, 闭环系统的稳态误差为

$$E(s) = Y_r(s) - Y(s) = Y_r(s) - \frac{G_c(s)G_p(s)}{1 + G_c(s)G_p(s)} Y_r(s) \tag{6.14}$$

其中有五个未知数 K_p, K_i, K_d, λ 和 μ.

分数阶 $\mathrm{PI}^\lambda \mathrm{D}^\mu$ 控制器参数整定所对应优化问题的目标函数如下

$$\min \quad J_n(K_p, K_i, K_d, \lambda, \mu) \tag{6.15}$$

其中 $n = 1, 2, 3, 4$ 分别代表四种不同准则下的目标函数, 分别由下式给出

$$\begin{cases} J_1 = \displaystyle\int_0^\infty [e(t)]^2 \, \mathrm{d}t, \\[2mm] J_2 = \displaystyle\int_0^\infty t\,[e(t)]^2 \, \mathrm{d}t, \\[2mm] J_3 = \displaystyle\int_0^\infty |e(t)| \, \mathrm{d}t, \\[2mm] J_4 = \displaystyle\int_0^\infty t\,|e(t)| \, \mathrm{d}t \end{cases} \tag{6.16}$$

其中 $e(t) = y_r(t) - y(t)$ 是稳态误差; $y_r(t)$ 和 $y(t)$ 分别是参考输入和输出信号. 此外, J_1, J_2, J_3 和 J_4 分别表示积分平方误差 (ISE)、积分乘时间平方误差 (ITSE)、积分绝对误差 (IAE) 和积分乘时间绝对误差 (ITAE).

将式 (6.16) 中的目标函数离散化, 可得

$$
\begin{cases}
J_1 = \sum_0^M e^2(m), \\[2mm]
J_2 = \sum_0^M m e^2(m), \\[2mm]
J_3 = \sum_0^M |e(m)|, \\[2mm]
J_4 = \sum_0^M m |e(m)|
\end{cases}
\tag{6.17}
$$

其中, M 代表采样规模, 其取值应该充分大.

3) 基于状态转移算法的分数阶 $PI^\lambda D^\mu$ 控制器参数整定

本节将引入状态转移算法 (STA), 选择最优的分数阶 $PI^\lambda D^\mu$ 控制器参数[12], 并对上述四种误差准则进行研究分析. 此外, 通过比较其他两种最先进的优化算法, 即自适应差分进化 (SaDE) 算法[13]、综合学习粒子群优化 (CLPSO) 算法[14], 来验证所提方法的有效性.

例 6.1.5 考虑具有如下分数阶传递函数的被控对象:

$$
G_p(s) = \frac{5s^{0.6} + 2}{s^{3.3} + 3.1s^{2.6} + 2.89s^{1.9} + 2.5s^{1.4} + 1.7s^{1.2}}
$$

将每个决策变量取值限定在固定范围内, 即 $0 \leqslant K_p \leqslant 10$, $0 \leqslant K_i \leqslant 10$, $0 \leqslant K_d \leqslant 10$, $0 \leqslant \lambda \leqslant 2$, $0 \leqslant \mu \leqslant 2$. 每种算法独立运行 20 次, 表 6.7 给出了不同误差准则下的最小稳态误差和控制器传递函数.

表 6.7 不同误差准则下的最小稳态误差和控制器传递函数

误差准则	最小稳态误差	控制器传递函数 $G_c(s)$
ISE	5.104e−3	$10 + \dfrac{1.324}{s^{0.01}} + 10s^{1.8011}$
ITSE	8.53e−4	$9.5542 + \dfrac{1.434}{s^{0.5629}} + 10s^{1.4235}$
IAE	1.029e−3	$4.095 + \dfrac{3.6974}{s^{0.01}} + 5.5584s^{1.3698}$
ITAE	1.01e−4	$10 + \dfrac{10}{s^{0.01}} + 10s^{1.245}$

通过对不同误差准则下获得控制器的性能进行比较, 得到以下结论: ① ISE 准则很容易引起振荡, 会导致很长的调节时间. 此外, 其最小稳态误差也是四个准则中最大的. ② ITSE 准则和 IAE 准则可能会获得较大的稳态误差, 也需要较长的调节时间才能使系统稳定. 此外, 其他系统性能 (如上升时间和峰值时间) 也很差. ③ ITAE 准则具有出色的跟踪性能, 强大的鲁棒性和抗干扰能力.

综合考虑, 接下来将采用 ITAE 准则进行不同智能优化算法的对比实验. 表 6.8 给出了在 ITAE 准则下通过不同优化算法得到的分数阶 $PI^{\lambda}D^{\mu}$ 控制器参数值和目标函数值. 其中, STA 获得了最小的目标函数值, 同时结果的标准差可以证明 STA 的稳定性优于其他两种算法. 图 6.9 展示了不同智能优化算法整定分数阶 $PI^{\lambda}D^{\mu}$ 控制器参数所得闭环系统的动态响应曲线, 从超调量、峰值时间、上升时间和稳态误差等指标可以看出基于 STA 的分数阶 $PI^{\lambda}D^{\mu}$ 控制器参数整定方法的优越性.

表 6.8　不同优化算法下的目标函数值和控制器传递函数

算法	最小值	平均值	最大值	标准差	控制器传递函数 $G_c(s)$
STA	0.1285	0.1285	0.1285	0	$10 + \dfrac{10}{s^{0.0617}} + 10s^{1.425}$
SaDE	0.1452	0.1567	0.1666	0.021	$9.5542 + \dfrac{8.9385}{s^{0.0474}} + 5.5584s^{1.2446}$
CLPSO	0.1352	0.1387	0.1447	0.017	$7.3583 + \dfrac{6.8519}{s^{0.2852}} + 6.0398s^{1.1973}$

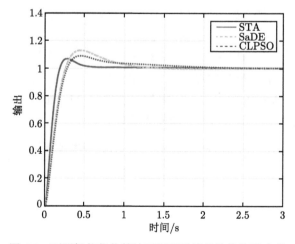

图 6.9　不同智能优化算法下闭环系统的单位阶跃响应

除了上述基于单目标优化的 PID 控制外, 也有文献采用基于多目标优化的 PID 控制[15−18].

3. 动态优化

1) 动态优化概述

动态优化, 又叫最优控制, 作为最优化技术的重要分支之一, 旨在针对工业过程动态系统, 获得某一时间段内的最优操作轨迹, 要求生产过程在安全运行的同时使效益最大化[19]. 其数学模型可描述如下

$$\min_{u(t)} \quad J = \Phi\left[x(t_f)\right] + \int_{t_0}^{t_f} L\left[t, x(t), u(t)\right] \mathrm{d}t$$

$$\text{s.t.} \quad \begin{cases} \dot{x}(t) = f\left[u(t), x(t), t\right], \\ x(t_0) = x_0, \\ g\left[u(t), x(t), t\right] \leqslant 0, \\ u^l \leqslant u(t) \leqslant u^u, \\ t_0 \leqslant t \leqslant t_f \end{cases} \quad (6.18)$$

其中 $\dot{x}(t) = f\left[u(t), x(t), t\right], x(t_0) = x_0$ 为动态系统的模型, $x(t) \in \mathbb{R}^{n_x}$ 为 n_x 维状态变量, 系统的初始状态为 x_0; $u(t) \in \mathbb{R}^{n_u}$ 为 n_u 维控制变量, 即有 n_u 条控制曲线需要求解; 目标函数 J 为性能指标, 包括终端性能指标 $\Phi\left[x(t_f)\right]$ 和过程性能指标 $\int_{t_0}^{t_f} L\left[t, x(t), u(t)\right] \mathrm{d}t$; 控制变量约束为 $u^l \leqslant u(t) \leqslant u^u$, 状态约束为 $g\left[u(t), x(t), t\right] \leqslant 0$; $[t_0, t_f]$ 为优化控制的时间区间. 动态优化旨在找到一段时间内的最优控制变量轨迹 $u^*(t), t \in [t_0, t_f]$, 使得性能指标 J 达到最优, 且同时满足控制变量约束与状态变量约束.

动态优化方法可划分为两类: 一类为间接动态优化方法, 即基于庞特里亚金最大值原理的解析法[20,21], 此方法理论基础完善, 在求解较小规模及具有特定形式的动态优化问题上拥有精确、快速的优势, 但其通用性不强, 对于复杂的高阶系统无法获得解析解; 另一类为直接动态优化方法 (也称数值法)[22], 其中心思想是将随时间连续变化的无限维优化控制问题用离散的方法近似为有限维非线性规划 (nonlinear programming, NLP) 问题, 然后采用最优化算法求得近似非线性规划问题的解, 最终以分段离散的曲线逼近最优控制轨线. 由于实际工业过程动态优化问题通常具有高维度、强非线性、多约束等复杂特性, 直接动态优化方法成为工程优化的研究重点.

直接动态优化方法中常用的离散化策略有全部变量参数化 (即状态变量和控制变量同时离散化) 和控制变量 (向量) 参数化两种, 其中控制向量参数化方法由于拥有较小规模和较容易求解的子问题, 获得了更为广泛的应用. 控制向量参数

化的主要思想是: 根据离散化网格对时间段进行切分, 每一小段可用常数、多项式
等基函数进行近似拟合, 则每小段控制在小时间段内轨迹连续, 且可仅由一个或
多个有限维参数所表示. 这样, 求解最优控制轨迹的随时间无限维问题, 近似转变
为有限维的最优参数选择问题, 由此, 动态优化问题转化成了参数优化问题, 其近
似程度取决于控制向量参数化方法, 即时间段分配与基函数选择.

2) 控制向量参数化

控制向量参数化通常包含两部分: ①将待优化时间区间划分为若干个子区间,
②在每个子区间中将控制变量用某种基函数近似. 由此控制变量在整个时间区间
上被划分为有限个子区间, 每个子区间的时变控制曲线由有限个参数的基函数逼
近. 常见的基函数有常函数、线性函数、二次函数等, 如图 6.10 所示.

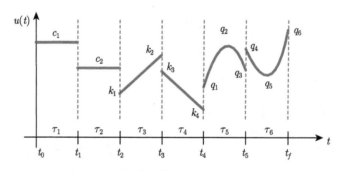

图 6.10 不同基函数下的控制向量参数化

如图 6.10 所示, 在已给定划分时间节点下, 即 $[t_0, t_1, t_2, t_3, t_4, t_5, t_f]$, 不同的
基函数有不同的参数表达, 具体包括: ① 以常函数作为基函数, 则在一个子区间仅
需要优化一个决策变量, 如在 $[t_0, t_1]$ 时间段内的控制变量可由 c_1 表示; ② 以线性
函数作为基函数, 则在一个子区间需要优化两个决策变量, 如在 $[t_2, t_3]$ 时间段内
的控制变量可由 k_1 与 k_2 决定; ③ 以二次函数作为基函数, 则在一个子区间需要
优化三个决策变量, 如在 $[t_4, t_5]$ 时间段内的控制变量可由 q_1, q_2 与 q_3 决定. 在实
际使用时, 用何种基函数取决于所需控制曲线的连续性、光滑性、跳变性等具体
要求.

分段常数的近似策略是最基本最常用的近似策略, 主要原因是: 其一, 由于计
算机只能处理数字信号, 且其处理有一定的精度, 在此精度下, 计算机的输出信号
都是分段常量信号, 而不能直接输出线性、二次型信号. 其二, 分段常数近似方案
以其控制值作为决策变量, 用分段恒定信号实现控制. 因为实现有限长度的恒定
输入值通常比实现连续变化的控制信号容易得多, 所以其因简单有效而被工业界
普及. 其三, 在许多实际控制问题 (如 bang-bang 控制问题) 中, 真正的最佳控制
确实是分段常数函数. 其四, 分段常数近似方案的其他优点包括其强大的收敛特

性和处理非标准最优控制问题的灵活性.

因此, 本节仅考虑分段常数拟合的参数化方法. 在分段常数近似方案下, 以控制向量 $u(t)$ 为例. 在一定离散网格之下, 时间区间 $[t_0, t_f]$ 被时间点 t_i 分为 p 个子区间 τ_i, 其中离散时间点满足如下表达式:

$$t_0 < t_1 < t_2 < t_3 < \cdots < t_p = t_f \tag{6.19}$$

离散化后, 子区间内控制曲线如下所示

$$u(t) = u_p(t) = \xi_k, \quad t \in [t_{k-1}, t_k), \quad k = 1, \cdots, p \tag{6.20}$$

其中 ξ_k 是第 k 段 $[t_{k-1}, t_k)$ 的控制值, 则整个控制区间的近似控制曲线为

$$u_p(t|\xi) = \sum_{k=1}^{p} \xi_k \chi_{[t_{k-1}, t_k)}(t), \quad t \in [0, T) \tag{6.21}$$

$$\xi = \left[(\xi_1)^{\mathrm{T}}, \cdots, (\xi_p)^{\mathrm{T}} \right]^{\mathrm{T}} \tag{6.22}$$

$$\chi_{[t_{k-1}, t_k)}(t) := \begin{cases} 1, & t \in [t_{k-1}, t_k), \\ 0, & t \notin [t_{k-1}, t_k) \end{cases} \tag{6.23}$$

可以注意到, $u_p(t|\xi)$ 在时间节点 $t = t_i, i = 1, \cdots, p-1$ 上转变控制值, 因此这些时间节点通常称为切换时间点 (switching times).

在分段常数近似化方案下, 为获得较高的近似化精度, 需要有适合其控制曲线形状的离散网格. 每个离散网格点之间的距离可以相等, 即均匀离散化 (uniform discretization), 或不相等, 即非均匀离散化 (un-uniform discretization), 如图 6.11 所示. 均匀离散化方案只需要决定分段数 N 即可确定每个控制子区间的长度或离散网格点的位置, 随即求取对应控制子区间内控制参数即可得到此方案下近似最优控制轨迹. 但均匀离散化方案不适应有奇异弧的控制曲线, 最优控制曲线拟合精度的上限较低. 非均匀离散化方案同时优化切换时间点, 能在一定程度上提高解的自由度, 改进解精度, 但其将带来控制变量增多或反复精细化迭代时间长等缺点. 因此, 如何选择最优的非均匀离散化方案引起诸多学者的关注, 它可以分为两大类: 第一类为离散时间点的移动 (固定网格点数目), 第二类为离散时间点增删 (不固定网格点数目). 然而, 通过离散时间点移动来求取最佳离散化网格通常导致问题维数过高、非线性太强, 从而难以求解, 此外还有网格点数目固定导致的精度上限问题; 通过离散时间点增删来一步一步迭代逼近最佳网格会面临效率低、主观参数过多等问题.

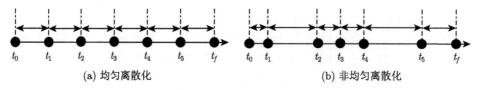

(a) 均匀离散化　　　　　　　　　　(b) 非均匀离散化

图 6.11　不同划分方案下的控制参数化时间网格

结合离散时间点移动和离散网格点增删方法的优点, 本节提出一种高效、易于实现、精度较高的非均匀离散化动态优化方法, 称作部分移动网格点法. 此方法以均等分的粗糙网格为基础, 将所有时间子区间进行非均匀二分优化, 用以定位最优控制切换时间点, 其非均匀二分点与所有时间子区间对应的控制参数值均为待优化变量. 其示意图如图 6.12 所示, 其中红色坐标线为可移动时间节点, 黑色坐标线为固定时间节点. 具体步骤如下:

第一步, 在均匀离散方案下, 时间区间被分成长度相等的 p 段, 其时间节点为

$$t_k = t_0 + k \cdot \frac{(t_f - t_0)}{p}, \quad k = 0, \cdots, p-1 \tag{6.24}$$

第二步, 经过非均匀二分优化, 中间时间插入时间节点为

$$t_k^{\mathrm{in}} = t_k + \theta_{k+1} \cdot \frac{(t_f - t_0)}{p}, \quad k = 0, \cdots, p-1 \tag{6.25}$$

其中 $\theta = [\theta_1, \cdots, \theta_p]$ 为分数时间点, $\theta_i \in [0, 1], i = 1, \cdots, p.$

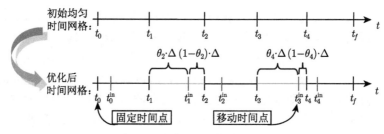

图 6.12　部分移动网格法示意图 ($p = 5$, $p* = 10$)

由图 6.13 不难发现, 此方法具有如下特点:

(1) 与传统网格增删法不同的是, 此处并不是考虑基于各种阈值的均匀二等分, 为寻得最优的控制网格位置, 仅将最佳二分点考虑为待优化变量, 并引入分数编码方式, 使得决策变量仅包括控制参数值 $\xi = [\xi_1, \cdots, \xi_{2 \cdot p}]$ 以及分数时间点 $\theta = [\theta_1, \cdots, \theta_p]$, 从而决策变量为 $d = [\xi_1, \cdots, \xi_{2 \cdot p}, \theta_1, \cdots, \theta_p] = [\xi, \theta]$. 由于网格是自适应地进行二等分, 省去了传统网格增删法的反复迭代过程.

(2) 与传统网格移动法不一致的是, 此方法并没有试图移动全部节点, 原有等分粗糙网格点不移动, 仅仅移动中间二分时间点, 因而所得 NLP 问题的维数为 $3p$ 维, 比传统网格移动法的 NLP 问题减少了 p 维决策变量.

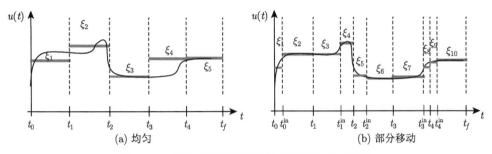

图 6.13 离散时间网格下的最优控制向量示意图

因此, 在采用分段常数和部分移动网格近似方案下, 且假设 n_u 个控制轨迹均遵循同一个离散化方案, 则原动态优化问题 (6.18) 可离散化为如下 NLP 问题:

$$\min_{\xi,\theta} \quad J' = \Phi\left[x(t_f|\xi)\right] + \sum_{k=1}^{p} \int_{t_{k-1}}^{t_k} L\left[t, x(t|\xi), \xi^k\right] \mathrm{d}t$$

$$\text{s.t.} \quad \begin{cases} \dot{x}(t) = f\left[\xi_i, x(t), t\right], \\ x(t_0) = x_0, \\ g\left[\xi_i, x(t), t\right] \leqslant 0, \\ u^l \leqslant \xi_i \leqslant u^u, \quad i = 1, \cdots, 2n_u p, \\ 0 \leqslant \theta_k \leqslant 1, \quad k = 1, \cdots, p, \\ t_0 \leqslant t \leqslant t_f \end{cases} \tag{6.26}$$

其中决策变量为 $d = [\xi_1, \cdots, \xi_{2n_u}, \theta_1, \cdots, \theta_p] = [\xi, \theta]$, 维数为 $2n_u p + p = (2n_u + 1)p$. 动态优化问题转变为: 找出 $(2n_u + 1)p$ 维向量 $[\xi, \theta]$ 使得目标函数 J' 最小, 其中决策变量中控制参数值仍需满足原始约束, 新增变量 $\theta \in [0, 1]$.

3) 基于状态转移算法的光滑化约束动态优化方法

通过上述的分段常数近似和部分移动网格点非均匀离散化的控制向量参数化方法, 动态优化问题 (6.18) 可以转换为非线性参数优化问题 (6.26). 接下来, 对该参数优化问题中包含的两类约束: 控制变量约束和状态变量约束, 进行适当处理.

针对控制变量约束, 由于本方法采用分段常数拟合, 因此控制变量约束可简化为决策变量值的约束, 如图 6.14 所示, 则可采用求解带箱型约束优化问题的处理方法解决. 如果控制变量受到路径约束 $u^l \leqslant u(t) \leqslant u^u$, 则采用控制向量参数化后, 约束被离散化为如下形式: $u^l \leqslant \xi_i \leqslant u^u, i = 1, 2, \cdots, p, p$ 为分段数量. 迭代过程中对每次优化的结果都进行式 (6.27) 的约束处理. 该方法便于程序实现, 且计算量不大, 特别适用于上下限值恒定的情况. 但是该方法仅能处理控制变量路径约束, 却不适用于状态变量相关约束的处理.

$$\xi_i = \begin{cases} u^l, & \xi_i < u^l, \\ \xi_i, & u^l \leqslant \xi_i \leqslant u^u, \quad i = 1, 2, \cdots, p, \\ u^u, & \xi_i > u^u \end{cases} \tag{6.27}$$

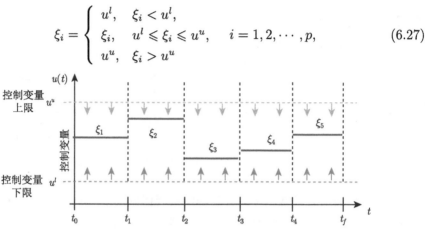

图 6.14　动态优化问题控制变量约束示意图

另一方面, 状态变量相关约束又分为两种: ①纯状态变量约束; ②控制、状态变量混合约束. 动态优化问题的一大特点是时变, 即在一段时间内通过改变控制变量, 控制作用在动态系统上, 从而间接改变状态变量. 控制变量可用分段常数值进行拟合, 但状态变量曲线受控制变量以及动态系统双层影响, 其状态轨迹通常连续变化且事先未知. 状态变量路径约束意味着每一个点都必须满足路径约束要求, 其难点也在此. 对于某个不等式路径约束, 它在优化时间段内的无数点上都存在约束, 且不知道在哪一点将成为积极约束. 纯状态变量约束和控制状态变量混合约束都需要在优化时间段内的无穷时间点上满足.

如图 6.15 为动态优化问题纯状态变量约束示意图, 即要求 $c_2(t) \leqslant x(t) \leqslant$

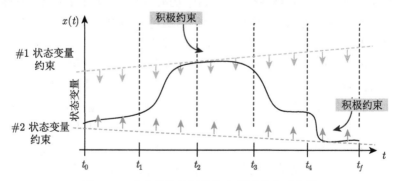

图 6.15　动态优化问题纯状态变量约束示意图

$c_1(t)$, c_1 为时变的 #1 状态变量约束, c_2 为时变的 #2 状态变量约束. 由最优控制下的状态曲线可知, 其在特定的某两个时间点转换为积极约束. 如图 6.16 为状态控制变量混合约束示意图, 即要求 $x(t) \leqslant u(t)$. 控制状态变量混合约束满足难度更大, 因为控制变量需要满足其路径约束, 而状态变量需要在每一个时间点相对小于控制变量, 两种约束相互耦合.

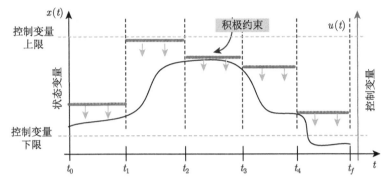

图 6.16 动态优化问题状态控制变量混合约束示意图

罚函数法作为一种约束处理机制在处理约束优化问题上得到了广泛的认可, 它的基本思想是将约束违反度与罚因子相乘后与目标函数值相加, 从而将约束问题转化为一个无约束问题. 考虑到动态优化问题 (6.18), 可以将连续时间上的不等式约束转换为下列规范的总约束违反度表达式:

$$G = \sum_{i=1}^{m} \int_{t_0}^{t_f} \max\{g_i(u(t), x(t), t), 0\}\mathrm{d}t \qquad (6.28)$$

其中, m 是约束函数的个数, 将 (6.28) 中的约束违反度 G 作为惩罚项加在动态优化问题 (6.18) 的目标函数中, 则总代价函数变为

$$J'(u(t)) = J(u(t)) + \rho \cdot \sum_{i=1}^{m} \int_{t_0}^{t_f} \max\{g_i(u(t), x(t), t), 0\}\mathrm{d}t \qquad (6.29)$$

其中 $\rho > 0$ 为罚因子, 原优化问题被转变为无约束优化问题. 当 ρ 较小时, 对违反约束的解的惩罚力度越小, 获得原约束优化问题可行解的速度越慢; 当 ρ 越大时, 对违反约束的解的惩罚力度越大, 获得原约束优化问题可行解的速度越快, 但转换后无约束优化问题趋于病态, 不利于原问题全局最优解的搜索. 值得注意的是 max 罚函数 $\max\{\cdot, 0\}$ 在 $g(x) = 0$ 处是不可导的, 这样使得问题难以被基于梯度的优化算法求解, 也就无法利用梯度算法快速、精准的局部搜索性能. 为了解决此问题, 引入光滑化函数来近似此非光滑化 max 罚函数, 如下所示

$$S(y, \varepsilon) = \frac{1}{2}\left[\sqrt{y^2 + 4\varepsilon^2} + y\right] \qquad (6.30)$$

其中 ε 是一个小的正数, 被称为光滑因子.

光滑近似函数 $S(y,\varepsilon)$ 具有良好的性质: ①对于 y 连续可导; ②当 $\varepsilon \to 0^+$ 时, $S(y,\varepsilon) \to \max\{y,0\}$; ③该函数值为正, 即 $S(y,\varepsilon) > 0$ 恒成立. 光滑近似函数 $S(y,\varepsilon)$ 的近似特性如图 6.17 所示.

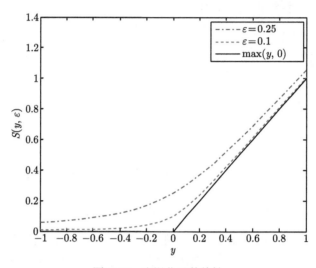

图 6.17 光滑化函数特性

从图 6.17 可以很明显地看到, 在 $\max\{y,0\}$ 及其近似函数 $S(y,\varepsilon)$ 之间存在着一个变宽的间隙, 其中最大的不同发生在 $y = 0$ 处. 令 $y = g_i(u(t), x(t), t)$, 则代价函数变为

$$J'(u(t)) = J(u(t)) + \rho \cdot \sum_{i=1}^{m} \int_{t_0}^{t_f} S(g_i(u(t), x(t), t), \alpha)\mathrm{d}t \tag{6.31}$$

值得注意的是, $y = 0$ 处即为 $g_i = 0$, 也就是不等式约束变为等式约束的地方.

同时, 由图 6.17 可知, 光滑因子 ε 为调节近似水平的重要参数. 为了获得较好的光滑化效果, ε 需要取得越大越好, 但是, 为了较高精度地近似原目标函数, 特别是在约束变为积极约束时, ε 需要取得足够小. 换句话来说, 光滑化罚函数以牺牲近似精度为前提来获得光滑化效果, 并以此来改变目标函数形态, 使得其更有利于优化算法搜索. 同理, 由于惩罚因子 ρ 越大, 使用增广罚函数之后的目标函数最优解与使用增广罚函数前的越近似, 但是过分大的罚因子又导致使用增广罚函数后函数病态化.

因此, 为了方便优化且逐步提高近似精度, ε 需要从指定小的数值收敛到 0. 同时为了方便前期搜索约束最优解区间到逐步获得可行最优解, ρ 需要从指定小的数值增大到无穷. 为了提高优化求解效率, 采用 ε 和 ρ 同步迭代更新策略, 即 ε

和 ρ 在下一次迭代中同时更新, 使得近似无约束问题最优解不断逼近原有约束问题最优解, 其更新公式如下

$$\varepsilon^* = c\varepsilon \tag{6.32}$$

$$\rho^* = \rho/c \tag{6.33}$$

其中 $0 < c < 1$ 是一个特定的下降因子. 因此, 当 $\varepsilon \to 0$ 的时候, 无约束问题的最优解就是原有约束问题的最优解.

通过引入光滑化罚函数方法, 最终离散及光滑化罚函数处理后的 NLP 子问题如下所示

$$
\begin{aligned}
\min_{\xi_i, \theta_k} \quad J' = {} & \Phi\left[x(t_f|\xi)\right] + \sum_{k=1}^{p} \int_{t_{k-1}}^{t_k} L\left[\xi, \theta, x(t), t\right]\mathrm{d}t \\
& + \rho \cdot \sum_{i=1}^{m} \int_{t_0}^{t_f} p\left(g_i\left(\xi, \theta, x(t), t\right), \alpha\right)\mathrm{d}t \\
\text{s.t.} \quad & \begin{cases}
\dot{x}(t) = f\left[\xi, \theta, x(t), t\right], \\
x(t_0) = x_0, \\
u^l \leqslant \xi_i \leqslant u^u, \quad i = 1, \cdots, 2n_u p, \\
0 \leqslant \theta_k \leqslant 1, \quad k = 1, \cdots, p, \\
t_0 \leqslant t \leqslant t_f
\end{cases}
\end{aligned}
\tag{6.34}
$$

其中决策变量为 $d = [\xi_1, \cdots, \xi_{2u_u p}, \theta_1, \cdots, \theta_p] = [\xi, \theta]$, 维数为 $2n_u p + p = (2n_u + 1)p$. 动态优化问题转变为: 找出 $(2n_u + 1)p$ 维向量 $[\xi, \theta]$ 使得目标函数 J' 最小, 其中决策变量中控制参数值仍需满足原始约束, 新增变量 $\theta \in [0, 1]$.

综上所述, 本节提出的基于混合状态转移算法的光滑化约束动态优化方法的流程图如图 6.18 所示.

4) 除铜过程优化控制

(1) 除铜过程动态特性描述.

除铜过程 (copper removal process, CRP) 是湿法炼锌过程的关键工序之一, 它通过向两个级联反应釜 (即反应器) 中持续添加锌粉, 将铜离子从硫酸锌浸出溶液中分离出来. 如图 6.19 所示, 浸出液将连续地送入两个反应釜, 锌粉通过传送带分别从锌粉仓中输送至两个连续搅拌反应釜内, 再流入浓密机进行固液分离, 经过沉降的含固底流会有一部分返回 1# 反应釜用作除铜反应晶种, 另一部分过滤出铜渣被回收, 浓密机上部流出的除铜后液送至后续除钴、镍工段. 值得注意的是, 1# 反应釜通常作为主反应器, 负责大多数铜离子的沉积, 而 2# 反应釜通常作为辅助反应器, 微调出口铜离子浓度至指定范围.

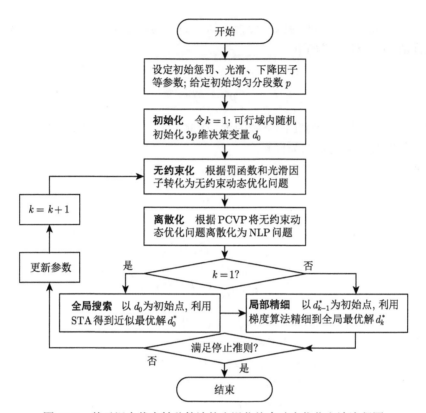

图 6.18　基于混合状态转移算法的光滑化约束动态优化方法流程图

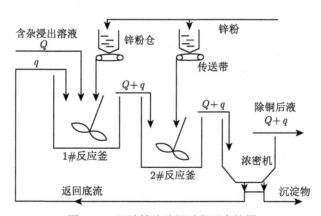

图 6.19　湿法炼锌除铜过程示意简图

湿法炼锌除铜过程通过持续向连续搅拌反应釜中添加锌粉, 使得入口上清液的铜离子发生置换反应及归中反应, 进而形成铜单质沉淀和氧化亚铜沉淀, 降低溶液中铜离子浓度至指定范围. 在除铜反应中, 铜离子以铜单质和氧化亚铜两种

沉淀的形式得到沉降, 其化学反应方程式如下

置换反应: $Zn + CuSO_4 \leftrightarrow ZnSO_4 + Cu\downarrow$

归中反应: $Cu + CuSO_4 + H_2O \leftrightarrow H_2SO_4 + Cu_2O\downarrow$

在反应釜中, 具有正电位的铜离子能轻易与具有负电位的锌单质发生置换反应, 生成沉淀铜. 除此之外, 在具有反应晶种的具有合适 pH 的反应环境中, 单质铜和二价铜离子之间也可正向进行归中反应, 从而生成沉淀氧化亚铜. 除铜过程的动力学模型如下

$$\begin{cases} V\dot{C}_{\mathrm{Cu^{2+}},1} = QC_{\mathrm{Cu^{2+}},1}^{\mathrm{in}} - (Q+q)\,C_{\mathrm{Cu^{2+}},1} - V \cdot r_{\mathrm{Cu^{2+}},1}, \\ V\dot{C}_{\mathrm{Cu^{2+}},2} = (Q+q)\,C_{\mathrm{Cu^{2+}},2}^{\mathrm{in}} - (Q+q)\,C_{\mathrm{Cu^{2+}},2} - V \cdot r_{\mathrm{Cu^{2+}},2} \end{cases} \tag{6.35}$$

其中 $C_{\mathrm{Cu^{2+}},i}^{\mathrm{in}}, i = 1,2$ 和 $C_{\mathrm{Cu^{2+}},i}, i = 1,2$ 分别是入口和出口铜离子浓度. $\dot{C}_{\mathrm{Cu^{2+}},i}$, $i = 1,2$ 是第 i 个反应釜的铜离子变化速率. V 是反应器的有效容积. Q 和 q 分别是上清液入口流量和返回底流流量. 第 i 个反应器的沉降速率 $r_{\mathrm{Cu^{2+}},i}, i = 1,2$ 可由如下表达式表示

$$\begin{cases} r_{\mathrm{Cu^{2+}},1} = (k_1 G_{\mathrm{Zn},1} + k_2)V^{-1}C_{\mathrm{Cu^{2+}},1}, \\ r_{\mathrm{Cu^{2+}},2} = (k_1 G_{\mathrm{Zn},1} + k_3)V^{-1}C_{\mathrm{Cu^{2+}},2} \end{cases} \tag{6.36}$$

其中 $k_i, i = 1,2,3$ 为机理参数, $G_{\mathrm{Zn},i}, i = 1,2$ 分别为第 i 个反应器的锌粉添加率.

实际除铜生产过程中, 可人工调节的参数包含入口溶液流量 Q、底流流量 q 以及锌粉添加量 $G_{\mathrm{Zn},i}, i = 1,2$. 其中, 底流流量取决于除铜工艺对渣矿的质量要求, 因此在整个时间内为常数; 入口流量取决于上游工艺, 不属于锌液净化除铜过程优化的可控变量; 除铜过程的各反应釜锌粉添加量是除铜过程中调节最频繁、影响最大的控制量, 一般由专业操作员凭借经验知识根据工况手动调节. 因此, 动态模型中仅将锌粉添加量作为控制变量, 出口铜离子浓度作为状态变量反映实际工况. 为了便于表示, 除铜过程的动态模型可简化为

$$\dot{x} = A_1 x + A_2 x_{\mathrm{in}} + \phi(x, u) = F(u(t), x(t), t)$$

$$A_1 = \begin{bmatrix} -V^{-1}\,(Q+q) & 0 \\ 0 & -V^{-1}\,(Q+q) \end{bmatrix}$$

$$A_2 = \begin{bmatrix} V^{-1}Q & 0 \\ 0 & V^{-1}\,(Q+q) \end{bmatrix} \tag{6.37}$$

$$\phi(x, u) = \begin{bmatrix} -V^{-1}\,(k_1 u_1 + k_2)\,x_1 \\ -V^{-1}\,(k_1 u_1 + k_3)\,x_2 \end{bmatrix}$$

其中锌粉添加量为控制变量 $u = [G_{\mathrm{Zn},1}, G_{\mathrm{Zn},1}]$, 出口铜离子浓度为状态变量 $x = [C_{\mathrm{Cu^{2+}},1}, C_{\mathrm{Cu^{2+}},2}]$, 入口铜离子浓度为 $x_{\mathrm{in}} = [C_{\mathrm{Cu^{2+}},1}^{\mathrm{in}}, C_{\mathrm{Cu^{2+}},2}^{\mathrm{in}}]$. 值得注意的是, 第 2# 入口铜离子浓度即 1# 出口铜离子浓度, 即 $C_{\mathrm{Cu^{2+}},2}^{\mathrm{in}} = C_{\mathrm{Cu^{2+}},1}$.

(2) 除铜过程生产约束分析.

除铜过程是湿法炼锌工艺流程中必不可少的一步, 其通过向一系列连续搅拌反应釜中添加锌粉将杂质铜离子沉降到指定范围. 铜离子生产约束条件的满足是至关重要的, 除此之外, 还有由于设备要求的输入约束以及其他考虑安全与稳定性的状态相关约束也应纳入考虑范围.

(i) 输入约束.

在除铜过程中, 锌粉通过皮带分别传送至两个连续搅拌反应釜中. 考虑到执行器设备限制, 除铜过程各级反应的锌粉皮带最大添加率应在指定范围, 可由如下表达式描述:

$$u_i^{\min} \leqslant G_{\text{Zn},1} = u_i(t) \leqslant u_i^{\max}, \quad i = 1, 2 \tag{6.38}$$

其中, $u_i^{\min}$ 和 $u_i^{\max}$ 为第 i 个反应器允许的最大锌粉添加率.

(ii) 生产指标约束.

杂质铜离子因较低电位而成为首要去除对象, 除铜过程的出口铜离子浓度过高或过低, 直接影响着后续净化工序的控制与达标, 从而影响整个炼锌流程安全稳定生产. 出口铜离子浓度低, 活化能力不足, 后续除钴操作将消耗过多锌粉来沉降钴离子, 除钴效率低; 铜离子浓度适中, 则除钴催化效果较好, 除钴效率高、效益大; 铜离子浓度高, 易引发析出钴返溶现象, 降低除钴效率和效果; 同时, 过高的杂质离子浓度还会降低后续电解效率, 恶化电解生产环境, 增加电解能耗, 甚至出现烧板现象以致停产. 因此, 为了便于后续工艺流程的顺利进行, 需要在除铜期间将铜离子浓度精确地保持在一定范围内:

$$C_{\text{Cu}^{2+},2}^{\min} \leqslant C_{\text{Cu}^{2+},2} = x_2(t) \leqslant C_{\text{Cu}^{2+},2}^{\max} \tag{6.39}$$

其中, $C_{\text{Cu}^{2+},2}^{\min}$ 和 $C_{\text{Cu}^{2+},2}^{\max}$ 为 2# 反应器出口离子浓度的上下界.

(iii) 生产稳定约束.

在除铜过程中, 铜离子沉降在两个级联反应器中逐级进行. 1# 反应釜负责沉淀大部分的铜离子, 而 2# 反应釜负责微调, 其中 1# 反应器的除铜率是保证除铜过程安全稳定运行的关键因素之一. 1# 反应器除铜率越高, 则 2# 反应器入口铜离子浓度越低, 可能与 2# 反应器中残留的锌粉发生反应, 使得过分除铜, 即出口铜离子浓度低于生产下限. 相反, 如果前一个反应器中铜离子除铜率过低, 则后一个反应器可能没有足够的时间沉降流入过多铜离子, 使得整体除铜不充分, 出口铜离子浓度偏高. 因此, 遵循适当的离子下降梯度很重要, 这有助于降低违反过程约束的风险.

为了保证除铜过程各反应器中浓度下降的稳定性, 避免产生主反应器过激调

节或反应不足等现象, 1# 反应器应满足如下约束:

$$R_{\mathrm{Cu}^{2+},1}^{\min} \leqslant \frac{C_{\mathrm{Cu}^{2+},1}^{\mathrm{in}} - x_1(t)}{C_{\mathrm{Cu}^{2+},1}^{\mathrm{in}}} \leqslant R_{\mathrm{Cu}^{2+},1}^{\max} \tag{6.40}$$

其中 $R_{\mathrm{Cu}^{2+},1}^{\min}$ 和 $R_{\mathrm{Cu}^{2+},1}^{\max}$ 分别是 1# 除铜率的上下阈值.

(3) 除铜过程优化控制模型.

通过动态特性描述和约束分析, 除铜过程优化控制问题可以构建成一个典型的带状态约束的动态优化问题. 其优化目标是在一定时间内尽量减少原材料消耗, 其控制变量是两个搅拌反应器中锌粉的进料速率, 此外含有两个与铜离子浓度相关的状态约束: ① 由于旨在沉淀杂质铜, 必须对出口铜离子浓度施加状态变量路径限制, 使其在整个生产过程中始终保持在一定范围内; ② 为了更好地运行和稳定生产, 主反应器的铜去除率也应满足一定的路径约束. 因此, 除铜过程动态优化问题的数学模型可描述如下

$$\min_{u(t)} \quad J(u(t)) = \int_{t_0}^{t_f} L_0(u(t), x(t), t)\mathrm{d}t$$

$$\text{s.t.} \quad \begin{cases} \dot{x} = F(u(t), x(t), t), \\ x(t_0) = [x_1(t_0), x_2(t_0)], \\ \text{式}(6.39), \\ \text{式}(6.40), \\ u_i^{\min} \leqslant u_i(t) \leqslant u_i^{\max}, \quad i = 1, 2, \\ t \in [t_0, t_f] \end{cases} \tag{6.41}$$

其中, F 是动态系统微分方程约束 (6.37), 用来描述此非线性系统; (6.39) 和 (6.40) 为不等式状态变量约束; $u(t)$ 表示控制变量, 即锌粉添加量, $x(t)$ 表示状态变量, 即出口铜离子浓度, $x(t_0)$ 是动态系统在 t_0 时刻的初始状态, 优化时间段为 $[t_0, t_f]$. 代价函数 L_0 为两个反应釜的锌粉添加总量:

$$L_0(u(t)) = u_1(t) + u_2(t) \tag{6.42}$$

(4) 实验结果分析.

湿法炼锌除铜工艺是一个长流程工艺, 在实际生产过程中, 溶液体积 V、浸出液入口流量 Q 和返回底流流量 q 可以得到连续性的检测, 但反应工况的关键因素, 即进出口离子浓度仅能每 2h 离线化验一次. 另外, 根据观察, 溶液体积、溶液流量在 2h 内没有明显波动. 因此, 我们以 2h 为优化时间区间, 即 $t_f - t_0 = $ 2h, 其中 V, Q, q 在 $[t_0, t_f]$ 时间段保持不变. 除铜过程的动态优化可以安排为每 2h 一次, 如果存在铜离子浓度出现显著偏差, 则将根据当前工况重新计算新的动

态优化结果, 并在接下来的 2h 内使用. 经过三个月的工艺观察和数据收集, 除铜
工业数据如表 6.9 所示.

表 6.9　除铜过程工业数据 (90 天)

参数	单位	值
浸出 $ZnSO_4$ 入口流量, Q	m^3/h	150—250
返回底流流量, q	m^3/h	10—22
溶液体积, V	m^3	98—102
1# 入口铜离子浓度, $C^{in}_{Cu^{2+},1}$	g/L	1.1—2.1
2# 出口铜离子浓度理想范围, $C_{Cu^{2+},2}$	g/L	0.2—0.4
1#, 2# 锌粉添加率, $G_{Zn,i}, i = 1, 2$	kg/h	0—500
1# 反应器除铜率, $R_{Cu,1}$	—	0.53—0.64

　　应用以上所提出的基于混合状态转移算法的光滑化约束动态优化方法求解除
铜过程优化控制问题 (6.41), 从而得到一段时间内锌粉添加的最佳操作轨迹, 使得
铜离子沉淀到满足要求的浓度范围内. 表 6.10 列出了动态优化问题求解过程及结
果. 图 6.20 中, (a) 图为除铜过程在 t_0 时刻工况下 2h 内最优控制曲线图, (b) 图
为其对应最优状态曲线, 即出口离子浓度变化图.

表 6.10　除铜过程动态优化问题求解结果

问题	段数	迭代次数	惩罚因子	光滑因子	G	J
CRP/min	10	1	1	2.5e−4	93.1598	319.1035
		2	10	2.5e−5	1.8493	464.1158
		3	100	2.5e−6	0.0001	466.4650
		4	1000	2.5e−7	0	466.3869

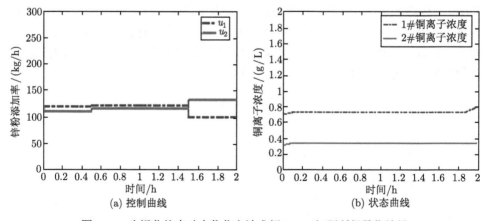

(a) 控制曲线　　　　　　　　　　(b) 状态曲线

图 6.20　光滑化约束动态优化方法求解 CRP 问题所得最优结果

　　由表 6.10 可以很明显看出, 在初始惩罚因子和光滑因子下, 目标函数 $J =$

319.1035 最小, 即锌粉总添加量最少, 但总约束违反度 $G = 93.1598$, 由此表明, 惩罚力度尚且不足; 在第 2 次迭代中加大惩罚因子, 总约束违反度大幅下降, 目标函数值有所上升; 在第 3 次迭代中继续加大惩罚因子, 总约束违反度下降, 目标函数值微升; 在第 4 次迭代中, 惩罚因子继续加大, 总约束违反度降至 0, 但目标函数值不升反降, 原因在于光滑因子也在同步减小, 不等式约束在积极等式约束处得到进一步逼近, 控制曲线进一步逼近原最优控制曲线.

从表 6.10 和图 6.20 可以看出, 动态优化下 2h 内锌粉的总量 (466.3869 kg), 远低于实际工厂此工况下实际使用锌粉的平均量 (510.37 kg). 同时, 应用所提出的方法所得最优控制曲线, 在此控制曲线下, 2# 出口铜离子浓度能平稳地处于 0.2—0.4g/L 之间, 严格满足生产要求.

6.1.3 生产调度

1. 锌电解调度背景

有色金属行业是我国高能耗行业之一, 全世界 80% 以上的锌是通过湿法工艺生产的[23], 其中我国湿法炼锌的能源费用在总生产成本中占比为 30%—40%, 而国际平均水平的占比只有 15%—20%, 高能耗大大降低了我国炼锌企业的国际竞争力. 湿法炼锌的电解过程是在直流电的作用下, 从电解液中析出锌的电化学反应过程, 其能耗在总能耗中的占比是 75%—80%.

目前, 最先进的绿色湿法炼锌工艺为锌直接浸出冶炼工艺, 其规避了火法炼锌中的焙烧环节[24], 提高了有价金属回收率, 降低了电耗, 具有综合生产效率高、环境污染小等特点, 已成为锌冶炼生产的发展趋势. 冶炼企业广泛采用的是常压富氧直接浸出冶炼的方法[25], 其工序主要包括磨矿、直接浸出、净化、电解、熔铸五个部分, 如图 6.21 所示.

图 6.21 常压富氧直接浸出冶炼工艺流程

锌电解的电化学系统如图 6.22 所示, 电解槽内一般以铅银合金板作阳极, 以纯铝板作阴极, 在直流电的作用下, 阳极发生水解放出氧气, 同时产生以二氧化锰为主要成分的阳极泥, 阴极析出金属锌, 溶液中产生硫酸. 随着电解过程的进行, 电解液中的锌离子会不断减少, 而氢离子会增加. 经过电解沉积后的溶液废液连续不断地从电解槽的出液端溢出, 一部分配以一定量的新液经冷却后返回电解槽循环使用, 一部分送废液罐贮存, 供浸出工序作溶剂, 从而维持电解液中锌及硫酸的浓度和稳定电解系统中溶液的体积. 每隔一定周期, 将沉积有金属锌的阴极吊出电解槽. 剥下析出的锌片, 送熔铸工序熔化浇铸成商品锌锭或配制成锌合金锭出售. 阴极铝板经清刷平整处理后再装入电解槽中继续进行电解. 废阴极铝板供配制铝合金锭或熔铸成铝锭. 废阳极板制造车间配以适量的铅锭和银粉制成新阳极, 阳极泥加入适量锰矿粉经球磨后送至浸出工艺用作氧化剂.

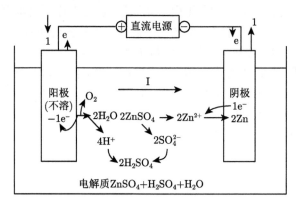

图 6.22　硫酸锌溶液电解锌的电化学系统

通常锌电解厂把电解温度、电解液杂质含量、添加剂种类及添加量、阳极材料、电解周期、装槽极距等作为生产条件, 在锌电解过程中可视为保持不变. 生产过程中基于分时计价实行分时供电策略, 根据每天电价分为三个不同时段分别计价, 锌电解生产也随之分为三个时段调整电流密度、电解硫酸浓度、锌离子浓度进行生产[26,27]. 锌电解厂实行分时供电策略, 在尖峰时段采用低电流密度生产, 尖峰时段的产量和电耗都比较低, 在低谷时段采用高电流密度生产, 低谷时段的产量和电耗都比较高. 这样, 在相同的产量和电耗的情况下, 采用分时供电生产比不采用分时供电生产所产生的用电费用要小得多, 提高了企业的经济效益.

2. 锌电解电力调度问题优化模型

目前, 电力部门采用了分时计价政策, 即在用电高峰期价格高, 而用电低峰期价格低, 电价及对应的时段如表 6.11 所示. 在用电高峰期少用电, 而在用电低谷期多用电, 才能大幅缩减锌电解过程的用电成本. 但是, 电流密度的过高或者过低, 都会影响锌的生产质量和效率. 为了保证产量和效率, 需要在不同的时间段内找到合适的电流密度.

表 6.11　分时计价策略下价格与时间的对照表

价格	时间段	时间长度
1.6B	7:00—11:00, 15:00—18:00	7
	18:00—22:00	4
1.0B	11:00—15:00, 22:00—23:00	5
0.7B	23:00—7:00	8

注: B 是基础价格 (0.5627 元/(kW·h)).

锌电解的最优电力调度控制系统的分布式体系结构的原理如图 6.23 所示. 它由一个最优电力调度系统 (OPDS) 和一个分布式整流控制系统 (DRCS) 构成. 工业电脑 (IC1 和 IC2) 用于与 7 个直接数字控制器 (DDC1—DDC7) 通过 RS-485 传输信号, 直接数字控制器作用于 29 个整流器. DRCS 主要用于锌的电化学过程控制和实时监测.

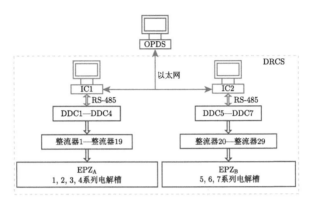

图 6.23　OPDS 的分布式体系结构的原理图

根据以上描述, 将锌电解过程作为研究对象, 建立锌电解过程与电流密度的数学模型, 以电耗费用最低作为目标, 锌的产量和工艺参数及电流密度作为约束条件来建立锌电解过程的电耗优化模型.

锌电解电力调度优化问题的目标函数是求最小的电耗费用, 具体表达式如下

$$F_C = \sum_{i=1}^{N_t} \mathrm{PW}_i \times T_i \times P_i + F_{C0} \tag{6.43}$$

其中 N_t 是价格的阶段数, 共有三个阶段; T_i 是第 i 个阶段的时长; P_i 是第 i 个阶段的价格; F_{C0} 是基本的关税费用; PW_i 是第 i 个阶段的功率, 由电压、电流决定, 其计算公式如下

$$\mathrm{PW}_i = \sum_{j=1}^{N_e} V_{ij} \times I_{ij} \times \mathrm{Nc}_j \tag{6.44}$$

其中 N_e 是设备的数量; Nc_j 是第 j 台设备的电解槽数量; V_{ij} 和 I_{ij} 分别是第 i 个阶段的第 j 台设备的电压和电流, 计算公式如下

$$\begin{cases} V_{ij} = a_0 + a_1 \times \mathrm{Cd}_{ij}, \\ I_{ij} = \mathrm{Np}_j \times S \times \mathrm{Cd}_{ij} \end{cases} \tag{6.45}$$

其中 a_0 和 a_1 是通过递归最小二乘法获得的参数; $\mathrm{Cd}_{ij}(\mathrm{A/m^2})$ 是第 i 个阶段的第 j 台设备的电流密度; Np_j 是第 j 台设备中每个电解槽的极板数量; $S(\mathrm{m^2})$ 是负极板的面积.

锌电解电力调度优化问题需要满足日产量约束:

$$h(\mathrm{Cd}) = \sum_{i=1}^{N_t} \sum_{j=1}^{N_e} q \times I_{ij} \times \mathrm{Nc}_j \times E_{ij} \times T_i = G \tag{6.46}$$

$$E_{ij} = b_0 + b_1 \times \mathrm{Cd}_{ij} + b_2 \times \mathrm{Cd}_{ij}^2 + b_3 \times \mathrm{Cd}_{ij}^3 + b_4 \times \mathrm{Cd}_{ij}^4 \tag{6.47}$$

其中 $h(\mathrm{Cd})$ 和 G 分别表示锌的实际日产量和期望日产量, 单位是吨; q 是锌的电化学单量 ($q = 1.2202\mathrm{g/(A \cdot h)}$); E_{ij} 是第 i 个阶段的第 j 台设备的电流效率; b_0, b_1, b_2, b_3 和 b_4 是通过递归最小二乘法获得的参数.

此外, 锌电解电力调度优化问题还需技术约束, 即电流密度约束:

$$\mathrm{Cd}_{ij_{\min}} \leqslant \mathrm{Cd}_{ij} \leqslant \mathrm{Cd}_{ij_{\max}} \tag{6.48}$$

综上所述, 基于分时供电策略的锌电解电力调度优化模型如下

$$\begin{aligned} \min \quad & F_C = \sum_{i=1}^{N_t} \mathrm{PW}_i \times T_i \times P_i + F_{C0} \\ \mathrm{s.t.} \quad & h(\mathrm{Cd}) = \sum_{i=1}^{N_1} \sum_{j=1}^{N_e} q \times I_{ij} \times \mathrm{Nc}_j \times E_{ij} \times T_i = G \end{aligned} \tag{6.49}$$

其中

$$\mathrm{PW}_i = \sum_{j=1}^{N_e} V_{ij} \times I_{ij} \times \mathrm{Nc}_j$$

$$V_{ij} = a_0 + a_1 \times \mathrm{Cd}_{ij}$$

$$I_{ij} = \mathrm{Np}_j \times S \times \mathrm{Cd}_{ij}$$

$$E_{ij} = b_0 + b_1 \times \mathrm{Cd}_{ij} + b_2 \times \mathrm{Cd}_{ij}^2 + b_3 \times \mathrm{Cd}_{ij}^3 + b_4 \times \mathrm{Cd}_{ij}^4$$

$$\mathrm{Cd}_{ij_{\min}} \leqslant \mathrm{Cd}_{ij} \leqslant \mathrm{Cd}_{ij_{\max}}$$

3. 基于约束状态转移算法的锌电解电力调度优化方法

表 6.12 给出了锌电解电力调度优化模型 (6.49) 中的参数取值. 本节引入第 4 章的两种连续约束状态转移算法 EA-CSTA 和 FCSTA 分别用于求解该问题, 并设置了两组对比实验, 第一组对比实验是对两种算法设置了相同的评估次数 (300000 次), 第二组对比实验是对两种算法设置了相同的评估时间 (0.2s), 每组实验独立运行 30 次.

表 6.12 锌电解电力调度优化问题参数取值

参数	值
b_k	$[0.785037, 5.855e{-}4, 2e{-}6, 3.2094e{-}9, -1.9052e{-}12]$
Nc_j	$[240, 240, 246, 192, 208, 208, 208]$
Np_j	$[34, 46, 54, 56, 56, 57, 57]$
J	$[1, 2, 3, 4, 5, 6, 7]$
a_k	$[2.76284, 0.00093]$
I	$[1, 2, 3]$
F_{C0}	164000
$Cd_{ij\,\min}$	200
$Cd_{ij\,\max}$	650
G	960
S	1.13

第一组实验是在固定的相同评估次数下进行的. 结果如表 6.13—表 6.15 以及图 6.24 所示. 在表 6.13 中, EA-CSTA 在目标函数的最优值 (Best)、均值 (Mean)、最差值 (Worst)、标准差 (Std.dev) 以及 30 次独立实验的平均时间 (T_ave) 这五个指标上, 均不及 FCSTA. 但是在相同评估次数下, 两个算法的平均时间相差较小, 而其他指标相差均较大, FCSTA 的最优性和稳定性均比 EA-CSTA 好. 表 6.14 与表 6.15 展示了 EA-CSTA 和 FCSTA 在 30 次独立实验中目标函数值最优的实验结果. 可以看出由 EA-CSTA 求得的电流密度与 FCSTA 求得的电流密度相差较大, 导致最终的目标函数 (电耗费用) 有一定的差别. 图 6.24 是 30 次独立实验的平均目标函数值随评估次数变化的迭代曲线图. 从图中可以看出, FCSTA 在初始值不如 EA-CSTA 的情况下, 其收敛速度仍比 EA-CSTA 要快.

表 6.13 EA-CSTA 与 FCSTA 在锌电解电力调度优化问题上
相同评估次数的对比实验结果

算法	Best	Mean	Worst	Std.dev	T_ave/s
EA-CSTA	1778774.96	1781246.57	1786228.95	2228.57	1.86
FCSTA	**1777658.14**	**1777658.14**	**1777658.14**	**0.00**	**1.73**

表 6.14 EA-CSTA 在锌电解电力调度优化问题上相同评估次数下的最优解

电流密度			值		
Cd_{11}	Cd_{21}	Cd_{31}	200.14	611.97	648.12
Cd_{12}	Cd_{22}	Cd_{32}	200.13	538.01	648.65
Cd_{13}	Cd_{23}	Cd_{33}	200.02	586.46	648.39
Cd_{14}	Cd_{24}	Cd_{34}	200.06	556.17	649.27
Cd_{15}	Cd_{25}	Cd_{35}	200.10	616.30	646.38
Cd_{16}	Cd_{26}	Cd_{36}	200.08	609.56	646.56
Cd_{17}	Cd_{27}	Cd_{37}	200.18	592.71	648.32
	$G = 960$		$h(Cd) = 960$		
	$F_C(Cd)$		1778774.96		

表 6.15　FCSTA 在锌电解电力调度优化问题上相同评估次数下的最优解

电流密度				值	
Cd_{11}	Cd_{21}	Cd_{31}	200	583.93	650
Cd_{12}	Cd_{22}	Cd_{32}	200	583.93	650
Cd_{13}	Cd_{23}	Cd_{33}	200	583.93	650
Cd_{14}	Cd_{24}	Cd_{34}	200	583.93	650
Cd_{15}	Cd_{25}	Cd_{35}	200	583.93	650
Cd_{16}	Cd_{26}	Cd_{36}	200	583.93	650
Cd_{17}	Cd_{27}	Cd_{37}	200	583.93	650
	$G = 960$			$h(Cd) = 960$	
	$F_C(Cd)$			1777658.14	

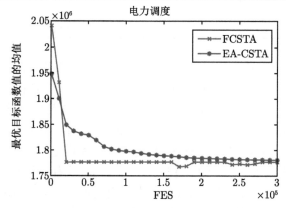

图 6.24　EA-CSTA 与 FCSTA 在锌电解电力调度优化问题上相同评估次数的收敛图

　　第二组实验是在固定的相同评估时间下进行. 结果如表 6.16—表 6.18 以及图 6.25 所示. 在表 6.16 中, 在目标函数的最优值 (Best)、均值 (Mean)、最差值 (Worst) 以及标准差 (Std.dev) 这四个指标上, EA-CSTA 均不及 FCSTA, 表明 FCSTA 的最优性与稳定性优于 EA-CSTA. 在 30 次独立实验的平均评估次数 (FEs_ave) 这个指标上, FCSTA 在固定的时间内, 评估次数比 EA-CSTA 多, 说明 FCSTA 产生候选解与选择候选解的速度比 EA-CSTA 要快. 表 6.17 与表 6.18 展示了 EA-CSTA 和 FCSTA 在 30 次独立实验中目标函数值最优的实验结果. 可以看出由 EA-CSTA 求得的电流密度与 FCSTA 求得的电流密度相差很大, 导致最终的目标函数 (电耗费用) 相差大. 图 6.25 是 30 次独立实验的平均目标函数值随运行时间变化的迭代曲线图, 可以看出, FCSTA 的收敛速度比 EA-CSTA 要快, 能在非常短的时间内搜索到一个稳定值.

表 6.16　EA-CSTA 与 FCSTA 在锌电解电力调度优化问题上相同评估时间的对比实验结果

算法	Best	Mean	Worst	Std.dev	FEs_ave
EA-CSTA	1815041.18	1835685.23	1871038.86	16572.87	41550
FCSTA	**1777658.14**	**1777658.14**	**1777658.15**	**0.00**	**88991**

表 6.17 EA-CSTA 在锌电解电力调度优化问题上相同评估时间下的最优解

电流密度				值	
Cd_{11}	Cd_{21}	Cd_{31}	311.27	279.40	609.76
Cd_{12}	Cd_{22}	Cd_{32}	206.44	618.71	649.74
Cd_{13}	Cd_{23}	Cd_{33}	247.21	611.82	636.11
Cd_{14}	Cd_{24}	Cd_{34}	237.55	640.61	614.41
Cd_{15}	Cd_{25}	Cd_{35}	230.62	424.00	628.92
Cd_{16}	Cd_{26}	Cd_{36}	209.29	584.49	611.92
Cd_{17}	Cd_{27}	Cd_{37}	222.47	564.74	636.54
	$G = 960$			$h(Cd) = 960$	
	$F_C(Cd)$			1.81504118	

表 6.18 FCSTA 在锌电解电力调度优化问题上相同评估时间下的最优解

电流密度				值	
Cd_{11}	Cd_{21}	Cd_{31}	200	583.80	650
Cd_{12}	Cd_{22}	Cd_{32}	200	583.86	650
Cd_{13}	Cd_{23}	Cd_{33}	200	583.89	650
Cd_{14}	Cd_{24}	Cd_{34}	200	584.02	650
Cd_{15}	Cd_{25}	Cd_{35}	200	583.92	650
Cd_{16}	Cd_{26}	Cd_{36}	200	583.97	650
Cd_{17}	Cd_{27}	Cd_{37}	200	584.01	650
	$G = 960$			$h(Cd) = 960$	
	$F_C(Cd)$			1777658.14	

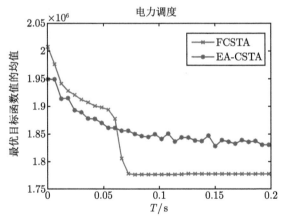

图 6.25 EA-CSTA 与 FCSTA 在锌电解电力调度优化问题上相同评估时间的收敛图

6.1.4 图像处理与机器学习

众所周知, 图像是信息的主要载体. 据统计, 在人类接收的信息中就有 70% 为图像信息. 因此, 作为传递信息的重要媒介, 图像信息是非常重要的. 图像处理又称影像处理, 一般指数字图像处理, 通过计算机系统对数字图像进行各种处理, 如对图像进行去除噪声、增强、分割、特征提取、复原、分类、重建等处理.

在图像信息的基础上, 利用基于机器学习的方法可以实现相应的图像处理. 机器学习可以理解为计算机利用已有的数据 (经验), 来获取新的知识或技能, 进而得出某种模型, 并利用此模型不断改善自身性能的一种方法. 常见的机器学习方法有决策树、神经网络、支持向量机、贝叶斯分类器、集成学习、聚类算法等. 本节将对状态转移算法在图像处理和机器学习中的应用进行介绍[28].

1. 图像分割

1) 图像分割背景及问题描述

图像分割 (image segmentation) 就是把图像分成若干个特定的、具有独特性质的区域并提取感兴趣目标的技术和过程, 它是图像处理到图像分析的关键步骤. 图像分割技术是计算机视觉领域的一个重要的研究方向, 是图像识别和图像语义理解的重要环节, 没有正确的分割就很难实现正确的图像识别. 但是, 由计算机进行图像分割时, 将会遇到各种困难, 例如, 光照不均匀、噪声的影响、图像中存在不清晰的部分, 以及图像中存在阴影等, 常常发生分割错误, 造成分割边缘不准确、分割精确度低、欠分割、过分割等问题的出现.

传统的图像分割方法主要分以下几类: 基于阈值的分割方法、基于区域的分割方法、基于边缘的分割方法等[29]. 基于阈值的分割方法是指通过设定不同的特征阈值, 把图像像素点分为若干类, 其主要有单阈值分割及多阈值分割方法. 基于区域的分割方法是以直接寻找目标区域为基础的分割技术, 主要有区域生长和分裂合并法. 基于边缘的分割方法以检测灰度级或者结构具有突变的地方来完成图像的分割, 主要有基于点的检测、基于线的检测以及基于边缘检测等几种方法.

近年来, 多阈值分割方法引起了众多学者的关注, 它包括参数化技术和非参数化技术[30]. 参数化技术假设原始图像各部分的概率密度函数服从正态分布, 然后结合正态分布函数来拟合图像的标准化直方图, 并估计这种拟合的相关参数. 另外, 非参数技术是指使用一些分割准则, 包括熵、误差最小化和类间方差, 来计算阈值.

本节利用参数化技术以拟合图像直方图, 将拟合问题中的参数估计转化为最优化问题, 再进一步通过最小化总体概率误差计算出最优阈值.

2) 基于状态转移算法的多阈值图像分割方法

(1) 阈值计算.

定义 6.1.1 直方图　图像直方图 (image histogram) 是用以表示数字图像中亮度分布的直方图, 描绘图像中每个亮度值的像素数.

在 $[0, N-1]$ 范围内, 具有 N 个强度级别的图像直方图被定义为以下离散函数:

$$h(r_j) = n_j \tag{6.50}$$

其中 n_j 表示图像中的像素数, 强度级别为 r_j. 一般来说, 为了便于分析, 将图像

中 $h(r_j)$ 的所有元素除以像素总数 n, 得到归一化直方图.

$$p(r_j) = \frac{h(r_j)}{n} = \frac{n_j}{n}, \quad \forall j = 0, 1, \cdots, N-1 \tag{6.51}$$

其中 $p(r_j)$ 是图像中强度级别 r_j 出现概率的估计. 所有概率估计之和在归一化直方图中的值等于 1. 为了拟合归一化直方图, 使用以下形式的线性组合正态分布函数:

$$p^* = \sum_{i=1}^{k} \rho_i \cdot p_i^*(x) = \sum_{i=1}^{K} \frac{\rho_i}{\sqrt{2\pi}\sigma_i} \exp\left[-\frac{(x - u_i)^2}{2\sigma_i^2}\right] \tag{6.52}$$

其中 k 表示待分割的类别个数, $p_i^*(x)$ 表示第 i 类正态分布函数, ρ_i 表示第 i 类的权重, 第 i 类的均值和方差分别用 μ_i 和 σ_i^2 表示. 拟合函数输出需要与标准化直方图数据一致, 通常采用最小均方误差法, 所建立的最优化模型如下

$$\begin{aligned} \min \quad & \frac{1}{N} \sum_{j=0}^{N-1} [p^*(x_j, \rho_i, \mu_i, \sigma_i) - p(x_j)]^2 \\ \text{s.t.} \quad & \sum_{i=1}^{K} \rho_i = 1 \end{aligned} \tag{6.53}$$

其中 $p^*(\cdot)$ 表示拟合函数, $p(\cdot)$ 表示强度级别 x_j 出现的概率, x_j 代表在 $[0, N-1]$ 范围内的第 j 个强度级别. 通过使用惩罚方法处理约束条件, 可以将模型 (6.53) 重新构建如下

$$\min \quad \frac{1}{N} \sum_{j=0}^{N-1} [p^*(x_j, \rho_i, \mu_i, \sigma_i) - p(x_j)]^2 + \omega \left[\left(\sum_{i=1}^{K} \rho_i\right) - 1\right]^2 \tag{6.54}$$

其中上式中 ω 为惩罚因子.

由于 $p^*(\cdot)$ 中存在指数项, 该优化问题是非线性、非凸的, 从而存在多个局部最优点. 因此, 利用全局优化状态转移算法来求解该优化问题.

在对原始图像的标准化直方图进行 STA 拟合后, 再通过如下最小化总体概率误差, 可以计算出最优阈值.

$$\min \quad E(T_i) = \rho_{i+1} \cdot E_1(T_i) + \rho_i \cdot E_2(T_i) \tag{6.55}$$

其中 T_i 是第 i 部分和第 $i+1$ 部分之间的阈值, $E_1(T_i)$ 和 $E_2(T_i)$ 的具体形式是

$$\begin{aligned} E_1(T_i) &= \int_{-\infty}^{T_i} p_{i+1}^*(x)\mathrm{d}x \\ E_2(T_i) &= \int_{T}^{\infty} p_i^*(x)\mathrm{d}x \end{aligned} \tag{6.56}$$

其中 $E_1(T_i)$ 是将第 $i+1$ 部分中的像素错误地分类到第 i 部分的概率, $E_2(T_i)$ 是将第 i 部分中的像素错误地分类到第 $i+1$ 部分的概率. 当总误差 $E(T_i)$ 最小时, 将获得 T_i. 根据微积分知识, 通过对 $E(T_i)$ 取 T_i 的微分, 可以得到

$$\frac{\mathrm{d}E(T_i)}{\mathrm{d}T_i} = 0 \tag{6.57}$$

经过推导, 可以简化为通过求解如下方程, 从而得到最佳的阈值 T_i:

$$AT_i^2 + BT_i + C = 0 \tag{6.58}$$

其中 $A = \sigma_i^2 - \sigma_{i+1}^2$, $B = 2(\mu_i\sigma_{i+1}^2 - \mu_{i+1}\sigma_i^2)$, $C = (\sigma_i\mu_{i+1})^2 - (\sigma_{i+1}\mu_i)^2 + 2(\sigma_i\sigma_{i+1})^2 \ln\left(\dfrac{\sigma_{i+1}\rho_i}{\sigma_i\rho_{i+1}}\right)$.

注意: 上述的二次方程可能会有两个解, 我们只选择区间内的正解来用于图像分割.

(2) 图像去噪.

图像可以被定义为二维函数 $f(x, y)$, 其中 x 和 y 是空间坐标, 并且 f 在任何坐标对 (x, y) 处的幅值是图像在该点处的强度级别. 基于阈值 $T = \{T_1, T_2, \cdots, T_{K-1}\}$, $T_1 < T_2 < T_{K-1}$, 原始图像可以分为 K 个类.

例如, 可以通过两个阈值将一个图像分成三个类别:

$$\begin{cases} \Phi_1, & f(x,y) \leqslant T_1, \\ \Phi_2, & T_1 < f(x,y) \leqslant T_2, \\ \Phi_3, & f(x,y) > T_2 \end{cases} \tag{6.59}$$

其中 Φ_1, Φ_2, Φ_3 分别代表三个不同的类别, T_1, T_2 分别代表阈值.

考虑到图像中可能存在噪声, 因此提出了一种对图像进行去噪的方法. 首先, 将每一类分割后的图像转换成二值图像. 具体地说, 当处理类 Φ_1 时, 该类中的每个像素点 (x, y) 都可以被看作第一类的前景点; 否则, 这个点称为背景点. 换句话说, 类 Φ_1 的二进制图像可以表示为

$$g_1(x,y) = \begin{cases} 1, & (x,y) \in \Phi_1, \\ 0, & 否则 \end{cases} \tag{6.60}$$

这样, 将类 Φ_1 转化为二值图像, 实现了图像去噪的过程. 为了从分割后的图像中去除有噪声的物体, 使用了 "bwareaopen" 算子进行图像分割的后处理.

作为一种形态学算子, "bwareaopen" 可以删除小于预定义阈值的连接部分. 它也是一个在 MATLAB 中预先定义的算子, 有两个参数需要调整: 连通性和最

大像素的大小需要调整. 将连通性设为 8 邻域, 则前景中小于 64 像素的对象和背景中小于 256 像素的对象将从二进制图像中移除. 对每一类二值图像进行去噪处理后, 可以得到如下的最终阈值结果:

$$g(x,y) = \begin{cases} a, & g_1(x,y) = 1, \\ b, & g_2(x,y) = 1, \\ c, & g_3(x,y) = 1 \end{cases} \tag{6.61}$$

其中 $g(x,y)$ 为最终分割图像, a,b,c 为三个不同的强度值, g_1, g_2, g_3 为对应类别的图像去噪结果.

(3) 算法流程.

采用状态转移算法进行多阈值分割的流程图如图 6.26 所示. 首先, 应该确定原始图像的类型, 如果它的类型是 RGB, 则执行操作符 "rgb2gray"; 然后, 在归一化直方图的基础上构造拟合问题, 并利用 STA 估计其最优参数; 接着, 根据上

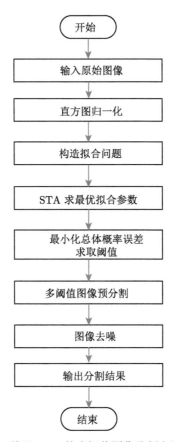

图 6.26 基于 STA 的多阈值图像分割方法流程图

述相关公式分别计算阈值, 经过图像分割后进行去噪处理; 最后, 输出最终的分割结果.

3) 应用举例

下面通过几个图像分割实验来评估本书所提方法的性能, 大部分测试图像来自 USC-SIPI 图像数据库^①, 并同 OTSU 方法、遗传算法 (GA)、粒子群优化 (PSO) 算法和差分进化 (DE) 算法进行了对比.

图 6.27 和图 6.28 显示了建筑物图像的阈值分割结果. 其中图 6.27 分别显示了采用单阈值利用 OTSU, STA, GA, PSO 和 DE 的分割结果, 可以发现, 这两栋建筑都从背景中分离出来, 但是 PSO 得到的结果错误地将白色部分的像素划分为黑色部分. 此外, 图 6.27 还显示了 STA, GA, PSO, DE 几种方法得到的拟合曲

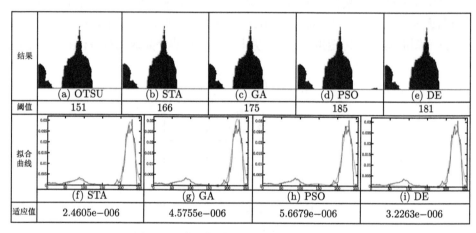

图 6.27　单阈值建筑图像分割的实验结果

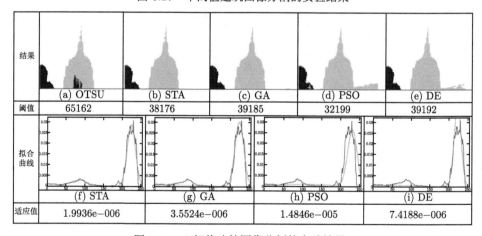

图 6.28　双阈值建筑图像分割的实验结果

① http://sipi.usc.edu/database/.

线, 容易发现, STA 能够很好地拟合归一化直方图, 其均方误差最小为 2.4605e−006, 其他三个优化算法在拟合归一化直方图时存在一定程度的失真.

由图 6.28 可以发现, 当阈值数目增加到两个时, 采用 OTSU, STA, GA, PSO 和 DE 的阈值分割算法能够分割出像素更低的目标. 由图 6.28 (a)—(e) 可知, STA 和 GA 的性能明显优于 OTSU, PSO 和 DE, 但遗传算法得到的分割结果仍不完善. 图中 (f) 表明, STA 得到的拟合曲线与原始图像的归一化直方图拟合良好, 其均方误差为 1.9936e−006.

图 6.29 中 (a)—(e) 是分别由 OTSU, STA, GA, PSO 和 DE 获得的阈值分割结果. 对于所有结果, 人被黑色部分识别, 除子图 (d) 外, 天空主要由白色部分识别, 子图 (d) 中的灰色部分识别表现不如其他子图的灰色部分. 图 6.29 中的 (f)—(i) 表明, 归一化直方图可以很好地被 STA 拟合, 采用 STA 拟合的均方误差很小, 仅为 6.6438e−006.

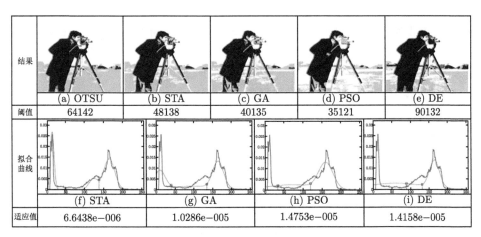

图 6.29 双阈值摄像图像的实验结果

在图 6.30 中, 分割结果中有五种不同的颜色, 包括白色、浅灰色、灰色、深灰色和黑色. 从子图 (a)—(e) 中, 所有的结果都能识别出人的黑色和深灰色部分. 子图 (a)—(c) 和子图 (e) 可以用白色和浅灰色部分来识别天空, 地面用灰色部分来识别. 但在 OTSU, GA 和 DE 得到的子图 (a), (c) 和 (e) 中, 地面存在许多干扰. 与图 6.29 类似, STA 得到的拟合曲线也可以很好地逼近归一化直方图, 均方误差为 1.6902e−006.

2. 生产过程工况识别

工况是指设备在和其动作有直接关系的条件下的工作状态. 在工业过程中, 为了保证作业的安全、产品的质量、提高生产的效率, 通常都需要对工况进行监

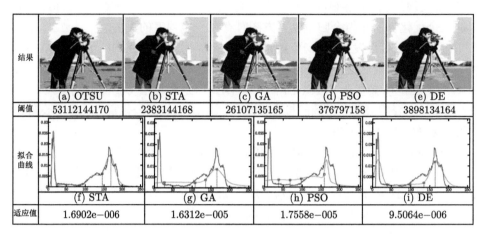

结果	(a) OTSU	(b) STA	(c) GA	(d) PSO	(e) DE
阈值	53112144170	2383144168	26107135165	376797158	3898134164
拟合曲线	(f) STA		(g) GA	(h) PSO	(i) DE
适应值	1.6902e−006		1.6312e−005	1.7558e−005	9.5064e−006

图 6.30　四阈值摄像图像的实验结果

测, 准确地识别工况有利于工业过程的稳定生产、节能降耗. 同时工况识别可以作为一种软测量的方法, 比如在金锑泡沫浮选过程中可以通过对当前浮选槽表面的泡沫进行准确识别预测浮选产品的质量, 也就是精矿品位.

1) 泡沫浮选过程中的工况识别问题

矿产资源是人类社会生存和发展不可或缺的物质基础, 同时也是维护国家安全和发展国家经济的重要保障 [48]. 然而, 蕴藏在自然界的大部分矿产资源都不能被直接利用, 需要对其进行加工处理. 矿物资源加工过程中, 选矿是一个极为重要的环节, 主要通过利用矿石中不同矿物的化学、物理性质将磨细矿物中的有价矿物与共生的脉石分离, 该环节水平的高低可以直接影响矿物资源的回收率[49]. 泡沫浮选是世界范围内应用最为广泛的选矿方法之一, 我国 90% 以上的有色金属选矿都应用了该方法. 泡沫浮选过程中, 需将矿浆和浮选药剂进行调和之后送进浮选机, 然后进行充气和搅拌, 将空气分散成气泡, 经由物理化学反应的作用使目的矿物的矿粒黏附在泡沫上形成矿化气泡, 上浮至矿浆表面形成泡沫层, 由刮板刮出, 进行汇总作为精矿产物[50]. 在实际生产过程中, 为了保证产品质量、提高收益, 浮选厂希望精矿品位尽可能高并且维持稳定. 实际浮选过程中, 多种因素共同决定了精矿的品位, 主要包括浮选药剂、矿浆浓细度、风压以及泡沫层厚度, 其中浮选药剂是影响精矿品位最主要的因素. 因此, 浮选药剂的添加控制显得尤为重要. 然而, 由于泡沫浮选机理复杂、工艺流程长、多种影响因素互相耦合, 并且难以实现工艺指标的在线监测, 目前主要通过人工观察浮选泡沫的表面来实现泡沫浮选工况的判断, 从而指导工人调整各操作参数, 尤其是浮选药剂的添加, 以保证稳定生产高品位精矿. 准确地完成泡沫浮选过程的工况识别是实现浮选各项参数控制及保证产品质量的基础. 准确的工况识别是完成正确药物添加和其他各项参数调整的关键. 图 6.31 展示了浮选过程的整体过程, 体现了工况识别的意义.

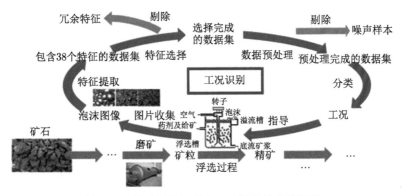

图 6.31　泡沫浮选过程中工矿识别的整体框架

　　然而, 由于人工的方式只能依据工人的经验完成对泡沫浮选工况的识别, 这种方式主要存在几个弊端: ①工人的经验参差不齐, 对于同种工况, 不同的工人可能判断为不同的结果; ②通过肉眼观察识别的方法具有强烈的主观性, 在不同的情况下, 对于同种工况, 同一个工人亦可能给出不同的结果; ③人工观察的方法缺乏客观的评价准则, 对于不同的浮选泡沫状态无法做出一致准确的区分; ④为了完成浮选过程参数的调整, 工人需要频繁地观察泡沫判断工况, 工作环境恶劣、劳动强度大, 容易出现疲劳导致误判的情况出现, 同时这也是对劳动力的巨大浪费.

　　这使得通过人工观察的方式难以实现对工况的客观认知与准确评价, 极易使得浮选工况出现频繁波动, 最终导致产品不达标以及浮选药剂等生产资料的浪费, 同时也难以实现浮选过程的自动化. 因此, 一种客观准确的工况自动识别方法十分必要. 近年来, 相关研究表明基于机器视觉[51] 的泡沫浮选工况识别方法能有效、客观地实现泡沫浮现工况的自动识别. 一种可行方法是采用基于分类的机器学习算法对泡沫浮选的工况进行分类识别.

　　2) 泡沫浮选工况识别方法与优化模型

　　作为浮选的产品, 精矿品位是一个十分重要的浮选指标, 它用来衡量精矿的品质, 精矿品位越高表示精矿的品质越高. 目前, 锑浮选精矿品位可以分为 8 类, 从低到高分别为, 很低品位、低等品位、较低品位、中下品位、中等品位、中上品位、较高品位以及高等品位. 因此, 我们可以使用分类器实现泡沫浮选工况的自动识别.

　　从图 6.31 中可以看出, 为了实现工况识别需要泡沫图像采集、特征提取、特征选择等过程, 这里主要关注使用分类器实现工况识别的过程. 这里使用的分类器为最小二乘支持向量机[52] (least squares support vector machine, LSSVM). 最小二乘支持向量机具有优秀的泛化性能、高分类准确率以及较低的计算复杂度, 目前已被广泛应用于各种分类问题中, 并表现出了优越的性能[52-53]. 这是一种特殊的支持向量机, 简单地说, 支持向量机是找到两个平行的超平面, 将样本空间中的两类不同样本分隔开, 并希望两个超平面间的间隔尽可能大, 最小二乘支持向量机对其进行了一定的改进, 为每个样本引入误差变量 e_i, 以解决可能出现的特异点的问题, 同时也能提高计算效率. 对于一组包含 N_d 个样本的训练集 D_s 和对应的标签 $Y = [y_1, y_2, \cdots, y_{N_s}]$, 最小二乘支持向量可以由下式描述:

$$\min \quad \frac{1}{2}||w_s||^2 + \gamma\frac{1}{2}\sum_{i=1}^{N_d} e_i^2$$

$$\text{s.t.} \quad y_i(w_s^{\mathrm{T}}\phi(x_{d,i})+b) = 1 - e_i, \quad i = 1, 2, \cdots, N_d \tag{6.62}$$

其中 $x_{d,i}$ 表示 D_s 中的第 i 个样本, γ 为正则化变量, $\gamma > 0$. 同时, 为了解决样本非线性可分问题, 可以将原始的数据样本映射到更高维的空间中使其线性可分, 映射函数为 $\phi(\cdot)$. 实际上, 最小二乘支持向量机的训练过程即求解问题 (6.62) 的过程. 可通过对原问题进行对偶求解, 经过拉格朗日对偶, 可得

$$\mathcal{L}(w_s, b, e, \alpha) = \frac{1}{2}||w_s||^2 + \gamma\frac{1}{2}\sum_{i=1}^{N_d} e_i^2 - \sum_{i=1}^{N_d}\alpha_i(y_i(w_s^{\mathrm{T}}\phi(x_{d,i}) + b) - 1 + e_i) \tag{6.63}$$

原问题转化为

$$\max_{\alpha \geqslant 0}\min_{w_s, b}\mathcal{L}(w_s, b, e, \alpha) \tag{6.64}$$

结合 KKT 条件, 问题可化简为

$$\max_{\alpha} \quad \sum_{i=1}^{N_d}\alpha_i - \frac{1}{2}\sum_{i,j=1}^{N_d}\alpha_i\alpha_j y_i y_j\langle\phi(x_{d,i}), \phi(x_{d,j})\rangle$$

$$\text{s.t.} \quad \begin{cases} 0 \leqslant \alpha_i \leqslant \gamma, \quad i = 1, 2, \cdots, N_d, \\ \sum_{i=1}^{N_d}\alpha_i y_i = 0 \end{cases} \tag{6.65}$$

而最优解可以通过解下列线性方程组求得

$$\begin{bmatrix} 0 & Y^{\mathrm{T}} \\ Y & K + \dfrac{I}{\gamma} \end{bmatrix}\begin{bmatrix} b \\ \alpha \end{bmatrix} = \begin{bmatrix} 0 \\ 1 \end{bmatrix} \tag{6.66}$$

其中, $1 = [1, 1, \cdots, 1]^{\mathrm{T}}$, I 为单位矩阵. K 矩阵与样本相关:

$$K_{i,j} = \langle\phi(x_{d,i}), \phi(x_{d,j})\rangle \tag{6.67}$$

而最小二乘支持向量机用来判别一个样本 x_n 属于哪类的决策函数如式 (6.68) 所示

$$\hat{y} = \text{sign}\left(\sum_{i=1}^{N_d} \alpha_i y_i \langle \phi(x_n), \phi(x_{d,i}) \rangle + b\right) \tag{6.68}$$

可以看出无论是最小二乘支持向量机的训练还是决策都需要计算映射函数 $\phi(\cdot)$, 但是映射函数通常十分复杂, 而且为了实现样本在映射后的空间线性可分, 映射后的维度需要很高. 这都使得计算选取和计算映射函数十分复杂, 但是值得注意的是, 在上述计算过程中, 通常只需要计算两个映射函数之间的内积.

引入核方法可以很好地处理这个问题, 这种方法将任取的两个样本 $x_{d,1}$ 和 $x_{d,2}$ 映射后的内积定义为核函数 $\kappa(x_{d,1}, x_{d,2})$, 即 $\langle \phi(x_n), \phi(x_{d,i}) \rangle = \kappa(x_{d,1}, x_{d,2})$. 核函数有多种, 高斯核函数具有优秀的非线性映射能力和较少的计算复杂度[54], 并在多个领域中表现出了优秀的性能, 故这里使用高斯核函数:

$$\kappa(x_{d,1}, x_{d,2}) = \exp\left(-\frac{||x_{d,1} - x_{d,2}||^2}{2\sigma^2}\right) \tag{6.69}$$

其中 σ 为核函数参数, 其取值会影响样本映射后的空间, 从而影响最小二乘支持向量机的分类效果.

上述过程展示了最小二乘支持向量机的原理, 相较于普通的支持向量机, 求解最小二乘支持向量机只需要用到解析过程, 而不需要引入如 SMO 这样需要较高计算量的二次规划方法进行求解. 这极大地减少了最小二乘支持向量机的求解时间, 使得最小二乘支持向量机除了能解决可能出现特异点的问题以外, 还有计算量少与计算时间短的优点, 这为解决实际泡沫浮选生产过程中的工矿识别问题, 提供了很好的实时性支持.

值得注意的是, 实际上支持向量机只能解决二分类问题, 多分类的支持向量机通过将多个支持向量机结合起来解决多分类问题. 这里使用一对一 (one vs one) 的方法. 这种方法对任意两类样本训练一个支持向量机, 训练时只使用对应两种类别的数据. 对于 N_c 分类问题, 需要使用 $N_c(N_c - 1)/2$ 个支持向量机. 对样本进行分类时, 每个分类器为其所分得的类别 "投一票", 最后得票数目最多的类别即为最终分类结果.

3) 基于状态转移算法的支持向量机超参数优化

在最小二乘支持向量机的训练过程中, 需要计算求取的变量为 w_s 和 b 或者 α 和 b. 这些参数的求解过程即最小二乘支持向量机的训练过程, 也可以说是 "学习" 过程, 求解结果的正确与否会直接影响其分类准确率的高低. 但是, 除开这些参数的求解, 最小二乘支持向量机中所带的超参数, 包括正则化参数 γ 以及所使用高斯核函数中的参数 σ 的取值, 也会在很大程度上决定最小二乘支持向量机的性能. 其中 γ 用以平衡训练误差和模型的复杂度; 而 σ 决定了被映射后, 训练集中的样本在所在空间中的分布特点. 因此, 为了保证最小二乘支持向量机的分类效果, 找到两个参数的最优取值十分重要.

这个问题可以被建模成一个多变量参数优化问题, 其中决策变量即这两个参数, 而目标函数为最小二乘支持向量机的性能, 由 k 折交叉验证的错误率来衡量. 使用依赖梯度的优化方法效果不佳, 而且支持向量机中的这个多变量参数优化问题有着明显的非线性和多模态的特点, 使用一般的优化算法很容易陷入局部最优, 难以找到最优解. 同时, 在特征选择问题中需要反复训练分类器, 如果最小二乘支持向量机中的参数优化需要消耗大量时间, 则特征选择过程中的时间耗费是不可想象的. 因此, 这里需要使用一种不依赖梯度, 同时具有良好全局性和快速性的优化方法来完成最小二乘支持向量机中 γ 和 σ 参数的优化.

第 4 章中介绍的状态转移算法是一个很好的选择. 同时, 为了使结果更快收敛至极值点, 保证解的准确性, 这里提出并使用了一种结合单纯形法的基于状态转移算法的两阶段优化方法, 流程的框图如图 6.32 所示. 这种方法的两个阶段为状态转移算法阶段和单纯形法阶段, 使用状态转移算法负责全局搜索, 而使用单纯形法负责更进一步的精确优化. 具体可以概括为以下步骤:

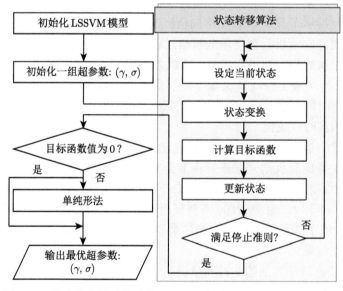

图 6.32   基于状态转移算法的最小二乘支持向量机超参数优化框图

(1) 初始化 γ 和 σ 值, 作为当前状态;

(2) 运行状态转移算法直至 k 折交叉验证的错误率为 0 或至最大迭代次数;

(3) 如果 k 折交叉验证的错误率不为 0, 则运行单纯形法进行进一步的优化,

否则跳过;

(4) 输出最终结果 γ 和 σ.

4) 应用举例

本节中以 UCI①中的 5 组标准测试数据集和金锑泡沫浮选过程中的工况识别来验证所提方法的性能, 因为主要关注的是泡沫浮选过程中的工况识别问题, 故实验直接采用了完成特征提取与特征选择等步骤的数据集, 这个数据集共有 5 个特征 (原本共收集 38 个特征): ①色调; ②蓝色均值; ③相对红色分量; ④粗度; ⑤高频能量. 表 6.19 展示了所提 STA-LSSVM 与基本的最小二乘支持向量机 (LSSVM) 在不同的数据集下的表现.

表 6.19　STA-LSSVM 对比实验结果

	算法	Ionosphere	WDBC	Sonar	Wine	Vowel	金锑浮选
Acc*	LSSVM	89.74	94.21	62.32	98.72	96.36	94.64
	STA-LSSVM	90.60	94.21	68.12	99.12	96.97	95.83
$\overline{\text{Acc}}$	LSSVM	85.21	91.74	59.81	98.14	95.49	92.26
	STA-LSSVM	85.53	92.28	61.74	98.36	95.92	93.73

注: 其中 Acc* 表示最优的分类准确率, 而 $\overline{\text{Acc}}$ 表示 30 次实验的平均分类准确率.

从表 6.19 中可以看出, 所提基于状态转移算法的最小二乘支持向量机在 5 组标准测试数据集中, 无论是最优准确率还是平均准确率都优于 LSSVM. 这验证了所提方法优异的性能. 同时在金锑泡沫浮选工况识别上, 所提方法也展现出了优异的性能, 有效地提高了工况识别的准确率, 可以为更好地实现金锑泡沫浮选过程的节能降耗, 保证产品质量提供更好的指导.

6.1.5　多属性决策

20 世纪中叶, 决策理论就已经成为经济学和管理科学的重要分支. 多属性决策是在多个属性前提下对有限个方案进行排序或选优的决策过程, 其难点在于属性值不可公度、属性类型不统一、各属性存在矛盾性等[62]. 为了解决各属性之间的矛盾性, 引入属性权重这一概念. 属性权重是属性重要性的度量, 通过引入权重这一概念可以解决属性值存在矛盾性的问题. 属性权重需要考虑属性的重要程度、可靠程度等众多因素, 通过最优化的方法获得最优权重, 有助于提升多属性决策的准确性.

1. 多属性决策概述

决策是对备选方案进行排序或选优的过程, 它渗透到生活的各个方面, 包括买什么、选举时投谁的票、找什么工作等. 决策是一个包含大量的认知、反应和

---

① 数据集 https://archive.ics.uci.edu/ml/datasets.php.

判断的过程, 其间的每一步都会影响决策结果的质量[63]. 因此, 决策需要遵循一定的程序, 可以将其分为 4 个阶段, 如图 6.33 所示.

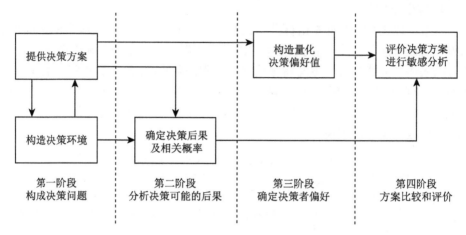

图 6.33　决策分析的基本步骤

　　多属性决策指的是在多个属性前提下对有限个方案进行排序或选优的过程, 这一类决策问题中的决策变量是离散型的, 其中的备选方案数量为有限个, 因此有些文献也称之为有限方案多目标决策问题. 例如, 研究生院的评估是一个典型的多属性决策问题, 需要同时考虑研究生院的人均专著、生师比、科研经费、人均毕业率等因素. 多属性决策包含三个难点: 第一点, 属性值不可公度, 即不可以用同一个单位来衡量, 例如人均专著的单位是 "本/人", 而科研经费的单位是 "万元/年", 无论如何转换, "本/人" 与 "万元/年" 都不可以合并计算; 第二点, 属性类型不统一, 例如人均专著越多越好, 可是生师比却不便于直接从数值大小判断方案的优劣, 生师比值过高, 学生的培养质量就难以保证; 比值过低, 教师的工作量不饱满; 第三点, 各属性存在矛盾性, 例如如果研究所实行一位老师指导一名学生, 学生的毕业率将得到提升, 但是生师比却会降低.

　　在介绍多属性决策方法之前, 首先介绍一下多属性决策的相关概念.

　　(1) 方案.

　　方案是决策的对象, 方案集用来表示所有可能采纳的备选集合. 例如在研究生院评估问题中, 每一个研究生院都是一个方案, 所有的备选研究生院构成了方案集.

　　(2) 属性.

　　属性指方案固有的特征、品质或性能, 如研究生院的人均专著、生师比、科研经费、逾期毕业率等. 要注意区别属性与属性值之间的关系, 假如科研经费是属性, 如果科研经费为 800 万元, 那么 "800 万元" 就是属性 "科研经费" 的一个属性值.

(3) 决策者.

决策者是专家, 他们直接或间接地提供自己对于每个属性的价值判断, 据此可以排定各备选方案的优劣, 但是他们不会直接评价某个方案. 例如决策者判断 "研究生院 1" 的生师比为 5.

(4) 决策矩阵.

决策矩阵是表示决策方案与有关因素之间相互关系的矩阵. 设一个多属性决策问题可供选择的方案集为 $X = \{x_1, x_2, \cdots, x_m\}$, 用向量 $Y_i = [y_{i1}, y_{i2}, \cdots, y_{in}]$ 表示方案 x_i 的 n 个属性值. 各方案的属性值可列为决策矩阵, 如表 6.20 所示.

表 6.20　决策矩阵

X	Y_1	$\cdots$	Y_j	$\cdots$	Y_n
x_1	y_{11}	$\cdots$	y_{1j}	$\cdots$	y_{1n}
$\vdots$	$\vdots$		$\vdots$		$\vdots$
x_i	y_{i1}	$\cdots$	y_{ij}	$\cdots$	y_{in}
$\vdots$	$\vdots$		$\vdots$		$\vdots$
x_m	y_{m1}	$\cdots$	y_{mj}	$\cdots$	y_{mn}

例 6.1.6　研究生院试评估问题.

为了客观地评价我国研究生教育的实际状况和各研究生院的教学质量, 国务院学位委员会办公室组织过一次研究生院的评估. 为了取得经验, 先选 5 所研究生院, 收集有关数据资料进行试评估. 经过调研, 获得信息如表 6.21 所示, 其决策矩阵如表 6.22 所示.

表 6.21　研究生院试评估信息表

研究生院序号	人均专著 (本/人)	生师比	科研经费 (万元/年)	逾期毕业率/%
1	0.1	5	5000	4.7
2	0.2	7	4000	2.2
3	0.6	10	1260	3.0
4	0.3	4	3000	3.9
5	2.8	2	284	1.2

(1) 理想方案.

在多属性决策问题中, 能够在每个属性上同时最优的方案称为理想方案. 在多属性决策中, 这种方案通常是不存在的, 由决策矩阵中每个给定属性的最好值确定.

表 6.22　研究生院试评估决策矩阵

方案	属性 1	属性 2	属性 3	属性 4
方案 1	0.1	5	5000	4.7
方案 2	0.2	7	4000	2.2
方案 3	0.6	10	1260	3.0
方案 4	0.3	4	3000	3.9
方案 5	2.8	2	284	1.2

(2) 负理想方案.

在多属性决策问题中, 能够在每个属性上同时最差的方案称为负理想方案. 在多属性决策中, 负理想方案和理想方案通常作为参考的基准用以对备选方案进行评价.

(3) 偏好方案.

一个偏好方案是在决策者参与的信息处理中作为最终选择的非劣方案. 在这方面, 多属性决策可以作为利用决策者的偏好信息得到偏好方案的决策辅助工具.

2. 群体决策概述

群体决策是指多个决策者提出自己的决策方案, 然后将所有的方案形成方案集合, 最终形成一致性或妥协性的决策方案排序[64]. 单个决策者拥有的知识相对缺乏、掌握的信息不够完备, 通常很难考虑到问题的所有方面, 难以避免在决策过程中存在主观随意性. 作为一种集体决策方式, 群体决策能够充分利用多个专家的经验智慧, 发挥知识结构不同的优势, 克服单个决策者的不足, 使决策结果更加客观和贴近实际.

从系统角度来看, 群决策过程应包括问题识别、问题描述和问题求解 3 个阶段[65], 具体如图 6.34 所示.

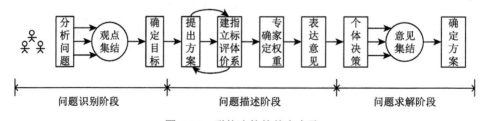

图 6.34　群体决策的基本步骤

对于一个具体问题, 有多个决策方案, 将决策方案集传递给各个决策者, 由各个决策者根据自己的偏好对决策方案的优劣进行排序, 依照一定的原则, 综合各方面的意见, 选择出有效性最大、满意程度最高的最优方案, 这一过程称作集体综合评价. 在群体决策中普遍应用多数规则进行集体综合评价, 它的定义是: 群体中多数人的偏好即群体偏好, 下面通过两个例子来说明多数规则不一定适用于所有情况.

例 6.1.7　设有可供选择的四种水果: 香蕉、梨、桃、西瓜; 三个决策个体: 甲、乙、丙. 记 P 是决策个体的严格偏好, I 是决策个体的淡漠, $R = P \cup I$ 是决策个体的偏好. 由多数规则求群体 $G =$ {甲、乙、丙} 对四种水果的偏好排序. 设三位决策者各自提供对各种水果的个体偏好排序如表 6.23 所示.

表 6.23　例 6.1.7 中决策者对水果的偏好关系

决策个体	个体偏好
甲	香蕉 P 桃 P 梨 I 西瓜
乙	梨 P 桃 P 香蕉 P 西瓜
丙	梨 P 香蕉 I 桃 P 西瓜

注: 严格偏好 P 表示决策个体认为水果 x 优于水果 y, 淡漠 I 表示决策个体认为水果 x 与 y 无差异. 下同.

据上述个体偏好排序, 对于香蕉和梨, 甲认为香蕉优于梨, 乙与丙认为梨优于香蕉, 故群体 G 对于香蕉和梨的群体偏好排序是梨优于香蕉. 对于香蕉和桃, 香蕉优于桃和桃优于香蕉各一人, 第三人是香蕉和桃互相淡漠, 故香蕉和桃互相淡漠. 其余, 有香蕉优于西瓜, 梨优于桃, 梨优于西瓜, 桃优于西瓜. 归纳以上结果, 最后得到 G 对四种水果的群体偏好排序是: 梨第一, 香蕉和桃第二 (它们互相淡漠), 西瓜第三.

例 6.1.8　设有可供选择的三种水果: 香蕉、梨、桃; 三个决策个体: 甲、乙、丙. 由多数规则求群体 $G=${甲、乙、丙} 对三种水果的偏好排序. 现假设对各种水果的个体偏好排序如表 6.24 所示.

表 6.24　例 6.1.8 中决策者对水果的偏好关系

决策个体	个体偏好
甲	香蕉 P 梨 P 桃
乙	梨 P 桃 P 香蕉
丙	桃 P 香蕉 P 梨

据上述个体偏好排序, 对于香蕉和梨, 甲和丙认为香蕉优于梨, 而乙的意见相反, 故群体 G 对于香蕉和梨的群体偏好排序是香蕉优于梨; 同时, 根据相同的规则可以得到梨优于桃, 而桃优于香蕉. 这时, 群体对三种水果的群体偏好排序出现了循环排序现象, 从而群体 G 对各方案不能获得区分优劣的结果.

由上面两个例子可知, 多数规则有时可以体现群体的偏好排序. 然而某些情况下, 由多数规则汇集形成的群体偏好不能得到群体对于方案的偏好排序, 所以此时它并不是群体可排规则. 另外, 香蕉优于梨和梨优于桃并不能导致香蕉优于桃 (而是桃优于香蕉), 因而群体偏好不具备传递性.

在群体决策中, 当群体偏好不能得到群体对于方案的偏好排序时, 对决策者的偏好进行加权求和可以解决这个问题. 然而, 决策者权重以及各个属性的权重都难以确定. 决策者权重的影响因素比较复杂, 它受决策者个人背景差异、所处社会环境的不确定性影响. 其中, 个人背景主要指决策者的专业知识、个体偏好和自我心理等因素, 社会环境主要包括决策者所处的社交环境、信息环境和技术环境等因素. 各个属性相对于决策目标的作用不同, 权重大小有差别, 科学地确定属性的权重对于通过群决策方法解决实际问题意义重大, 利用智能优化算法在一定程度上可以解决这个问题.

多属性决策中, 常用的方法有 TOPSIS 法、VIKOR 法以及 ELECTRE 法等, 下面将对 TOPSIS 法和 VIKOR 法做简要介绍.

3. TOPSIS 法

TOPSIS(technique for order preference by similarity to ideal solution) 法是逼近理想解的排序方法, 它借助多属性问题的正理想方案和负理想方案给方案集 X 中各方案排序[66]. 下面我们通过一个具体的例子来阐述 TOPSIS 法的思想.

设一个多属性决策问题的备选方案集为 $X = \{x_1, x_2, \cdots, x_m\}$, 衡量方案优劣的属性集为 $Y = \{Y_1, Y_2, \cdots, Y_n\}$. 这时方案集 X 中的每个方案 $x_i (i = 1, \cdots, m)$ 的 n 个属性值构成的向量 $[y_{i1}, y_{i2}, \cdots, y_{in}]$ 作为 n 维空间中的一个点, 它能唯一地表征方案 x_i.

如图 6.35 所示, 正理想方案 x^+ 是一个方案集 X 中并不存在的虚拟的最佳方案, 它的每个属性值都是决策矩阵中该属性的最好的值; 而负理想方案 x^- 则是虚拟的最差方案, 它的每个属性值都是决策矩阵中该属性的最差的值. 各属性准则不同, 正理想方案与负理想方案的确定方式也不同, 即

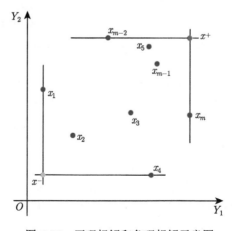

图 6.35　正理想解和负理想解示意图

$$y_j^+ = \max_i y_{ij}, \quad y_j^- = \min_i y_{ij}; \quad Y_j \text{为效益型准则}$$

$$y_j^+ = \min_i y_{ij}, \quad y_j^- = \max_i y_{ij}; \quad Y_j \text{为成本型准则}$$

则正理想方案 x^+ 在各个属性上的取值构成的向量为 $\left[y_1^+, y_2^+, \cdots, y_n^+\right]$.

图 6.35 中, Y_1 和 Y_2 均为效益型属性, 方案集 X 中的 m 个方案分别为 $x_1, \cdots, x_m$, 图中 x_5 与 x_{m-1} 到正理想方案的距离相同, 引入负理想方案后, 由于 x_5 离负理想方案的距离更远, 便可区分优劣, 最佳方案为 x_5.

在所定义理想方案和负理想方案的基础上, TOPSIS 法的核心思想可以总结为: 在 n 维空间中将方案集 X 中的各备选方案 x_i 与正理想方案 x^+ 和负理想方案 x^- 的距离进行比较, 既靠近正理想方案又远离负理想方案的方案就是方案集 X 中的最佳方案, 并可以据此排定方案集 X 中各备选方案的优先序.

TOPSIS 法的算法步骤可总结为:

步骤 1: 求出规范决策矩阵. 设多属性决策问题的决策矩阵为 $y = [y_{ij}]$, 规范化决策矩阵为 $Z = [Z_{ij}]$, 则

$$Z_{ij} = y_{ij} \left/ \sqrt{\sum_{i=1}^m y_{ij}} \right. \tag{6.70}$$

步骤 2: 构成加权规范矩阵 $c = [c_{ij}]$. 假设由专家给定属性权重或者由熵权法计算得出的权重为 $W = [w_1, w_2, \cdots, w_n]$ 则

$$c_{ij} = w_j \cdot z_{ij}, \quad i = 1, \cdots m; \quad j = 1, \cdots n \tag{6.71}$$

步骤 3: 确定正理想方案 x^+ 和负理想方案 x^-.

步骤 4: 计算各方案到正理想方案与负理想方案的距离.

备选方案 x_i 到正理想方案的距离为

$$d_i^+ = \sqrt{\sum_{j=1}^n \left(c_{ij} - y_j^+\right)^2}, \quad i = 1, \cdots, m \tag{6.72}$$

备选方案 x_i 到负理想方案的距离为

$$d_i^- = \sqrt{\sum_{j=1}^n \left(c_{ij} - y_j^-\right)^2}, \quad i = 1, \cdots, m \tag{6.73}$$

步骤 5: 计算各方案的综合评价指标数 T_i.

$$T_i = \frac{d_i^-}{d_i^- + d_i^+}, \quad i = 1, \cdots, m \tag{6.74}$$

步骤 6: 按 T_i 由大到小排列方案的优劣次序, T_i 最大的方案为最优方案.

程序 6.1.1　TOPSIS 法的 MATLAB 代码如下所示.

```
function [T]=TOPSIS(y, w)  %y是确定型的决策矩阵; w是确定型的权重数据
for j = 1:size(y, 2)
    colsum = sum(y(: , j));            %计算每一列的和
    for k = 1:size(y, 1)
        z(k, j) = y(k, j)/colsum;    %归一化
    end
end
c = w.*z;                  %构成加权规范矩阵
vp = max(c, [ ], 1);   %取每列的最大值组成正理想方案 (各属性均为效益型)
vn = min(c, [ ], 1);   %取每列的最小值组成负理想方案 (各属性均为效益型)
for i = 1:size(c, 1)
    dp(i, :) = sqrt(sum((c(i, : ) - vp).^2)) ;
        %各方案到正理想方案的距离
    dn(i, :) = sqrt(sum((c(i, : ) - vn).^2)) ;
        %各方案到负理想方案的距离
    T(i, :) = dn(i, : )/(dp(i, : ) + dn(i, : )) ;
end
```

4. VIKOR 法

VIKOR(Vlsekriterijumska Optimizacija I Kompromisno Resenje) 法是一种折中排序方法[67]. 通过最大化群效用和最小化个体遗憾对有限决策方案进行折中排序, 理论背景近似 TOPSIS 法. VIKOR 法是多准则决策的有效工具, 用于以下情形: ①决策者不能或不知道如何准确表达其偏好; ②评价准则间存在冲突和不可公度 (测度单位不同); ③处理冲突问题的决策者能够接受妥协解决方案.

VIKOR 法基于如下形式的 L_p 准则:

$$L_{pi} = \left\{ \sum_{j=1}^{n} \left[w_j \frac{(y_j^+ - y_{ij})}{(y_j^+ - y_j^-)} \right]^p \right\}^{\frac{1}{p}}, \quad 1 \leqslant p \leqslant \infty; \quad i = 1, 2, \cdots, m \tag{6.75}$$

具体步骤如下:

步骤 1: 确定最优和最差评价值. 令各备选方案 $x_i (i = 1, 2, \cdots, m)$ 在评价准则 $\{Y_1, Y_2, \cdots, Y_n\}$ 下的评价值为 $[y_{i1}, y_{i2}, \cdots, y_{in}]$, x^+ 表示最优评价值, x^- 表示最差评价值, 最优和最差评价值的确定方法分别与上述 TOPSIS 法中的正负理想方案的选择方法相同.

步骤 2: 计算 S_i 和 R_i 的值:

$$S_i = \sum_{j=1}^{n} \left[w_j \frac{(y_j^+ - y_{ij})}{(y_j^+ - y_j^-)} \right], \quad i = 1, 2, \cdots, m \tag{6.76}$$

$$R_i = \max_j \left[w_j \frac{(y_j^+ - y_{ij})}{(y_j^+ - y_j^-)} \right], \quad i = 1, 2, \cdots, m \tag{6.77}$$

其中, S_i 为群体效用, R_i 为个体遗憾, w_j 为各评价准则的权重.

步骤 3: 计算综合评价指标 Q_i 的值:

$$Q_i = v \frac{(S_i - S^+)}{(S^- - S^+)} + (1 - v) \frac{(R_i - R^+)}{(R^- - R^+)}, \quad i = 1, 2, \cdots, m \tag{6.78}$$

$$S^+ = \min_i S_i, \quad S^- = \max_i S_i, \quad R^+ = \min_i R_i, \quad R^- = \max_i R_i$$

$v \in [0, 1]$ 为决策机制系数, $v > 0.5$ 表示依据最大化群效用的决策机制进行决策, $v < 0.5$ 表示依据最小化个体遗憾的决策机制进行决策, $v = 0.5$ 表示依据决策者经协商达成共识的决策机制进行决策.

步骤 4: 由 S_i, R_i 和 Q_i 三个排序列表对备选方案进行排序, 数值越小表示方案越优.

步骤 5: 确定折中方案, 若按照 Q_i 值递增得到的排序为 $A^{(1)}, A^{(2)}, \cdots, A^{(J)}$, $\cdots, A^{(n)}$, 若 $A^{(1)}$ 为最优方案且同时满足如下两个条件:

(1) 方案 $A^{(2)}$ 为根据 Q_i 值排在第 2 位的方案;

(2) 方案 $A^{(1)}$ 依据 S_i 和 R_i 排序仍为最优方案.

则 $A^{(1)}$ 在决策过程中是稳定的最优方案.

若以上两个条件不能同时成立, 则得到妥协解方案, 分为两种情况: 若条件 (2) 不满足, 则妥协解方案为 $A^{(1)}, A^{(2)}$; 若条件 (1) 不满足, 则妥协解方案为 $A^{(1)}, \cdots, A^{(J)}$, 其中 $A^{(J)}$ 是由 $Q(A^{(J)}) - Q(A^{(1)}) < 1/(n-1)$ 确定最大化的 J 值.

程序 6.1.2　VIKOR 法的 MATLAB 代码如下所示.

```
function [S,R,Q]=VIKOR(y, w)  % y是确定型的数据; w是确定型的权重数据
Sp = max(y, [], 1); %取每列的最大值组成正理想方案 (各属性均为效益型)
Sn = min(y, [], 1); %取每列的最小值组成负理想方案 (各属性均为效益型)
for i = 1:size(y,1)
    S(i, :) = sum(w(1, :).*((Sp(1, :)-y(i, :))./(Sp(1, :)-Sn
        (1, :)))) ;
```

```
        R(i, :) = max(w(1, :).*((Sp(1, :)-y(i, :))./(Sp(1, :)-Sn
            (1, :)))) ;
end
Sz=min(S);
Sf=max(S);
Rz=min(R);
Rf=max(R);
v=0.5;
for i = 1:size(S, 1)
    Q(i, :) = v*( (S(i, 1)-Sz )/(Sf-Sz) )+(1-v)*((R(i, 1)-Rz)
        /(Rf-Rz));
end
```

例 6.1.9　某学生考研前较心仪的学校有 5 所, 为了选择一所学校, 可做参考的几种典型评价指标有: 人均专著 (本/人)、生师比、科研经费 (万元/年)、按时毕业率 (%). 假设这四个属性对应的权重分别为 0.2, 0.3, 0.1, 0.4. 分别用 TOPSIS 法和 VIKOR 法对以下五所学校做出选择. 表 6.25 给出了这五所学校的相关数据.

表 6.25　五所院校评价数据表

院校	评价指标			
	人均专著/(本/人)	生师比	科研经费 /(万元/年)	按时毕业率/%
A	0.1	5	5000	95.3
B	0.2	7	4000	97.8
C	0.6	10	1260	97.0
D	0.3	4	3000	96.1
E	2.8	2	284	98.8

(1) TOPSIS 法

```
>>y=[0.1 5 5000 95.3;0.2 7 4000 97.8;0.6 10 1260 97.0;0.3 4 3000 96.1;
    2.8 2 284 98.8];
>>W=[0.2 0.3 0.1 0.4];
>>Ti=TOPSIS(y,w)
yi=
    0.2460
    0.3106
    0.4413
    0.1799
    0.5934
```

$T_5 > T_3 > T_2 > T_1 > T_4$, 可以得出此学生应该选第 5 所学校, 即 E 院校.

(2) VIKOR 法 ($v = 0.5$)

```
>>y=[0.1 5 5000 95.3;0.2 7 4000 97.8;0.6 10 1260 97.0;0.3 4 3000 96.1;
      2.8 2 284 98.8];
>>W=[0.2 0.3 0.1 0.4];
>>[S,R,Q] = VIKOR(y,w)
```

S=	R=	Q=
0.7875	0.4000	1.0000
0.4406	0.1926	0.0524
0.4480	0.2057	0.0935
0.7612	0.3086	0.7456
0.4000	0.3000	0.2589

由以上运算结果可得出:

$$Q(B) < Q(C) < Q(E) < Q(D) < Q(A)$$
$$S(E) < S(B) < S(C) < S(D) < S(A)$$
$$R(B) < R(C) < R(E) < R(D) < R(A)$$

条件 (1), (2) 均不满足, 无最优方案, 妥协方案为 B, C 和 E 院校.

从以上计算结果可以看出, TOPSIS 法决策出了一个最优方案——院校 E; 而使用 VIKOR 法做决策时, 无最优方案, 取而代之的是三个妥协方案——B, C 和 E 院校.

TOPSIS 法更适用于风险规避型决策, 希望决策带来最大化利润的同时, 要尽可能地规避风险; 而 VIKOR 法更适用于决策者倾向于获取最大化利润的决策, 所以决策者可根据不同问题或相同问题的不同要求选择不同的决策方法[68].

5. 多属性决策应用实例

近年来, 随着许多大型社交网络的兴起, 社会网络也越来越成为关注的热点. 社会网络表达的是社会行动者及其之间关系的集合, 社会行动者可以是个人、群体、城市等等[69]. 在其形式化的表达中, 用一张关系图来表示一个社会网络, 网络中的每个节点对应一个社会行动者, 每条边对应一对社会行动者之间的关系 (合作、朋友、敌对等), 如图 6.36 所示.

将社会网络抽象成一张图 $G(V, E)$, 其中 V 表示图中的节点集合, E 表示节点之间边的集合. 图中的每个节点具有两种状态: 活跃状态 (接受了某种观念或购买了某种产品等) 和不活跃状态 (还没有接受或购买). 处于活跃状态的节点对处于不活跃状态的节点存在影响, 存在一定的可能性来激活不活跃的节点. 如果某个节点周围有越来越多的节点变为活跃状态, 则它被激活的可能性就越大. 随着时间的推移, 会有越来越多的节点由不活跃状态变为活跃状态. 整个激活过程是不可逆的, 一个节点可以由不活跃状态转变为活跃状态, 反之则不可以. 如何在这些社会网络中寻找出最具有影响力的社会行动者, 是一个十分值得研究的内容. 因为找出这些社会网络中较具影响力的社会行动者对广告发布、市场营销、消息传递等多个方面都有十分重要的意义[70]. 影响最大化问题是在一定的影响模型下, 为了使传播的影响最大化, 试图识别社会网络中最活跃也是最具影响力的 K 个节点的过程, 例 6.1.9 将用于展示求解影响力最大化问题的具体过程.

图 6.36　社会网络图

例 6.1.10　影响力最大化问题实例: 某公司欲向市场推广一款新产品, 希望该产品能受到社交网络中的消费者青睐, 为了扩大该产品的知名度, 拟寻找一些在社会中具有影响力的人物进行推销该产品. 该公司拟考虑几种目前广为使用的能够反映哪些人物影响力最大的指标, 分别是度中心性、特征向量中心性、接近中心性、介数中心性和网页排名中心性. 拟考虑这些指标来选出那些最具影响力的人物, 因此该问题实际上可以被建模为多属性决策问题, 并采用多属性决策的方法来决策出最具影响力的任务[71].

采用 VIKOR 法对该多属性决策问题进行求解, 然而 VIKOR 法中的属性权重参数辨识问题实际上是一个亟待解决的优化问题, 因此本章采用状态转移算法解决该优化问题. 该公司计划首先将一小部分人群作为样本目标人群, 样本目标人群为 41 名测试人员 (占总体人群数的 25%), 且已知其中最具影响力的人物有哪几个, 将已知的人物影响力排序结果与由 VIKOR 法得到的排序结果的一致性指数作为优化目标函数, 以多个属性的权重参数作为优化变量, 以权重变量满足 0 至 1 范围内的限制作为约束条件, 将多属性决策方法的属性权重参数辨识问题建模为一个优化问题, 并最终采用状态转移算法进行求解.

影响力最大化问题被建模为一个多属性决策问题, 采用如下 5 个指标来评价哪些人物节点是最具影响力的.

1) 度中心性 (degree centrality)

度中心性是一种最简单且常用的度量指标, 在社交网络中, 某节点能够向其周围的节点传递信息并施加影响. 若当前节点能够对诸多节点施加影响, 在这个意义上, 该当前节点具有更高的度. 对于社交网络中的节点个体 j, 其度中心可以表示为

$$D_C(j) = \sum \delta(i,j) \tag{6.79}$$

其中, 如果节点 i 和节点 j 有关联, 那么 $\delta(i,j) = 1$, 否则 $\delta(i,j) = 0$. 在实际社会中, 人们之间的影响并不一定是相互的, 因此, 需要对 "外度 (out-degree)" 和 "内度 (in-degree)" 进行区分. 若节点 j 对节点 i 施加影响, 而节点 i 并不对节点 j 施加影响, 则称节点 j 为节点 i 的内度, 节点 i 为节点 j 的外度. 图 6.37 为度中心性示意图, 对于图中节点 4, 节点 5 为外度, 节点 1 为内度.

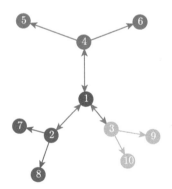

图 6.37　度中心性示意图

2) 特征向量中心性 (eigenvector centrality)

如果某节点能够对很多节点都施加影响, 那么该节点很可能具有较强的影响力, 因为当前节点很容易影响其他节点. 因此可以采用特征向量中心性来对当前节点进行评价, 该指标是由向量和特征值来计算的, 比其他指标要复杂得多. 假设原始值是所有顶点的特征值向量的中心, 特征向量中心将对原始值进行多次更新, 其公式可表示为

$$x_i = \frac{1}{\lambda} \sum_{i \in M(i)} x_j = \frac{1}{\lambda} \sum_{j=1}^{N} A_{ij} x_j \tag{6.80}$$

其中, N 为顶点的数量, $M(i)$ 表示顶点 i 的邻居组, A_{ij} 是邻接矩阵 A 在第 i 行第 j 列的元素, λ 表示矩阵 A 的特征值, 矩阵 A 的特征值可以用以下公式计算:

$$\det(A - \lambda I) = 0 \tag{6.81}$$

3) 接近中心性 (closeness centrality)

接近中心性衡量了一个节点去往其他节点的远近程度, 它赋予中心程度较高的节点一个较低度量值, 不同于其他的度量方法, 因此一般都考虑当前节点去往所有其他节点的距离之和的倒数. 节点 i 的接近中心表示如下

$$C_C(i) = \frac{1}{\displaystyle\sum_{v_j \in V \wedge i \neq j} d_{ij}} \tag{6.82}$$

其中, d_{ij} 表示从节点 i 到节点 j 的最短路径长度.

4) 介数中心性 (betweenness centrality)

介数中心性考虑了任意两个节点之间最短路径中必须要经过某个节点的路径比率. 节点 i 的介数中心性指标表示如下

$$B_{C_{ij}}(k) = \frac{g_{ij}(k)}{g_{ij}} \tag{6.83}$$

其中节点 i 到节点 j 之间最短路径的总数记作 g_{ij}.

从图 6.38 可以看到, 节点 1 和 2 的度中心值最大, 度值为 5; 节点 3 的度值为 3. 但是可以发现左边节点和右边节点之间进行通信的路径必定要经过节点 3, 因此从控制信息传播的角度而言, 节点 3 的介数中心越高意味着该节点的重要性也越大.

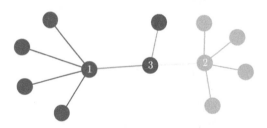

图 6.38　介数中心性示意图

5) 网页排名中心性 (pagerank centrality)

Google 创始人之一的 Larry Page 提出了一种基于马尔可夫随机游走思想的网页排名中心性. 该中心性是通过网页之间的超链接来计算网页的排名, 一个页面的得票数由所有链接到该页面的网页的重要性决定, 一个网页与重要页面链接的次数越多, 则该网页影响力也越大. 第 A 页的网页排名指数可以表示为

$$\mathrm{PR}\,(A) = 1 + d\left(\sum_{i=1}^{n} \frac{\mathrm{PR}\,(T_i)}{C\,(T_i)} - 1\right) \tag{6.84}$$

其中, T_i 表示 n 个网页中的第 i 个网页, d 表示一个满足 $[0,1]$ 范围内的阻尼系数.

上述指标是目前被广泛使用的用以确定影响力最大化问题中最具影响力的节点的主要指标[72]. 本章将采用这些指标对各个节点进行评价, 因此可以将影响力最大化问题建模为多属性决策问题, 将影响力最大化问题中的各个节点视作多属性决策问题中的方案, 将影响力最大化问题中的多项指标看作多属性决策问题中的属性, 并采用多属性决策方法 VIKOR 法进行求解, 而 VIKOR 法的属性权重参数问题又是一个必须解决的优化问题, 因此考虑采用状态转移算法进行求解, 得到的结果如表 6.26 所示[73].

表 6.26 不同决策方法求解 Abrar student 网络的结果比较

	指标	VIKOR-STA	TOPSIS-STA	TOPSIS-GA	VIKOR	TOPSIS
优化权重	$I\text{-}D_C$	0.2152	0.2701	0.3219	0.1667	0.1667
	$O\text{-}D_C$	0.2752	0.5425	0.4127	0.1667	0.1667
	E_C	0.0967	0.0000	0.0095	0.1667	0.1667
	C_C	0.1998	0.0000	0.0031	0.1667	0.1667
	B_C	0.0000	0.0000	0.0125	0.1667	0.1667
	PR	0.2133	0.1874	0.2403	0.1667	0.1667
目标函数		0.7652	0.6521	0.5196	0.4924	0.4663
运行时间		1.4800	1.1550	9.8000	1.2958	1.2957

为了体现所采用多属性决策方法 VIKOR 法的有效性及 STA 的最优性, 将 Kermani 等所采用的 TOPSIS 法及遗传算法 (GA) 等方法进行对比, 且采用平均权重的 VIKOR 法及 TOPSIS 法做对比. 从得到的结果可以看出, VIKOR 法比 TOPSIS 法在求解该多属性决策问题上具有一定的高效性, 且 STA 比 GA 在求解多属性决策方法的权重参数辨识问题上具有一定的最优性与快速性.

6.2 离散状态转移算法的工程应用

6.2.1 水资源网络管道优化设计

1. 水资源网络管道优化设计问题描述

水资源网络指由管道、泵、阀门和水库等构成复杂连接关系的网络. 水资源网络的优化设计指: 对于给定的管道布局和节点上的指定的需求模式, 在满足水流的连续性、压头损失、能量守恒、最小压头等约束条件下, 找出管道尺寸的最优组合, 使布局成本最小[80].

在水资源网络优化设计问题中, 管道是唯一的决策变量, 目标函数被确定为所有管道的成本函数

$$\min_{D_j \in \Omega} \quad f_{\text{obj}} = \sum_{j=1}^{\text{NP}} L_j c(D_j) \tag{6.85}$$

其中, D_j 表示第 j 段管道的尺寸大小; $c(D_j)$ 表示尺寸大小为 D_j 管道的单价; L_j 表示第 j 段管道的长度; Ω 为尺寸大小的集合, 其元素取值是离散的.

在每个节点上, 应满足流量平衡

$$-\sum Q_{\text{in}} + \sum Q_{\text{out}} + \text{DM} = 0 \tag{6.86}$$

其中 Q_{in} 表示某个节点所有的流入量, Q_{out} 表示某个节点所有的流出量, DM 表示某个节点的需求量 (消耗量).

对于位于节点 i 和 k 之间的管道 j, 水头损失的一般表达式为

$$H_i - H_k = r_j Q_j |Q_j|^{\alpha-1} = \omega \frac{L_j}{C^\alpha D_j^\beta} Q_j |Q_j|^{\alpha-1} \tag{6.87}$$

其中 H_i, H_j 分别表示节点 i 和节点 j 管道末端的节点压头, Q_j 表示管道 j 中的流量, r_j 表示管道 j 的阻力系数, C 为粗糙度系数, ω, α, β 为常数.

在遍历一个闭合回路或独立路径时, 回路或独立路径的管道水头损失之和必须为零, 即能量守恒:

$$\sum_{j \in L_s} \omega \frac{L_j}{C^\alpha D_j^\beta} Q_j |Q_j|^{\alpha-1} - \sum_{j \in L_s} \text{EL}_j = 0 \tag{6.88}$$

其中 EL_j 为水库 j 的水力坡降线.

第 i 个节点需满足最小压头要求:

$$H_i \geqslant H_{i,\,\min}, \quad \forall i = 1, \cdots, \text{NJ} \tag{6.89}$$

综上所述, 水资源网络管道优化设计可用如下数学模型所示

$$\min_{D_j \in \Omega} f_{\text{obj}} = \sum_{j=1}^{\text{NP}} L_j c(D_j)$$

$$\text{s.t.} \begin{cases} -\sum Q_{\text{in}} + \sum Q_{\text{out}} + \text{DM} = 0, \\[2mm] H_i - H_k = \omega \dfrac{L_j}{C^\alpha D_j^\beta} Q_j |Q_j|^{\alpha-1}, \\[3mm] \sum_{j \in L_s} \omega \dfrac{L_j}{C^\alpha D_j^\beta} Q_j |Q_j|^{\alpha-1} - \sum_{j \in L_s} \text{EL}_j = 0, \\[3mm] H_i \geqslant H_{i,\,\min}, \quad \forall i = 1, \cdots, \text{NJ} \end{cases} \tag{6.90}$$

其中, 各变量的含义见表 6.27.

表 6.27 水资源网络管道优化模型中的变量及含义

变量	含义	变量	含义
NP	管道数量	H_i, H_k	节点 i 和节点 k 管道末端的节点压头
NJ	节点数量	Q_j	管道 j 中的流量
L_j	管道 j 的长度	Q_{in}, Q_{out}	进、出节点的总流量
D_j	管道 j 的直径	DM	节点的需求量
Ω	管道尺寸大小集合	EL_j	水库 j 的水力坡降线
$c(D_j)$	尺寸大小为 D_j 的管道成本	$H_{i,min}$	节点 i 的最小压头
C	粗糙度系数	α, β	系数
ω	数值转换常数		

2. 基于离散状态转移算法的水资源网络管道优化方法

以双环网络的管道优化设计为例, 其布局如图 6.39 所示, 共有 7 个节点和 8 段 1000 米长的水管[81], 各节点的流量需求和地平面高度如表 6.28 所示, 14 种管道尺寸及对应单价数据见表 6.29.

1) 下标表示法

在上述双环水网络管道优化设计中, 有 8 个管道的尺寸需要选择, 即有 8 个决策变量 $x_i(i=1, 2, \cdots, 8)$ 需要优化, 而每个管道有 14 种尺寸选择, 即 x_i 的取值有 14 种可能, 如表 6.29 所示, 将其分别编号为 {1, 2, 3, 4, 5, 6, 7, 8, 9, 10, 11, 12, 13, 14}, 对应解的表示形式可如图 6.40 所示, 可以看出下标表示法对应的解与相应的管道尺寸是一一对应的.

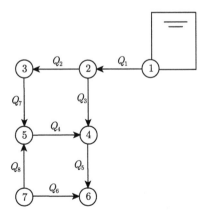

图 6.39 双环网络布局图

表 6.28　双环网络的节点数据

节点	流量需求/(m³/h)	地平面高度/m
1	−1120.0	210.0
2	100.0	150.0
3	100.0	160.0
4	120.0	155.0
5	270.0	150.0
6	330.0	165.0
7	200.0	160.0

表 6.29　双环网络的成本数据

序号	直径/in	单价/(美元/m)	序号	直径/in	单价/(美元/m)
1	1	2	8	12	50
2	2	5	9	14	60
3	3	8	10	16	90
4	4	11	11	18	130
5	6	16	12	20	170
6	8	23	13	22	300
7	10	32	14	24	550

注: 1 in=2.54 cm.

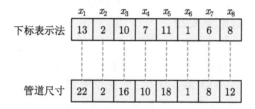

图 6.40　水资源网络管道设计的下标表示法示意图

2) 约束处理策略

对于给定的候选解, 比如 $x = [13, 2, 10, 7, 11, 1, 6, 8]$, 其对应的管道尺寸也确定, 对每个节点, 根据流量平衡有

$$
\begin{cases}
-Q_1 + Q_2 + Q_3 + \mathrm{DM}_2 = 0, \\
-Q_2 + Q_7 + \mathrm{DM}_3 = 0, \\
-Q_3 + Q_4 + Q_5 + \mathrm{DM}_4 = 0, \\
-Q_7 - Q_8 - Q_4 + \mathrm{DM}_5 = 0, \\
-Q_5 + Q_6 + \mathrm{DM}_6 = 0, \\
-Q_6 + Q_8 + \mathrm{DM}_7 = 0
\end{cases}
$$

同样地, 根据能量守恒有

$$
\begin{cases}
r_3 Q_3 |Q_3|^{\alpha-1} + r_4 Q_4 |Q_4|^{\alpha-1} - r_7 Q_7 |Q_7|^{\alpha-1} - r_2 Q_2 |Q_2|^{\alpha-1} = 0, \\
r_5 Q_5 |Q_5|^{\alpha-1} + r_6 Q_6 |Q_6|^{\alpha-1} + r_8 Q_8 |Q_8|^{\alpha-1} - r_4 Q_4 |Q_4|^{\alpha-1} = 0
\end{cases}
$$

其中阻力系数 r_j 由管道尺寸 D_j 唯一确定.

上述两式是含有 8 个未知数 $Q_j(j=1, 2, \cdots, 8)$ 的非线性方程问题. 由此可知, 对于给定的候选解, 根据流量平衡和能量守恒, 能唯一计算出每个管道的流量 Q_j.

紧接着, 根据水头损失和最小压头要求, 有

$$
\begin{cases}
H_2 = \text{Head} - r_1 Q_1 |Q_1|^{\alpha-1} - G_2 \geqslant H_{2,\min}, \\
H_3 = H_2 - r_2 Q_2 |Q_2|^{\alpha-1} - G_3 \geqslant H_{3,\min}, \\
H_4 = H_2 - r_3 Q_3 |Q_3|^{\alpha-1} - G_4 \geqslant H_{4,\min}, \\
H_5 = H_4 - r_4 Q_4 |Q_4|^{\alpha-1} - G_5 \geqslant H_{5,\min}, \\
H_6 = H_4 - r_5 Q_5 |Q_5|^{\alpha-1} - G_6 \geqslant H_{6,\min}, \\
H_7 = H_6 - r_6 Q_6 |Q_6|^{\alpha-1} - G_7 \geqslant H_{7,\min}
\end{cases}
$$

也就是说, 对于给定的候选解, 其最小压头要求是否满足也容易检验.

从以上分析可以看出, 这是一个典型的离散约束优化问题. 本节采用罚函数法, 通过引入惩罚项对不满足压头要求的候选解施加一定的惩罚, 从而将包含约束的离散优化问题转化为无约束离散优化问题, 设计的惩罚项如下

$$
f_{\text{penal}} = \text{pc} \sum_{j=1}^{\text{NP}} \max\{0, H_{i,\min} - H_i\} \tag{6.91}
$$

其中 pc 是惩罚系数. 因此, 候选解的评估函数为

$$
f_{\text{eval}} = f_{\text{obj}} + f_{\text{penal}} \tag{6.92}
$$

3) 实验结果及分析

为了研究所提的离散约束状态转移算法参数对双环网络的影响, 将搜索力度 SE 和惩罚系数 pc 取不同的值, SE 取代优化变量个数的 0.5, 1, 2, 3, 4 倍, pc 取 1e4, 2e4, 4e4, 8e4, 1e5 以及按线性递增的方式从 1e4 变化到 1e5, 得到的实验结果如表 6.30 所示. 可以发现, 当 SE 固定时, 随着 pc 的增大, 全局搜索能力呈下降趋势, 但可行率得到提高; 当 pc 固定时, 随着 SE 的增大, 全局搜索能力和可行率均呈现先提高后下降的趋势. 图 6.41 展示了双环网络离散状态转移算法在 SE = 8 和 pc = 2e4 时的迭代曲线. 实验结果表明, SE = 8 和 pc = 2e4 是离散状态转移算法针对双环网络较好的参数组合.

表 6.31 显示了不同最优化算法求解双环网络管道优化问题的结果, 可以发现其他几种基于连续化的方法求得的结果均不是可行解, 需要在某一段管道使用两种不同规格的尺寸. 而采用离散状态转移算法能够求得可行解, 而且找到了理想最优解.

表 6.30　不同离散约束状态转移算法参数对双环网络的影响

SE	pc		
	1e4	2e4	4e4
4	4.2978e5 ± 1.4882e4(55%)[a]	4.3631e5 ± 1.3394e4(85%)	4.5184e5 ± 2.3575e4(95%)
8	4.2195e5 ± 1.4853e4(65%)	**4.3181e5 ± 1.3870e4(85%)**	4.3526e5 ± 1.2721e4(90%)
16	4.2682e5 ± 1.2946e4(75%)	4.3340e5 ± 1.5347e4(80%)	4.3410e5 ± 1.2004e4(90%)
24	4.2380e5 ± 1.2756e4(75%)	4.3193e5 ± 1.2898e4(95%)	4.3555e5 ± 1.5049e4(90%)
32	4.2686e5 ± 1.5549e4(55%)	4.3046e5 ± 1.5523e4(80%)	4.3376e5 ± 1.3900e4(95%)

SE	pc		
	8e4	1e5	1e4 → 1e5
4	4.5063e5 ± 1.7400e4(95%)	4.4190e5 ± 1.6121e4(95%)	4.4368e5 ± 1.8563e4(90%)
8	4.3577e5 ± 1.2903e4(95%)	4.4085e5 ± 1.5853e4(90%)	4.3620e5 ± 1.5702e4(80%)
16	4.3155e5 ± 1.4406e4(100%)	4.3458e5 ± 1.4992e4(90%)	4.3360e5 ± 1.4207e4(100%)
24	4.4095e5 ± 1.4417e4(100%)	4.3260e5 ± 1.5398e4(100%)	4.3073e5 ± 1.3252e4(95%)
32	4.5140e5 ± 5.4648e4(100%)	4.3600e5 ± 1.7731e4(85%)	4.3305e5 ± 1.4657e4(95%)

注: %表示可行率, 即可行解的百分比.

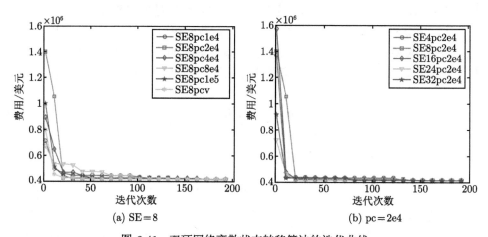

(a) SE=8　　　　　　　　　　(b) pc=2e4

图 6.41　双环网络离散状态转移算法的迭代曲线

表 6.31　不同最优化算法求解双环网络管道优化问题的结果

管道序号	(Alperovits and Shamir, 1977)[a]	(Goulter, Lussier, and Morgan, 1986)[b]	(Kessler and Shamir, 1989)[c]	STA
1	20	20	18	18
	18	18		
2	8	10	12	10
	6		10	
3	18	16	16	16
4	8	6	3	4
	6	4	2	
5	16	16	16	16
		14	14	
6	12	12	12	10

续表

管道序号	(Alperovits and Shamir, 1977)[a]	(Goulter, Lussier, and Morgan, 1986)[b]	(Kessler and Shamir, 1989)[c]	STA
6	10	10	10	
7	6	10	10	10
		8	8	
8	6	2	3	1
	4	1	2	
费用/美元	497525	435015	417500	419000

a. Alperovits E, Shamir U. 1977. Design of optimal water distribution systems[J]. Water Resources Research, 13(6): 885-900.

b. Goulter I C, Lussier B M, Morgan D R. 1986. Implications of head loss path choice in the optimization of water distribution networks[J]. Water Resources Research, 22(5): 819-822.

c. Kessler A, Shamir U. 1989. Analysis of the linear programming gradient method for optimal design of water supply networks[J]. Water Resources Research, 25(7): 1469-1480.

6.2.2 特征选择

1. 特征选择问题描述

如今是一个数据爆炸的时代, 生产生活中无时无刻不在产生海量的新数据, 这些数据的维度也在不断增加. 数据不同的维度是对这一事物从不同角度的描述, 被称为数据的不同特征. 数据维度的增加也就是特征数目的不断增加, 增加的特征是为了提升数据挖掘的效果, 而从更多的角度对事物进行描述. 比如, 在泡沫浮选的工况识别过程中, 为了提高工况识别的准确性, 从泡沫图像中提取了多种特征, 比如色调、灰度均值、蓝色均值、绿色均值、能量以及高频能量等[83]. 虽然提取这些特征的出发点是希望提高工况识别的准确性, 但是这些增加的特征, 除了会包含一些有助于挖掘数据中有用信息的特征, 同时也可能包含一些与此无关的、冗余的, 甚至是噪声的特征值. 例如, 灰度均值与色调、蓝色均值等, 虽然是从不同的角度对泡沫图像的颜色进行描述, 但是其中也会含有一些 "重复" 的信息. 这种特征不仅会引发 "维度灾难"[84] 的问题, 导致机器学习算法计算量和计算时间极速增加, 同时这些特征中包含的干扰信息也很有可能影响学习算法, 导致最终数据挖掘效果不理想. 特征选择是处理这一问题有效的手段, 也是目前数据挖掘中不可或缺的一部分.

对于数据挖掘而言, 特征选择有 3 个主要的目的[85]: 构建更容易理解的数据挖掘模型; 净化数据集, 为后续的模型准备更干净、更易于理解的数据; 提高数据挖掘的性能. 为了实现这 3 个目的, 特征选择需要做到两点: 所选特征子集对数据挖掘的效果尽可能好; 所选特征子集特征数目尽可能少. 简单地说, 特征选择就是需要从原始特征子集中选出一组对数据挖掘最合适的特征, 并使选出的这组特征尽可能少. 这对后续的数据挖掘过程等工作是十分有利的, 它剔除了原始数据集中对于挖掘任务无关的、冗余的或为噪声的特征, 简化了数据集, 提高了数据挖掘的效率, 同时选出的最为有效的特征子集, 提高了数据挖掘的效果. 特征选择能有效地实现数据的降维, 它带来的好处主要有两点: 剔除冗余的和不相关的特征, 可以简化学习模型, 减少训练时间, 降低训练难度; 选取真正有效的特征, 提高分类的准确性, 使研究人员更容易理解数据蕴含的意义[86].

特征选择已经在医学、城市交通和网络安全等众多领域有了应用, 然而, 如何有效地找到最优的特征子集对于特征选择来说仍是一个巨大的挑战. 比如原始的数据集包含 n 个特征, 那么组合而成的特征子集便有 2^n 种可能. 如今, 随着时代与技术的发展, 数据的维度通常会很高, 当 n 十分大时, 通过计算全部的可能的特征子集来找到最优的特征子集无疑会消耗巨大的计算, 很难在有限的时间里找到最优的特征子集, 从全部的可能中找到全局最优的特征子集这个问题实际上是一个 NP 难问题.

2. 特征选择方法与优化模型

尽管目前的特征选择方法有很多, 整体上看, 这些方法主要包括 4 个步骤: ① 候选特征子集产生; ② 候选特征子集评价准则; ③ 停止条件; ④ 验证过程. 具体可见图 6.42.

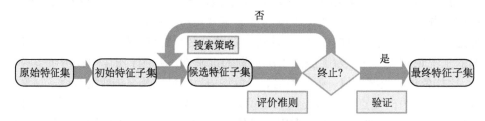

图 6.42　特征选择主要过程

根据评价特征的方式 (选择特征的策略), 特征选择方法可以分为 3 类.

1) 过滤式方法 (filter method)

总的来说, 过滤式方法主要通过数据集本身所包含的信息, 或者包括特征和目标类别之间的信息来选择特征. 这种方法并不依赖后续的挖掘算法, 而是通过统计学以及信息论等学科的思想来寻找对于预测最为有利的特征, 它需要根据需求, 事先准备好评价特征的准则, 然后根据准则选出最好的特征子集. 它研究的重心落在评价准则的构建上, 代表性方法有 ReliefF[87], mRMR (minimum redundancy maximum relevance, 最小冗余最大相关性)[88] 等.

2) 包裹式方法 (wrapper method)

与过滤式方法不同的是, 包裹式方法并不是通过数据集本身所包含的信息来判别所选特征的好坏, 而是通过后续挖掘算法使用所选特征子集时的性能表现来评价所选特征子集的好坏. 以分类模型为例, 即直接使用训练出的分类器的分类准确率来评价所用特征的优劣, 相较于评价每个特征是否优劣, 该方法更关注所选特征子集整体的优劣. 如何寻找最佳的特征子集使分类准确率最高则是包裹式方法研究的重点, 近些年出现了一些结合智能优化算法的包裹式特征选择方法.

3) 嵌入式方法 (embedded method)

嵌入式方法比较特殊, 其特征选择的过程与学习算法的训练过程一并进行, 融为一体, 两者在同一个优化过程中完成, 在模型训练的同时自动地进行了特征的选择, 这种方法需要从挖掘算法的结构上进行构造, 这也固定了挖掘过程使用的算法, LASSO(least absolute shrinkage and selection operator) 是其中的典型代表.

这些特征选择方法有着自己不同的特点, 图 6.43 展示了过滤式方法与包裹式方法的一般框架, 也表明了这两种方法的区别. 为了更方便地描述特征选择问题, 可以使用二值向量描述候选的特征子集, 这种方式尤其适用于包裹式方法.

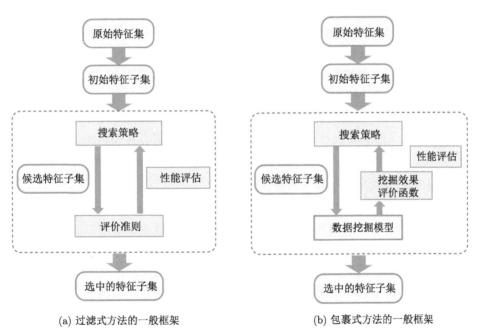

(a) 过滤式方法的一般框架　　　　　　　　(b) 包裹式方法的一般框架

图 6.43　过滤式方法与包裹式方法的一般框架

可以用 $x = \{x_1, x_2, \cdots, x_n\}$ 表示一个候选特征子集, $x_i \in \{0, 1\}, i = 1, 2, \cdots, n$, 其中 x_i 表示第 i 个特征被选中的状态, $x_i = 1$ 表示对应特征被选中, $x_i = 0$ 表示对应特征被剔除.

图 6.44 展示了一个 7 维的二值向量 $[1, 1, 0, 0, 1, 1, 0]$ 对应的特征选择结果, 表示第 1 个、第 2 个, 第 5 个、第 6 个特征被选中, 其他的特征被剔除.

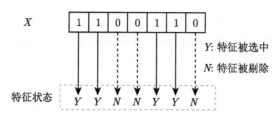

图 6.44　一个 7 维二值向量代表的特征状态

对于分类问题中的特征选择, 一个 M 个特征的数据集, 特征选择的两个目标可以表述为

$$
\begin{aligned}
\max \quad & \mathrm{Acc}(x) \\
\min \quad & \|x\|_0 \\
\text{s.t.} \quad & \begin{cases} x = \{x_1, x_2, \cdots, x_n\}, x_i \in \{0,1\}, i = 1, 2, \cdots, M, \\ 1 \leqslant \|x\|_0 \leqslant M \end{cases}
\end{aligned} \tag{6.93}
$$

其中, x 表示一个候选的特征子集, $\mathrm{Acc}(x)$ 表示其特征子集对应的分类准确率, 而 $\|x\|_0$ 表示对应特征子集选中特征的数目.

由式 (6.93) 可以看出, 特征选择问题可以看作一个二值的最优化问题, 这个问题有两个目标. 但特征选择的这个问题和一般的多目标问题有所区别, 它更关注的是分类准确率, 故第一个目标为特征选择问题的主要目标. 这个最优化问题具有搜索空间大、纬度高的特点. 可以引入二值状态转移算法, 用于求解这个最优化问题, 以提高搜索速度和找到特征的有效性. 二值状态转移算法是离散状态转移算法的一种特殊形式, 是专门针对布尔型整数规划问题而特殊设计的算法.

3. 基于二值状态转移算法的特征选择方法

上文提到的三类特征选择方法中, 过滤式方法不依赖后续挖掘算法, 其计算复杂度即使用其所用准则评价特征的计算复杂度, 而这些计算所需的时间通常不会很长. 但是也正是由于过滤式方法不依赖后续的挖掘算法, 其选出的特征通常无法根据使用方法的实际情况选出最适合所使用学习器的特征子集, 使得其挖掘效果很难达到最理想的效果. 而包裹式方法直接使用后续学习器的实际表现作为评价特征子集的准则, 这有效地保证了所选特征子集的有效性. 但是每次评价特征子集都需要对学习器进行训练, 需要耗费大量的计算资源与时间. 而且, 从 2^n 种可能中找到最优的特征子集也绝非易事, 这对其搜索方法有着严苛的要求. 嵌入式方法固定了所使用的学习器, 虽然可以直接应用到学习器训练过程中, 节省大量计算, 但是单一的学习器很难在各种不同的数据挖掘任务中都有出色的表现. 即嵌入式方法的泛化性能比较差.

这些方法都有着各自的特点, 其中过滤式方法有着计算复杂度低、计算时间短的优点, 但很难保证所选特征的有效性; 而包裹式方法所选特征的有效性得到了保障, 但计算量较大; 嵌入式方法需要依据特定的学习算法设计, 泛用性较差. 考虑到这三种方法的优缺点, 可以采用一种结合过滤式方法及包裹式方法优点且 具有强泛用性的混合特征选择方法. 这里介绍一种结合了 mRMR 和二值状态转 移算法的混合特征选择方法[89].

基于 mRMR 及二值状态转移算法的混合特征选择方法由两部分组成: 基于 mRMR 的过滤式部分; 基于二值状态转移算法的包裹式部分. 所提方法结合了 过滤式方法计算量小、耗时少以及包裹式方法高准确性的优点. 所提混合特征 选择方法的工作方式如图 6.45 所示. 其中过滤式部分主要起到了以下几个方面的

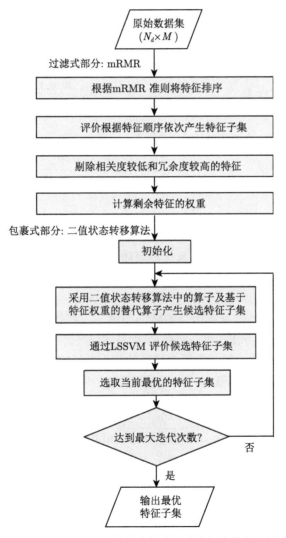

图 6.45 基于 mRMR 与二值状态转移算法的混合特征选择流程图

作用: 根据 mRMR 准则对所有的特征进行了排序; 为后续的包裹式部分提供特征的权重信息; 剔除了一部分无关的或冗余的特征值, 减少了后续包裹式部分候选解的维度与搜索空间, 有效地降低了所需时间. 而包裹式部分会根据过滤式部分所提供的特征权重, 结合二值状态转移算法对剩余的特征进行更进一步的选择, 最终选出最优的特征子集.

1) 基于 mRMR 的过滤式部分

过滤式部分结合了 mRMR 方法, 既考虑了特征与类别之间的相关性, 同时还考虑了特征与特征之间的冗余度. 结合这种方法作为混合特征选择方法的过滤式部分, 可以有效地剔除一部分相关性的或是冗余度高的特征, 为后续的包裹式部分减轻负担. 同时, mRMR 方法可以为各个特征的重要程度给出量化的指标, 即可以计算特征的权重.

根据下式对特征进行排序, 并分别计算特征的权重, 对于第 i 个特征, 特征权重记为 w_i, 其中 S_{m-1} 表示已包含 $m-1$ 个特征时的特征子集, 此时选入的特征为第 m 个特征, c 表示目标类别, $I(\cdot)$ 是用来计算互信息的函数:

$$\max_{f_j \in F-S_{m-1}} \Phi'(D, R) = \left[I(f_j; c) - \frac{\sum\limits_{f_j \in F-S_{m-1}} I(f_j; f_i)}{m-1} \right] \tag{6.94}$$

$$w_i = \Phi'_i(D, R) \tag{6.95}$$

基于 mRMR 的过滤式部分具体步骤如下.

步骤 1: 根据特征的排序, 依次将前 i 个特征作为特征子集放入分类器进行训练, 统计不同特征子集对应的分类准确率.

步骤 2: 找到分类准确率最高的特征子集 F_r, 即找到分类准确率出现下降前最多特征数目对应的特征子集, 剔除 F_r 以外的特征.

步骤 3: 对选中的特征子集所含特征的权重进行归一化, 计算方法如式 (6.96) 所示, 归一化后, 第 i 个特征对应的权重记为 w'_i, 所有归一化后的特征权重集合记为 W'_r;

$$w'_i = \frac{w_i - \min(W_r)}{\max(W_r) - \min(W_r)} \tag{6.96}$$

其中 $W_r = \{w_1, w_2, \cdots, w_{n_r}\}$, n_r 表示 F_r 包含特征的数量, $\max(W_r)$ 和 $\min(W_r)$ 分别表示权重集合 W_r 中的最大值和最小值.

2) 基于二值状态转移算法的包裹式部分

基于 mRMR 的过滤式部分已经进行了一次初步的特征选择, 剔除了一部分特征, 选出了较优的特征集 F_r, 并对该特征子集的特征权重进行了归一化, 后续包裹式方法中所使用的特征权重皆为归一化后的特征权重, 不再特意说明. 基于二值状态转移算法的包裹式方法会对选中的特征子集 F_r 进行更进一步的精确搜索, 主要包括初始化、候选特征子集生成和子集的评价及选择三部分, 基于二值状态转移算法的包裹式部分具体步骤如下.

步骤 1: 根据初步特征选择选中的所有特征的权重进行初始化, 产生一个较优的初始解, 即当前的最优解, 记为 x_{best}; 设置最大迭代次数与迭代次数初始值, 以及二值状态转移算法的相关参数.

步骤 2: 利用二值状态转移算法中的状态转移算子, 根据当前最优特征子集 x_{best} 产生多个候选特征子集, 将这些特征子集分别放入分类器进行训练, 根据基于相对占优的选择策略选出其中最优的特征子集, 记为 x_{new}.

步骤 3: 根据基于相对占优的选择策略比较 x_{new} 和 x_{best}, 如果 x_{new} 较 x_{best} 优, 则令 $x_{\text{best}} = x_{\text{new}}$.

步骤 4: 重复步骤 2 和步骤 3 直到迭代次数大于等于最大迭代次数, 输出此时的 x_{best}, 该结果即为所提方法最终特征选择的结果.

接下来对上述步骤中采用的具体方法策略及其实现方式进行详细介绍.

(1) 初始化.

一个好的初始解有助于后续运算更快、更容易地找到最优特征子集. 步骤中的初始化方法具体如下

$$x_i = \begin{cases} 1, & \text{rank}() < p, \\ 0, & \text{否则}, \end{cases} \quad \text{当} x_i \in F_h \text{时} \tag{6.97}$$

$$x_i = \begin{cases} 1, & \text{rank}() < q, \\ 0, & \text{否则}, \end{cases} \quad \text{当} x_i \in F_l \text{时} \tag{6.98}$$

该方法由 3 个参数进行控制, 除了上式中出现的 p, q 以外还有一个参数为 P_d. 其中, $P_d \in [0,1]$ 是由用户定义的一个百分比, 用以表示高权重特征所占的比率. p 表示一个高权重特征被选中的概率, $p \in [0,1]$, 不过为了取得更好的初始化效果, p 通常会取一个接近 1 的值. 与之相对应地, q 表示一个低权重的特征被选中的概率, $q \in [0,1]$. rank() 表示一个根据均匀概率生成的属于 $[0,1]$ 的随机数. F_h 表示 F_r 中高权重的特征集合, 相对地, F_l 表示 F_r 中低权重的特征集合, F_h 包含 F_r 中的权重从大到小排序前 $n_s \times P_d$ 个特征 (结果四舍五入取整), 而 $F_l = F_r - F_h$. 其关系如图 6.46 所示.

(2) 候选特征子集产生.

针对特征选择问题的特点, 我们结合过滤式部分提供的特征权重信息, 提出了一种基于特征权重的概率替代算子, 可以在不降低候选解质量的前提下增加候

选解的多样性, 更多地产生搜索空间中未知区域的候选特征子集. 算子描述如下

$$x_i' = \begin{cases} 1 - x_i, & \text{rank}() \leqslant r_i, \\ x_i, & \text{否则} \end{cases} \tag{6.99}$$

$$r_i = r_t \times r_{w,i} \tag{6.100}$$

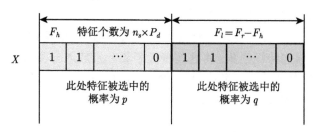

图 6.46   基于特征权重的初始化方法

其中 x_i' 为新生成的候选解第 i 个位置的值, $x_{\text{best},i}$ 表示当前最优解 x_{best} 的第 i 个位置的值. r_i 表示第 i 个特征的突变概率, 这是该算子中影响每个特征被选中状态的主要因素, 它主要由两部分组成, r_t 和 $r_{w,i}$, 这两部分的值通过下列式子获得

$$r_t = \alpha \frac{T - t + 1}{T} \tag{6.101}$$

$$r_{w,i} = \mathrm{e}^{-\frac{(w_i' - 0.5)^2}{2\sigma_r^2}} \times (L_u - L_l) + L_l \tag{6.102}$$

其中 r_i 部分只受当前迭代次数 t 影响, T 是最大迭代次数. 随着迭代次数的上升, r_i 的值会不断下降, 直至迭代次数到达 T 时, 值变为 0. 这是因为, 我们希望随着迭代的进行不断降低各个特征选中状态变化的概率. 这会使得在算法运行的后期, 该算子产生的候选解相较于 x_{best} 只有较少位置产生变动, 这让算子产生的候选解集中在 x_{best} "附近", 便于寻找局部最优解. r_w 部分是结合正态分布和特征权重 W_r' 生成的概率, 其中 L_u 和 L_l 分别控制着 r_w 的上界和下界. r_w 和 W_r' 的关系如图 6.47 所示.

(3) 最优子集选择策略.

算法中使用的选择策略是一种基于相对占优的选择策略, 考虑到在很多实际生产生活情况中, 准确率的重要性远高于计算代价, 因此该策略具体如下: 对于两个候选特征子集 x_a 和 x_b, 在其所得分类准确率不同时, 选择分类准确率高的特征子集作为更优的特征子集; 在所得分类准确率相同的情况下, 选择特征数目较少的特征子集作为更优的特征子集. 即在以下两种情况下, x_a 较 x_b 更优:

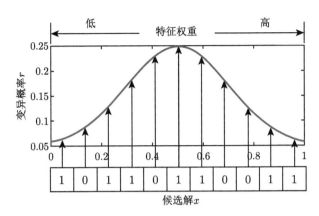

图 6.47 基于特征权重的概率替代算子图例

$\alpha = 0.5, T = 50, t = 1, L_u = 0.5, L_l = 0.1, \sigma_r = 0.2$

(1) $\mathrm{Acc}(x_a) > \mathrm{Acc}(x_b)$;

(2) $\mathrm{Acc}(x_a) = \mathrm{Acc}(x_b)$ 且 $\mathrm{Num}(x_a) < \mathrm{Num}(x_b)$.

其中, $\mathrm{Acc}(\cdot)$ 表示对应特征子集得到的分类准确率, 而 $\mathrm{Num}(\cdot)$ 表示对应特征子集所包含的特征数目.

4. 应用举例

特征选择可以应用在很多不同领域. 这里以泡沫浮选过程中的工况识别问题为背景讲述基于状态转移算法的特征选择的使用方法.

在泡沫浮选过程中采用基于机器视觉的工况识别方法能避免人工识别中工人主观性的影响, 同时提高识别效率, 为浮选过程中各种药剂的添加提供更好的指导. 本节利用基于状态转移算法的最小二乘支持向量机 (STA-LSSVM) 实现基于机器视觉的泡沫浮选工况识别, 采用这种方法代替人工实现工况识别需要从浮选泡沫中提取多种特征, 并利用这些特征训练机器学习算法的模型, 然后使用训练好的模型对不同类别的工况进行分类. 为此共收集了 38 个泡沫浮选相关的特征. 但这些特征中可能会包含一些冗余的特征, 比如红色均值、绿色均值和灰度均值等包含的信息比较相似, 同时还有些特征可能并不能提升泡沫浮选工况识别的效果. 图 6.48 展示了不同特征数目下使用 STA-LSSVM 进行工况识别所得的分类准确率, 可以很容易地看出随着特征的增加, 分类准确率并没有持续增加, 反而在特征数目超过一定个数后出现了下降的趋势. 这也表明了这些特征中存在着一些干扰信息影响了分类器的效果. 这些冗余的、无关的, 甚至带有噪声的特征不仅会增加工况识别模型的训练时间和训练难度, 有时甚至会降低最终的识别效果, 使后续参数的调整出现问题, 造成工况不稳定, 导致产品质量不达标、生产原料浪费等问题.

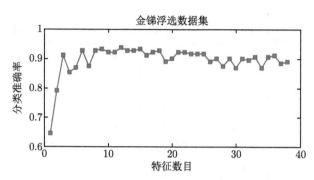

图 6.48　金锑泡沫浮选工况识别中分类准确率与特征数目关系

很明显, 使用有效的特征集能更容易地对不同的工况进行分类, 而特征选择可以帮助基于机器视觉的工况识别方法提供一个好的特征集, 提高识别效果. 因此可以在金锑泡沫浮选过程中引入基于 mRMR 及二值状态转移算法的特征选择方法进行特征选择.

1) 参数设置

表 6.32 展示了对金锑泡沫浮选工况识别过程进行特征选择时的具体参数设置.

表 6.32　基于 mRMR-STA 特征选择方法的参数设置

方法	参数
mRMR-STA	$\mathrm{SE} = 20, P_d = 0.6, p = 0.8, q = 0.3$ $T = 100, L_u = 0.5, L_b = 0.1, \sigma_r = 0.2, \alpha = 0.5$

2) 实验结果与讨论

图 6.49 展示了基于二值状态转移算法的包裹式部分, 特征选择过程中分类准确率与特征数目的迭代曲线.

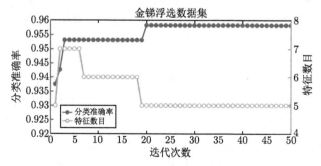

图 6.49　基于二值状态转移算法的包裹式部分迭代过程中的分类准确率与特征数目关系

表 6.33 展示了 mRMR-BSTA 方法在金锑泡沫浮选工况识别仿真实验中的

对比结果. 其中 d 表示使用的特征数目, Acc* 表示最优的分类准确率, 而 $\overline{\text{Acc}}$ 和 $\overline{\text{times}}$ 表示 30 次实验的平均分类准确率和训练时间.

表 6.33 金锑泡沫浮选工况识别特征选择对比结果

数据集	d	Acc*/%	$\overline{\text{Acc}}$/%	$\overline{\text{time}}$/s
原始数据集	38	91.67	89.24	5.1614
采用 mRMR-BSTA	5	95.83	93.73	3.8199

图 6.50 展示了金锑泡沫浮选过程中 8 种不同工况下所选 5 个特征的表现, 其中的特征值进行了归一化处理.

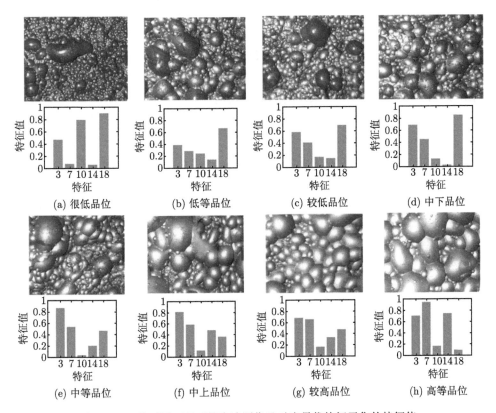

图 6.50 8 种不同工况下的泡沫图像及对应最优特征子集的特征值

从表 6.33 可以看出, 经过特征选择的数据集, 无论是最优分类准确率还是平均分类准确率都优于未经特征选择的数据集, 同时进行模型训练所花费的时间也更少. 这验证了所提混合特征选择方法的有效性, 提高了金锑泡沫浮选工况识别的识别准确率, 对浮选药物的添加、稳定工况、确保产品质量都有一定的指导作用. 图 6.50 展示了选出的最优特征子集的特征值在 8 种不同工况下的表现, 5 个特征分别为: 色调、蓝色均值、相对红色分量、粗度、高频能量, 对应的编号分别为 3, 7, 10, 14, 18. 可以看出这 5 个特征的值在不同工况下的状态有明显的区别, 一定程度上验证了所选特征的有效性. 同时, 这对加深特征和泡沫浮选过程之间联系的理解有很大的帮助.

6.2.3　社区发现

1. 社区发现背景及问题描述

现实世界中存在着各式各样的复杂系统, 人们通常通过将系统中的实体看作节点, 实体之间的作用关系看作连边来将复杂系统抽象为复杂网络, 以达到处理复杂系统的目的. 各种复杂系统, 如社会中普遍存在的人际关系系统、完成某一任务而组成的人员合作系统、病毒的人际传播系统等, 均可建模为对应的人际关系网络、人员合作网络和病毒的人际传播网络. 而其他系统如铁路运输系统、电力系统、互联网系统等也常常被人们转换为对应的铁路运输网络、电力网络、互联网络以便深入了解这些复杂系统的结构与功能.

看似杂乱无章、联系紊乱的复杂网络其实是具有一定的结构的, 网络的结构信息是复杂网络潜在信息的一个重要体现[90]. 复杂网络的网络结构分析本质上是一个数据挖掘过程, 它能够帮助人们更好地认识和理解复杂网络的性质, 为利用这些信息进行网络的功能和行为分析提供了强有力的理论支撑. "社区" 的存在是网络结构的突出特点, 它常常指的是一系列的内部连接密切而外部连接稀疏的网络节点群. 网络的社区结构在实际网络中处处可见, 如互联网社交网络中的群组; 政治家网络中, 政见相似的一些政治家组成了同一个党派; 学术合作网络中, 某一特定研究领域中的研究人员通常是联系紧密的, 而不同领域的研究人员则交流较少.

复杂网络的社区发现旨在挖掘网络中的社区结构信息, 得到完整的网络社区划分. 社区发现对于复杂网络的研究具有众多理论和实际意义. 如在微博等社交网络中, 运营商可以通过收集网络的拓扑信息并对其进行网络结构分析得到网络的社区划分信息, 最后利用这些信息对不同的社区进行个性化推荐新闻、好友、广告等信息; 在科研学术网络中, 通过分析其结构可以得到属于同一个研究机构或者研究方向的学术团体, 这些信息可用作审稿人推荐、期刊推荐、学术合作伙伴推荐等的重要信息; 在通信网络中, 通过对不同网络社区的调查分析, 可以为不同的社区提供个性化的服务, 这将帮助运营商有效地提高自身的服务水平. 复杂网络中普遍存在着社区结构, 即网络中的节点能够被划分为大小不一的节点集合, 这些集合内部的节点联系较为紧密, 而集合与集合之间联系则较为疏松. 在网络科学中, 人们常常将这些节点集合称为 "社区". 一般地, 复杂网络社区发现是将一个无方向、无权重网络中的各个节点划分到不同社区的过程.

给定一个复杂网络 $G = (V, E)$, 其中 V 表示网络中的节点集合 $\{v_1, v_2, \cdots, v_n\}$, E 表示节点之间的连边集合 $\{(i, j) | v_i \in V, v_j \in V, i \neq j\}$. 邻接矩阵 A 表示网络的拓扑结构, 矩阵的元素为 A_{ij}, 且当节点 i 与 j 存在连边时 $A_{ij} = 1$, 否则 $A_{ij} = 0$.

令 Φ 为网络中的某一个社区, k_i 为连接节点 i 的边的个数 (即节点 i 的度), 则节点 i 的内度 $k_i^{\text{in}} = \sum\limits_{i,j \in \Phi} A_{ij}$, 节点 i 的外度 $k_i^{\text{out}} = \sum\limits_{i \in \Phi, j \notin \Phi} A_{ij}$. 当社区 Φ 具有较强的社区结构时, Φ 内任意节点 i 都满足

$$k_i^{\text{in}} < k_i^{\text{out}} \tag{6.103}$$

而当社区 Φ 具有较弱的社区结构时, 对于 Φ 中的所有节点, 有

$$\sum_{i \in \Phi} k_i^{\text{in}} < \sum_{i \in \Phi} k_i^{\text{out}} \tag{6.104}$$

社区发现的目标是将网络 G 划分为 N 个社区 $\{\Phi_1, \Phi_2, \cdots, \Phi_N\}$, 其中社区 Φ_i 满足以下条件:

$$\begin{cases} \bigcup\limits_{i=1}^{N} \Phi_i = V, \\ \Phi_i \subset V, \quad \Phi_i \neq \varnothing, \\ \Phi_i \neq \Phi_j, \quad i \neq j \end{cases} \tag{6.105}$$

若对于任意的两个不同社区 Φ_i 与 Φ_j 满足 $\Phi_i \bigcap \Phi_j = \varnothing$, 则称对网络 G 进行的社区发现为非重叠社区发现, 否则若 $\Phi_i \bigcap \Phi_j \neq \varnothing$, 则称为重叠社区发现. 本节只考虑非重叠社区发现问题.

例 6.2.1 图 6.51 给出了一个复杂网络进行社区发现后的两种结果, 则图中的社区结构为:

右上图将网络划分成了三个社区, 它们分别为社区 $\{1, 2, 3, 4, 5, 6\}$、社区 $\{7, 8, 9, 13\}$ 和社区 $\{10, 11, 12\}$;

右下图将网络划分成了两个社区, 它们分别是社区 $\{1, 2, 3, 4, 5, 6\}$ 和社区 $\{7, 8, 9, 10, 11, 12, 13\}$.

2. 社区发现方法与优化模型

对于图 6.51 所示的十分简单的网络, 尚且存在多种社区划分方式. 由此可知, 对于更复杂的大型网络, 其社区划分将更加多种多样. 社区发现算法的目的是为复杂网络找到一种最优的社区结构划分, 因此社区发现问题本质上是一个优化问

题. 若复杂网络存在 s 种社区划分方式 $\Omega = \{\Omega_1, \Omega_2, \cdots, \Omega_s\}$, 为了找到网络的最优社区划分 Ω^*, 社区发现问题可以用如下形式的最小化优化问题来描述:

$$F(\Omega^*) = \min F(\Omega) \tag{6.106}$$

其中 $\Omega^* \in \Omega$, F 表示适应度函数, 它可以被用来量化评估社区结构的质量[90].

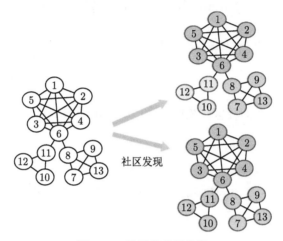

图 6.51　社区发现示意图

模块度 Q 是社区发现领域最为常用的评价指标之一, 也是本节所提算法的目标函数, 它由 Newman[92] 于 2004 年提出并被用来衡量复杂网络的社区划分质量. 模块度理论认为, 随机网络是不具有社区结构的, 故模块度通过将给定的网络社区结构与随机网络进行差异比较, 量化网络的社区结构优劣程度. 差异越大, 则表明网络的社区划分越正确.

具体地, 模块度的值等于落在同一个社区内部的连边占总边数的比例减去连边随机分配时这些连边对应比例的概率期望值. 对于复杂网络 $G = (V, E)$, 给定一种社区划分 $\Phi = \{\Phi_1, \Phi_2, \cdots, \Phi_N\}$, 其对应的模块度 Q 的计算公式为

$$Q = \frac{1}{2M} \sum_{i,j \in V} \left(A_{ij} - \frac{k_i k_j}{2M} \right) \delta(i,j) \tag{6.107}$$

其中函数 $\delta(i,j)$ 用于判断节点 i 与 j 是否属于同一个社区, 若节点 i 与 j 属于同一个社区, 则 $\delta(i,j)$ 的值为 1, 否则为 0; M 是网络中边的条数. 通常, Q 值越大, 则网络社区结构的质量越好.

例 6.2.2　对于给定图 6.51 右上角所示的社区结构, 网络对应的连边数为 26, 根据 $\delta(i,j)$ 的意义, 只需计算属于同一个社区的节点, 最后代入模块度计算公式,

得到红色、绿色和蓝色社区对应的模块度分量 Q_1, Q_2 和 Q_3.

$$Q_1 = \frac{1}{2 \times 26} \times \left(\left(\left(1 - \frac{5 \times 5}{2 \times 26} \right) \times (5 + 4 + 3 + 2 + 1) \right) \right.$$
$$\left. \times 2 + \left(0 - \frac{5 \times 5}{2 \times 26} \right) \times 6 \right) = 0.2441$$

$$Q_2 = \frac{1}{2 \times 26} \times \left(\left(\left(1 - \frac{4 \times 3}{2 \times 26} \right) \times 3 + \left(1 - \frac{3 \times 3}{2 \times 26} \right) \times 4 \right) \right.$$
$$\left. \times 2 + \left(0 - \frac{4 \times 4}{2 \times 26} \right) + \left(0 - \frac{3 \times 3}{2 \times 26} \right) \times 3 \right) = 0.2001$$

$$Q_3 = \frac{1}{2 \times 26} \times \left(\left(\left(1 - \frac{3 \times 2}{2 \times 26} \right) \times 2 + \left(1 - \frac{2 \times 2}{2 \times 26} \right) \right) \right.$$
$$\left. \times 2 + \left(0 - \frac{3 \times 3}{2 \times 26} \right) + \left(0 - \frac{2 \times 2}{2 \times 26} \right) \times 2 \right) = 0.0973$$

则 $Q = Q_1 + Q_2 + Q_3 = 0.5415$.

3. 基于状态转移算法的社区发现方法

1) 状态表示及初始化

社区发现问题本质上是一个决策变量为离散变量的离散优化问题[91]. 由社区发现的定义可知, 该问题的决策变量的物理意义应为对应复杂网络的某一种社区结构. 针对社区发现问题的具体特点, 本节所提算法采用了基于节点标签的社区划分状态表示方法[93]. 该方法具有能够自动给出网络社区的数目, 且不需要解码操作就可以直观地反映网络的社区结构等优点.

对于一个节点数目为 n 的复杂网络 G, 其社区结构的状态表示可记作:

$$X = (x_1, x_2, \cdots, x_i, \cdots, x_n) \tag{6.108}$$

其中 x_i 表示节点 i 的社区标签值, 且若 $x_i = k$ 表示节点 i 属于第 k 个社区; 若 $x_i = x_j$, 则说明节点 i 与 j 属于同一个社区.

例 6.2.3 对于图 6.51 所示的两种网络社区划分, 令状态 1 表示右上角子图的社区结构, 状态 2 表示右下角子图的社区结构, 则它们对应的社区结构状态表示见图 6.52.

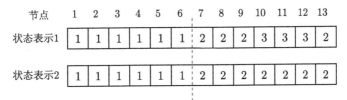

图 6.52 社区结构状态示意图

当离散解采用基于节点标签的社区划分状态表示法时, 若采用给每个节点随机赋予社区标签的状态初始化方法, 则必然会造成网络划分的过分随机化. 这种做法将加重算法优化的负担, 且不利于算法的收敛速度. 因此, 本节所提算法采用了一种启发式的状态初始化方法, 即基于标签传播的网络社区划分初始化方法 [94]. 随着标签传播的进行, 该方法能够将节点中联系紧密的节点群迅速赋值为一个特定的标签值.

具体地, 算法首先将网络所有节点的社区标签值赋值为各不相同的值, 接着进行迭代式的标签传播操作. 在每一次迭代过程中, 所有节点的标签值将不重复地进行更新, 更新后的值由如下表达式决定:

$$L = \arg\max_k \sum_{j \in \Theta_i} \delta(l(j), k) \tag{6.109}$$

其中 Θ_i 是节点 i 的所有邻居节点; $l(j)$ 表示节点 j 的标签值; k 是一个社区标签值, 且 $k \in \mathbb{N}^+$; $\delta(a, b)$ 为一个特定的函数, 且当 $a = b$ 时函数值为 1, 否则为 0. L 实质上指的是节点 i 的邻居节点的标签值中出现次数最多的值, 若 L 为单一值, 则节点 i 对应的标签值更新为 L, 否则更新为 L 中随机的一个值.

程序 6.2.1　基于标签传播的网络社区划分初始化方法的 MATLAB 程序如下所示.

```
%基于标签传播的网络社区划分初始化算法 initialization.m
function y = initialization(A,n,iterations) ;
  %A为邻接矩阵, n为节点数, iterations为迭代次数
Best = 1:n;
for iter = 1:iterations
     Sequence = randperm(n)
     for i = 1 : n
          k= sequence(i);
          nb_lables = Best(A(k,:)>=1); %邻居节点
          if size(nb_lables,2)>0
                 x = tabulate(nb_lables);
                 L = x(x(:,2)==max(x(:,2)),1);
                 %L为邻居节点的标签值中出现次数最多的值
                 Best(k) = L (ceil(length(L)*rand));
     end
end
end
```

2) 状态变换算子设计

基本离散状态算法针对背包问题、员工指派问题等经典离散优化问题设计了交换、移动、对称和替代四种离散状态变换算子. 由于社区发现问题及其状态表示方法与经典离散优化问题不同, 实验发现直接在社区发现问题上利用交换、移动、对称三种算子并不能得到合理的社区划分. 但同时, 我们发现替代变换的思想可用于设计有效的社区发现状态变换算子. 基本离散状态转移算法的替代变换算子常用下式表示

$$x_{k+1} = A_k^{\mathrm{sub}}(m_d) x_k \tag{6.110}$$

其中 $A_k^{\mathrm{sub}} \in \mathbb{Z}^{n \times n}$ 是一个带有替代变换功能的随机布尔矩阵, 称为替代变换矩阵; x_k 为当前解, x_{k+1} 为 x_k 中 m_d 个位置的值被其他值替代后所得的候选解. m_d 可以用来控制候选解中被替代位置的个数, 称为替代因子.

基于该思想, 本节所提算法设计了 $m_d = 1$ 时的节点标签替代变换算子和 $m_d > 1$ 时的社区标签替代变换算子. 下面对两种算子予以介绍.

(1) 节点标签替代变换算子.

节点标签替代变换算子的基本思想是根据某一节点的邻居节点标签值对该节点的标签进行更新. 图 6.53 给出了节点标签替代算子的示意图. 从图中可知, 5 号节点的标签被替换为其邻居节点 7 号节点的标签, 且该操作使得社区结构对应的模块度值由 0.3300 增大到 0.3524. 这意味着网络的社区划分质量经过对 5 号节点的标签替代变换变得更优了.

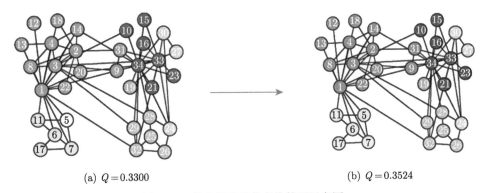

(a) $Q = 0.3300$　　　　　　　　　　　　　　(b) $Q = 0.3524$

图 6.53　节点标签替代变换算子示意图

值得注意的是, 一个网络中并不是所有节点经过节点标签替代变换后都会发生社区结构的改变. 例如图 6.53(a) 网络中的 4 号节点, 其邻居节点和其本身具有相同的标签值, 故对该节点进行标签替代变换完全不会影响整个网络的社区划分. 对于更大型的网络, 这些节点的数量则更多, 对这些节点进行替代变换并不能带来社区结构的优化, 反而会加大算法的时间复杂度. 因此, 我们把除开这些节点

以外的节点称为潜力节点, 且只对潜力节点进行节点标签替代变换. 节点的标签替代变换操作的流程图如图 6.54 所示.

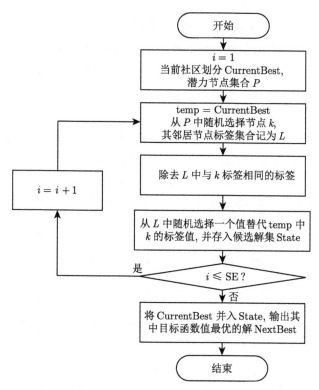

图 6.54　节点标签替代变换流程图

　　如图 6.54 所示, 算子对当前社区划分状态 CurrentBest 进行 SE 次节点标签替代操作. 在每次操作中, 算法从当前社区划分的潜力节点集合 P 中选择一个潜力节点 k, 并将其邻居节点的标签集合记作 L, 然后节点 k 的标签将被与其标签值不一样的邻居节点的标签值代替. 当该操作进行 SE 次后, 将产生 SE 个解, 这些解与 CurrentBest 构成候选解集 State. 最后算法返回候选解集中目标函数值最大的解 NextBest.

　　(2) 社区标签替代变换算子.

　　在基本离散状态转移算法中, $m_d = 1$ 表示离散解中仅有一个维度的值发生了变化, 这对应了节点标签替代算子的设计. 当 $m_d > 1$ 时, 解中多个维度将发生变化, 这一操作对解的影响更大, 能使算子的优化能力大大提升. 基于该思想, 我们设计了一种社区标签替代算子, 它将会对选定的某个社区内所有节点进行标签替换操作. 经过本章所提算法采用的一次标签传播初始化过程, 网络被分为了许多小社区块, 其中也包含许多连接紧密的社区块, 它们往往需要进行合并操作以提高网络的划分质量. 在本章中, 社区替代变换算子被设计用来合并这些小社区. 与节点标签社区替代变换相似, 我们使用了邻居社区的标签信息来决定被选择社区的标签. 其中, 邻居社区的定义为: 给定一个包含 N 个节点的复杂网络 G, 其社区划分记作 $\Theta = \{\Theta^{(1)}, \cdots, \Theta^{(i)}, \cdots, \Theta^{(N)}\}$, 对于任意社区 $\Theta^{(i)} \in \Theta$, 只要它有一个节点直接与 $\Theta^{(k)} \in \Theta$ 相连, 我们就把 $\Theta^{(i)}$ 叫作 $\Theta^{(k)}$ 的邻居社区.

社区标签替代变换算子的过程如图 6.55 所示. 从流程图中可以看出, 潜力节点被用来搜索邻居社区. 社区标签替代算子与节点标签替代算子的唯一不同是产生候选解的方式不同. 社区标签替代算子会对解 NextBest 进行 SE 次社区标签替换操作. 在每次操作过程中我们先随机地选择当前网络划分中的一个潜力节点 k, 进而选择其所属的社区 $\Theta^{(k)}$. 接着 $\Theta^{(k)}$ 的标签会被替换为一个随机选择的其邻居社区的标签, 并且被选择的邻居社区的标签必须不同于 k 所属社区标签. 最后, SE 个新解和 NextBest 将组成候选解集合.

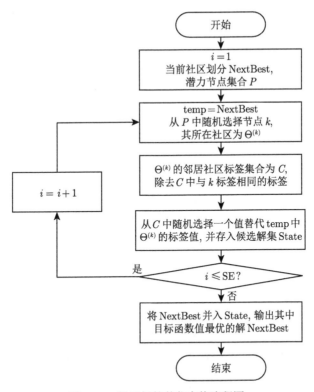

图 6.55 社区标签替代变换流程图

图 6.56 给出了社区替代变换的操作示意图. 如图所示, 潜力节点 10 及其对应的社区被选择进行社区标签替代变换. 接着, 选择的该社区的标签值被其邻居

社区的标签所替换.

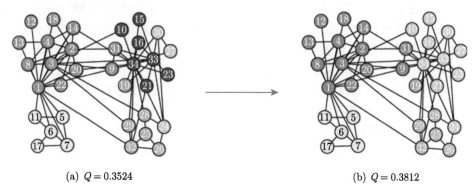

(a) $Q = 0.3524$ (b) $Q = 0.3812$

图 6.56　社区标签替代变换算子示意图

(3) 局部搜索算子.

本节主要介绍作为算法局部搜索算子的双路交叉操作[94]. 双路交叉变异是一种典型的交叉操作. 图 6.57 给出了该交叉操作的图示. 因为由当前的 state2 产生下一代 state2 的方式与由当前的 state1 产生下一代 state1 的方式一样, 故在这里只对后一种进行介绍. 如图 6.57 所示, 首先当前的 state2 中的节点 3(标签为粉红色) 被随机选择, 进而可得知该节点同样为粉红色标签的节点 {1, 2, 3, 4, 5, 6}. 接着当前的 state1 中的这些节点被选择进行替代变换. 最后, 当前的 state1 中的这些节点的标签将会被替换为粉红色 (即当前的 state2 中节点 3 的标签), 从而下一代 state1 就产生了.

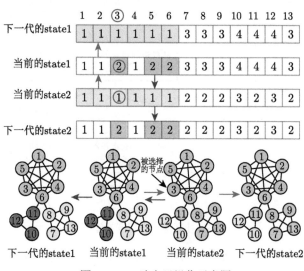

图 6.57　双路交叉操作示意图

可以看出, 双路交叉变换的实质是将一个解的某一社区划分信息传递给另一个候选解, 从而产生不同的社区划分. 在传统的方法中, 该操作常常被用作算法早期搜索的遗传算子以提高其全局搜索能力. 然而, 在算法的早期阶段, 解的质量往往不高, 这将导致该交叉操作无法产生有前途的候选解, 此外也将带来多余的计算代价. 而在算法搜索的后期阶段, 许多候选解甚至已经开始接近全局最优解, 也就是说这些解具有潜力. 因此, 在本节的方法中, 双路交叉操作被引入用来作为使用完状态变换算子进行全局搜索后的局部搜索. 后续的实验结果也显示了这一局部搜索策略可以帮助我们的算法找到更优解, 并因此提高了社区发现算法的性能.

3) 算法基本框架

整个算法可以被分为三个主要步骤: 初始化和进化、生成精英解种群和局部搜索. 图 6.58 给出了第一个步骤中的一次迭代操作的示意图. 算法设计主要从两个方面进行了考虑, 一方面算法应当能产生足够好的候选解, 另一方面算法需要具备合适的选择策略, 这将帮助算法选择出有前途的候选解. 根据第一种特性, 在本章提出的算法中, 设计了状态变换算子以产生新的候选解, 而这些候选解常常是优于当前解的. 与此同时, 所提算法中也存在两种选择策略用于状态更新. 其一, 节点标签替代变换算子和社区标签替代变换算子采用了贪婪搜索策略, 故在每一次状态变换结束后, 目标函数的值不会变差. 其二, 每一个当前初始解会反复进行节点标签替代变换和社区标签替代操作, 直到这两种算子超过一定的停滞次数

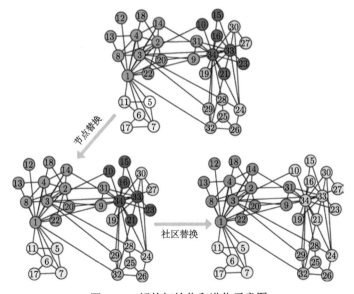

图 6.58 解的初始化和进化示意图

不能得到更好的目标函数值为止. 如果经过两种状态变换算子新产生的解优于上一次迭代产生的候选解, 这一个新的候选解将会被存入最优解历史集合中. 接下来, 我们会从最优解集中选择出目标函数值处于排名靠前的解作为精英解集. 最后, 每次随机地从精英解集中选择两个候选解进行双路交叉操作, 这一操作将进行 MaxIter×SE 次, 用于算法的局部搜索.

4. 应用举例

大学橄榄球队伍网络 (Football 网络) 是由 Newman 等基于美国大学橄榄球联盟比赛而建立的一个复杂网络. 该网络包含有 115 个节点和 616 条连边, 其网络结构如图 6.59(a) 所示. 该网络中的节点表示每支橄榄球队伍, 而两个节点之间的连边则表示两支球队之间进行过一场比赛. 在这个复杂网络中, 总计 115 支球队实际上属于多个橄榄球球队联盟. 所有橄榄球球队将进行两轮比赛, 首先在第一轮团体比赛中, 属于同一个联盟的球队将进行比赛, 接着属于不同联盟的球队将进行对抗赛. 总的来说, 同一个联盟内部的球队比不同联盟之间的球队需要进行的比赛次数更多. 根据社区的定义可知, 在大学橄榄球队伍网络中, 社区指的就是各个不同的橄榄球球队联盟.

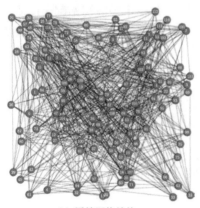
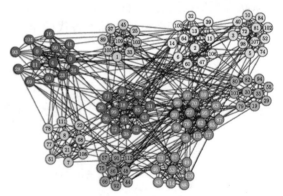

(a) 原始网络结构　　　　　　　　(b) 算法得到的 Football 网络社区结构

图 6.59　Football 网络示意图

在上述复杂网络中, 所提算法得到的社区结构如图 6.59(b) 所示, 从图中可以看出, 所有节点被分为 1 个社区, 分别代表各个不同的橄榄球球队联盟. 此外, 图 6.60 给出了所提算法分别在 Dolphins 网络和 Polbooks 网络这两个复杂网络上得到的实验结果. 总体而言, 算法求得的这些复杂网络的社区结构具有社区内部连边较为紧密、社区与社区之间连边较为疏松的特点, 符合社区的定义.

进一步地, 为了验证算法的性能, 我们将所提的基于离散状态转移算法的复杂网络社区发现方法 (MDSTA) 与一些具有代表性的社区发现算法, 即 Louvain

算法[95]、GN 算法[96]、LPA 算法 [97]、Danon 算法[98]、GANet 算法[99] 和 MO-GANet[100] 算法在多种复杂网络上进行了对比实验. 这些复杂网络的基本参数如表 6.34 所示.

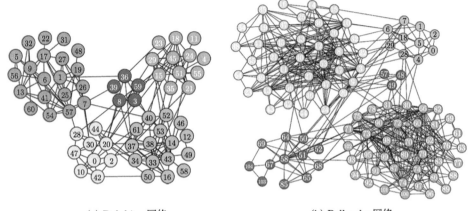

(a) Dolphins 网络   (b) Polbooks 网络

图 6.60　算法得到的复杂网络社区结构示意图

表 6.34　实验复杂网络的基本参数

复杂网络	节点数目	连边数目
Karate	34	78
Dolphins	62	159
Polbooks	105	441
Football	115	613
Jazz	198	2742
Email	1133	5451
Netscience	1589	2742
Power Grid	4941	6594

对比实验采用了模块度 Q 这一普遍采用的社区结构质量评价指标, 且较大的 Q 值反映了较好的复杂网络社区结构. 表 6.35 给出了所有对比算法在 30 次独立实验后得到的各个复杂网络的社区结构所对应的模块度 Q 的最好值 Q_{best}、平均值 Q_{mean} 和最坏值 Q_{worst} 结果.

由表 6.35 所示的实验结果可以得出, MDSTA 相较于其他对比算法在算法性能上具有较为显著的优势. 一方面, 算法在所有上述实验复杂网络中都得到了最大的模块度值, 这表明所提社区发现算法具有较高的求解精度; 另一方面, 根据统计数据中各个对比算法所得的平均模块度值 Q_{mean} 和最坏模块度值 Q_{worst} 可以看出所提算法 MDSTA 在所有对比算法中取得了最优的结果, 且算法在各个复杂网络的社区发现任务中得到的平均模块度值 Q_{mean} 与最坏模块度值 Q_{worst} 总体相差较小, 这些数据验证了算法较好的稳定性.

表 6.35　不同社区发现算法的对比实验结果

复杂网络	算法	MDSTA	Louvain	GN	LPA	Danon	GA-Net	MOGA-Net
Karate	Q_{best}	**0.4198**	0.4188	0.4013	0.4020	0.4087	**0.4198**	0.4172
	Q_{mean}	**0.4198**	0.4188	0.4013	0.3157	0.4062	0.4123	0.4121
	Q_{worst}	**0.4198**	0.4188	0.4013	6.4051e−18	0.4033	0.3929	0.3872
Dolphins	Q_{best}	**0.5285**	0.5188	0.5194	0.5265	0.5136	0.5187	0.5227
	Q_{mean}	**0.5284**	0.5188	0.5194	0.4850	0.5136	0.4677	0.4742
	Q_{worst}	**0.5276**	0.5188	0.5194	0.3787	0.5136	0.4116	0.4110
Polbooks	Q_{best}	**0.5272**	0.4986	0.5168	0.4986	0.5269	0.5223	0.5248
	Q_{mean}	**0.5272**	0.4986	0.5168	0.4239	0.5250	0.5229	0.5057
	Q_{worst}	**0.5272**	0.4986	0.5168	1.7874e−17	0.5237	0.4785	0.4725
Football	Q_{best}	**0.6046**	**0.6046**	0.5996	0.6032	0.5773	0.5935	0.5477
	Q_{mean}	**0.6046**	**0.6046**	0.5996	0.5812	0.5705	0.5307	0.4713
	Q_{worst}	0.6044	**0.6046**	0.5996	0.5496	0.5580	0.2187	0.3770
Jazz	Q_{best}	**0.4451**	0.4431	0.4051	0.4428	0.4401	0.3926	0.3880
	Q_{mean}	**0.4449**	0.4431	0.4051	0.4353	0.4391	0.2971	0.3056
	Q_{worst}	**0.4445**	0.4431	0.4051	0.2816	0.4387	0.2248	0.2459
Email	Q_{best}	**0.5785**	0.5412	0.5323	0.2361	0.5472	0.3626	0.2485
	Q_{mean}	**0.5666**	0.5412	0.5323	0.0081	0.5424	0.3194	0.2076
	Q_{worst}	**0.5464**	0.5412	0.5323	1.1298e−16	0.5364	0.2341	0.2032
Netscience	Q_{best}	**0.9599**	0.9543	0.9579	0.9255	0.9588	0.9211	0.9125
	Q_{mean}	**0.9597**	0.9543	0.9579	0.9197	0.9585	0.8396	0.9101
	Q_{worst}	**0.9592**	0.9543	0.9579	0.9114	0.9583	0.8393	0.8990
Power Grid	Q_{best}	**0.9376**	0.9335	0.9330	0.7532	0.9366	0.6763	0.7087
	Q_{mean}	0.9345	0.9335	0.9330	0.7471	**0.9354**	0.6691	0.7026
	Q_{worst}	**0.9340**	0.9335	0.9330	0.7408	0.9339	0.6607	0.6968

参 考 文 献

[1] 丁锋. 系统辨识 (1): 辨识导引 [J]. 南京信息工程大学学报 (自然科学版), 2011, 3(1): 1-22.

[2] 周晓君, 阳春华, 桂卫华. 全局优化视角下的有色冶金过程建模与控制 [J]. 控制理论与应用, 2015, 32(9): 1158-1169.

[3] Blumer A, Ehrenfeucht A, Haussler D, et al. Occam's razor[J]. Information Processing Letters, 1987, 24(6): 377-380.

[4] Zhou X, Yang C, Gui W. Nonlinear system identification and control using state transition algorithm[J]. Applied Mathematics and Computation, 2014, 226: 169-179.

[5] Suykens J A K, Vandewalle J. Least squares support vector machine classifiers[J]. Neural Processing Letters, 1999, 9(3): 293-300.

[6] Shinskey F G. Process Control Systems: Application, Design and Tuning[M]. 4th ed. New York: McGraw-Hill, 1996.

[7] Seng T L, Khalid M, Yusof R. Tuning of a neuro-fuzzy controller by genetic algorithm[J]. IEEE Transactions on Systems, Man and Cybernetics, Part B(Cybernetics), 1999, 29(2):

226-236.

[8] Alfi A, Modares H. System identification and control using adaptive particle swarm optimization[J]. Applied Mathematical Modelling, 2011, 35(3): 1210-1221.

[9] http://uos-codem.github.io/GA-Toolbox/.

[10] 薛定宇, 赵春娜. 分数阶系统的分数阶 PID 控制器设计 [J]. 控制理论与应用, 2007, 24(5): 771-776.

[11] Petráš I. Tuning and implementation methods for fractional-order controllers[J]. Fract. Calc. Appl. Anal., 2012, 15(2): 282-303.

[12] Zhang F, Yang C, Zhou X, et al. Fractional-order PID controller tuning using continuous state transition algorithm[J]. Neural Computing and Applications, 2018, 29(10):795-804.

[13] Qin A, Huang V, Suganthan P. Differential evolution algorithm with strategy adaptation for global numerical optimization[J]. IEEE Trans. Evol. Comput., 2009, 13(2): 398-417.

[14] Liang J, Qin A, Suganthan P, et al. Comprehensive learning particle swarm optimizer for global optimization of multimodal functions[J]. IEEE Trans. Evol. Comput., 2006, 10(3): 281-295.

[15] Zhou X, Zhou J, Yang C, et al. Set-point tracking and multi-objective optimization-based PID control for the goethite process[J]. IEEE Access, 2018, 6: 36683-36698.

[16] Li Y, Gui W, Teo K L, et al. Optimal control for zinc solution purification based on interacting CSTR models[J]. J. Process Control, 2012, 22(10): 1878-1889.

[17] Xie Y, Xie S, Chen X, et al. An integrated predictive model with an on-line updating strategy for iron precipitation in zinc hydrometallurgy[J]. Hydrometallurgy, 2015, 151: 62-72.

[18] Freire H, Oliveira P B M, Pires E J S. From single to many-objective PID controller design using particle swarm optimization[J]. Int. J. Control Autom. Syst., 2017, 15(2): 918-932.

[19] 李国栋, 胡云卿, 刘兴高. 一种高效的快速近似控制向量参数化方法 [J]. 自动化学报, 2015, 41(1): 67-74.

[20] Hartl R F, Sethi S P, Vickson R G. A survey of the maximum principles for optimal control problems with state constraints[J]. SIAM Review, 1995, 37(2): 181-218.

[21] Cervantes A M, Biegler L T. A stable elemental decomposition for dynamic process optimization[J]. Journal of Computational and Applied Mathematics, 2000, 120(1,2): 41-57.

[22] Cots O, Gergaud J, Goubinat D. Direct and indirect methods in optimal control with state constraints and the climbing trajectory of an aircraft[J]. Optimal Control Applications and Methods, 2018, 39(1): 281-301.

[23] 孙备, 张斌, 阳春华, 等. 有色冶金净化过程建模与优化控制问题探讨 [J]. 自动化学报, 2017, 43(6): 880-892.

[24] 邓仕钧, 阳春华, 李勇刚, 等. 锌电解全流程酸锌离子浓度在线预测模型 [J]. 化工学报, 2015, 66(7): 2588-2594.

[25] 孙德堃. 国内外锌冶炼技术的新进展 [J]. 中国有色冶金, 2004, 33(3): 1-4.

[26] 桂卫华, 张美菊, 阳春华, 等. 基于混合粒子群算法的锌电解过程能耗优化 [J]. 控制工程, 2009, 16(6): 748-751.

[27] 刘元, 阳春华, 李勇刚, 等. 粒子群算法在锌电解优化调度中的应用 [J]. 自动化与仪表, 2006, 21(4):11-14.

[28] Han J, Yang C, Zhou X, et al. A new multi-threshold image segmentation approach using state transition algorithm[J]. Applied Mathematical Modelling, 2017, 44: 588-601.

[29] 冈萨雷斯. 数字图像处理 [M]. 3 版. 北京: 电子工业出版社, 2017.

[30] Abutaleb A S. Automatic thresholding of gray-level pictures using two-dimensional entropy[J]. Computer Vision, Graphics, and Image Processing, 1989, 47(1): 22-32.

[31] 罗可, 蔡碧野, 卜胜贤, 等. 数据挖掘及其发展研究 [J]. 计算机工程与应用, 2002, 38(14): 182-184.

[32] 伍育红. 聚类算法综述 [J]. 计算机科学, 2015, 42(S1): 491-499,524.

[33] Ruspini E H. A new approach to clustering[J]. Information and Control, 1969, 15(1): 22-32.

[34] Zadeh L A. Similarity relations and fuzzy orderings[J]. Information Sciences, 1971, 3(2): 177-200.

[35] Bezdek J C. Pattern Recognition with Fuzzy Objective Function Algorithms[M]. MA: Kluwer Academic Publishers, 1981.

[36] Ovchinnikov S. Similarity relations, fuzzy partitions, and fuzzy orderings[J]. Fuzzy Sets and Systems, 1991, 40(1): 107-126.

[37] Zhou X, Zhang R, Wang X, et al. Kernel intuitionistic fuzzy c-means and state transition algorithm for clustering problem[J]. Soft Computing, 2020, 24(20): 15507-15518.

[38] Lehmann E L, Romano J P. Testing Statistical Hypotheses[M]. New York: Springer Science & Business Media, 2006.

[39] Makridakis S, Hibon M. ARMA models and the Box–Jenkins methodology[J]. Journal of Forecasting, 1997, 16(3): 147-163.

[40] Vapnik V. The Nature of Statistical Learning Theory[M]. New York: Springer Science & Business Media, 2013.

[41] Schölkopf B, Smola A J, Williamson R C, et al. New support vector algorithms[J]. Neural Computation, 2000, 12(5): 1207-1245.

[42] Liu D, Niu D, Wang H, et al. Short-term wind speed forecasting using wavelet transform and support vector machines optimized by genetic algorithm[J]. Renewable Energy, 2014, 62: 592-597.

[43] Shrivastava N A, Khosravi A, Panigrahi B K. Prediction interval estimation of electricity prices using PSO-tuned support vector machines[J]. IEEE Transactions on Industrial Informatics, 2015, 11(2): 322-331.

[44] Tanabe R, Fukunaga A S. Improving the search performance of SHADE using linear population size reduction[C]//2014 IEEE Congress on Evolutionary Computation (CEC). IEEE, 2014: 1658-1665.

[45] Mohamed A W, Hadi A A, Fattouh A M, et al. LSHADE with semi-parameter adaptation hybrid with CMA-ES for solving CEC 2017 benchmark problems[C]//2017 IEEE Congress on Evolutionary Computation (CEC). IEEE, 2017: 145-152.

[46] Qiu X, Suganthan P N, Amaratunga G A J. Ensemble incremental learning random vector functional link network for short-term electric load forecasting[J]. Knowledge-Based Systems, 2018, 145: 182-196.

[47] Huang Z, Yang C, Zhou X, et al. Energy Consumption forecasting for the nonferrous metallurgy industry using hybrid support vector regression with an adaptive state transition algorithm[J]. Cognitive Computation, 2020, 12: 357-368.

[48] 桂卫华, 阳春华, 谢永芳, 等. 矿物浮选泡沫图像处理与过程监测技术[M]. 长沙: 中南大学出版社, 2013.

[49] Wang X, Song C, Yang C, et al. Process working condition recognition based on the fusion of morphological and pixel set features of froth for froth flotation[J]. Minerals Engineering, 2018, 128:17-26.

[50] Gui W, Liu J, Yang C, et al. Color co-occurrence matrix based froth image texture extraction for mineral flotation[J]. Minerals Engineering, 2013, 46/47:60-67.

[51] Xu D, Chen Y, Chen X, et al. Multi-model soft measurement method of the froth layer thickness based on visual features[J]. Chemometrics and Intelligent Laboratory Systems, 2016, 154: 112-121.

[52] Deng W, Yao R, Zhao H, et al. A novel intelligent diagnosis method using optimal LS-SVM with improved PSO algorithm[J]. Soft Computing, 2019, 23(7): 2445-2462.

[53] Bao Y, Hu Z, Xiong T. A PSO and pattern search based memetic algorithm for SVMs parameters optimization[J]. Neurocomputing, 2013, 117:98-106.

[54] Han S, Cao Q, Meng H. Parameter selection in SVM with RBF kernel function[C]// World Automation Congress 2012. IEEE, 2012: 1-4.

[55] 阳春华, 韩洁, 周晓君, 等. 有色冶金过程不确定优化方法探讨 [J]. 控制与决策, 2018, 33(5): 856-865.

[56] Soyster A L. Convex programming with set-inclusive constraints and applications to inexact linear programming[J]. Operations Research, 1973, 21(5): 1154-1157.

[57] Ben-Tal A, Nemirovski A. Robust solutions of linear programming problems contaminated with uncertain data[J]. Mathematical Programming, 2000, 88(3): 411-424.

[58] Mulvey J M, Vanderbei R J, Zenios S A. Robust optimization of large-scale systems[J]. Operations Research, 1995, 43(2): 264-281.

[59] Gunawan S, Azarm S. A feasibility robust optimization method using sensitivity region concept[J]. Journal of Mechanical Design, 2005, 127(5): 858-865.

[60] Nocedal J, Wright S. Numerical Optimization[M]. New York: Springer Science & Business Media, 2006.

[61] Kersaudy P, Sudret B, Varsier N, et al. A new surrogate modeling technique combining Kriging and polynomial chaos expansions: Application to uncertainty analysis in computational dosimetry[J]. Journal of Computational Physics, 2015, 286: 103-117.

[62] Zanakis S H, Solomon A, Wishart N, et al. Multi-attribute decision making: A simulation comparison of select methods[J]. European Journal of Operational Research, 1998, 107(3): 507-529.

[63] 岳超源. 决策理论与方法 [M]. 北京: 科学出版社, 2003.

[64] Black D. On the rationale of group decision-making[J]. Journal of Political Economy, 1948, 56(1): 23-34.

[65] 郭永辉, 尚战伟, 邹俊国, 等. 群决策关键问题研究综述 [J]. 统计与决策, 2016 (24): 63-67.

[66] Lai Y J, Liu T Y, Hwang CL. Topsis for MODM[J]. European Journal of Operational Research, 1994, 76(3): 486-500.

[67] Opricovic S, Tzeng G H. Compromise solution by MCDM methods: A comparative analysis of VIKOR and TOPSIS[J]. European Journal of Operational Research, 2004, 156(2): 445-455.

[68] 袁宇, 关涛, 闫相斌, 等. 基于混合 VIKOR 方法的供应商选择决策模型[J]. 控制与决策, 2014, 29(3): 551-560.

[69] Li Y, Fan J, Wang Y, et al. Influence maximization on social graphs: A survey[J]. IEEE Transactions on Knowledge and Data Engineering, 2018, 30(10): 1852-1872.

[70] Wang Z, Du C, Fan J, et al. Ranking influential nodes in social networks based on node position and neighborhood[J]. Neurocomputing, 2017, 260: 466-477.

[71] Jalayer M, Azheian M, Kermani M A M A. A hybrid algorithm based on community detection and multi attribute decision making for influence maximization[J]. Computers & Industrial Engineering, 2018, 120: 234-250.

[72] Kermani M A M A, Badiee A, Aliahmadi A, et al. Introducing a procedure for developing a novel centrality measure (sociability centrality) for social networks using TOPSIS method and genetic algorithm[J]. Computers in Human Behavior, 2016, 56: 295-305.

[73] Zhou X J, Zhang R D, Yang K, et al. Using hybrid normalization technique and state transition algorithm to VIKOR method for influence maximization problem[J]. Neurocomputing, 2020, 410: 41-50.

[74] Laporte G. The traveling salesman problem: An overview of exact and approximate algorithms[J]. European Journal of Operational Research, 1992, 59(2): 231-247.

[75] 阳春华, 唐小林, 周晓君, 等. 一种求解旅行商问题的离散状态转移算法 [J]. 控制理论与应用, 2013, 30(8):1040-1046.

[76] 董天雪, 阳春华, 周晓君, 等. 一种求解企业员工指派问题的离散状态转移算法 [J]. 控制理论与应用, 2016, 33(10): 1378-1388.

[77] http://comopt.ifi.uni-heidelberg.de/software/TSPLIB95/.

[78] Balas E, Zemel E. An algorithm for large zero-one knapsack problems[J]. Operations Research, 1980, 28(5): 1130-1154.

[79] Pisinger D. Where are the hard knapsack problems?[J]. Computers & Operations Research, 2005, 32(9): 2271-2284.

[80] Eiger G, Shamir U, Ben-tal A. Optimal design of water distribution networks[J]. Water Resources Research, 1994, 30(9): 2637-2646.

[81] Todini E. Looped water distribution networks design using a resilience index based heuristic approach[J]. Urban Water, 2000, 2(2): 115-122.

[82] Zhou X, Gao D Y, Simpson A R. Optimal design of water distribution networks by a discrete state transition algorithm[J]. Engineering Optimization, 2016, 48(4): 603-628.

[83] Wang Q, Huang M, Zhou X. Feature selection in froth flotation for production condition recognition[J]. IFAC-PapersOnLine, 2018, 51(21):123-128.

[84] Gheyas I A, Smith L S. Feature subset selection in large dimensionality domains[J]. Pattern Recognition, 2010, 43(1):5-13.

[85] Li J, Cheng K, Wang S, et al. Feature selection: A data perspective[J]. ACM Computing Surveys (CSUR), 2017, 50(6):1-45.

[86] Huang Z, Yang C, Zhou X, et al. A hybrid feature selection method based on binary state transition algorithm and ReliefF[J]. IEEE Journal of Biomedical and Health Informatics, 2019, 23(5):1888-1898.

[87] Robnik-Šikonja M, Kononenko I. Theoretical and empirical analysis of ReliefF and RreliefF[J]. Machine Learning, 2003, 53(1):23-69.

[88] Peng H, Long F, Ding C. Feature selection based on mutual information: Criteria of max-dependency, max-relevance, and min-redundancy[J]. IEEE Transactions on Pattern Analysis & Machine Intelligence, 2005, 27(8):1226-1238.

[89] Zhou X, Wang Q, Zhang R, et al. A hybrid feature selection method for production condition recognition in froth flotation with noisy labels[J]. Minerals Engineering, 2020, 153: 106201.

[90] Pizzuti C. Evolutionary computation for community detection in networks: A review[J]. IEEE Transactions on Evolutionary Computation, 2018, 22(3): 464-483.

[91] Gong M, Cai Q, Chen X, et al. Complex network clustering by multiobjective discrete particle swarm optimization based on decomposition[J]. IEEE Transactions on Evolutionary Computation, 2014, 18(1): 82-97.

[92] Newman M E J. Fast algorithm for detecting community structure in networks[J]. Physical Review E, 2004, 69(6): 066133.

[93] Hruschka E R, Campello R J G B, Freitas A A. A survey of evolutionary algorithms for clustering[J]. IEEE Transactions on Systems, Man, and Cybernetics, Part C (Applications and Reviews), 2009, 39(2): 133-155.

[94] Gong M, Cai Q, Li Y, et al. An improved memetic algorithm for community detection in complex networks[C]//2012 IEEE Congress on Evolutionary Computation. IEEE, 2012: 1-8.

[95] Blondel V D, Guillaume J L, Lambiotte R, et al. Fast unfolding of communities in large networks[J]. Journal of Statistical Mechanics: Theory and Experiment, 2008, 2008(10): P10008.

[96] Newman M E J, Girvan M. Finding and evaluating community structure in networks[J]. Physical Review E, 2004, 69(2): 026113.

[97] Raghavan U N, Albert R, Kumara S. Near linear time algorithm to detect community

structures in large-scale networks[J]. Physical Review E, 2007, 76(3): 036106.

[98]　Danon L, Díaz-Guilera A, Arenas A. The effect of size heterogeneity on community identification in complex networks[J]. Journal of Statistical Mechanics: Theory and Experiment, 2006(11): P11010.

[99]　Pizzuti C. GA-net: A genetic algorithm for community detection in social networks[C]// International Conference on Parallel Problem Solving from Nature. Berlin, Heidelberg: Springer, 2008: 1081-1090.

[100]　Pizzuti C. A multiobjective genetic algorithm to find communities in complex networks[J]. IEEE Transactions on Evolutionary Computation, 2012, 16(3): 418-430.

索 引